厦门大学校长基金专项项目成果
中央高校基本科研业务费专项资金资助
（Supported by the Fundamental Research Funds for the Central Universities）
项目编号：20720151102

中国海洋文明专题研究

ZHONGGUO HAIYANG WENMING ZHUANTI YANJIU

第五卷
香药贸易与明清中国社会

杨国桢 主编　涂 丹 著

人民出版社

《中国海洋文明专题研究》
总　序

改革开放以来,中国的海洋发展取得令人瞩目的进步,有力地推动中国现代化进程。进入 21 世纪,随着中国海洋权益的凸显,海洋意识的提升,中国海洋发展战略上升为国家战略,这是现代化建设的本质要求,也是中国历史发展的必然选择。

现代化是现代文明的体现。西方推动的现代化依赖海洋而兴起,海洋文明成了现代文明的象征,随着大航海时代崛起的西方大国不断对海外武力征服、殖民扩张,海洋文明成了西方资本主义文明、工业文明的历史符号。20 世纪,海洋文明又进一步被发达海洋国家意识形态化,他们夸大"海洋—陆地"二元对立,宣扬海洋代表西方、现代、民主、开放,而大陆代表东方、传统、专制、保守。在这种语境下,海洋文明的多样性模式被否定,中国的、非西方的海洋文明史被遗忘,以至在相当长的时期内,人们相信:中国只有黄色文明(农业文明),没有蓝色文明(海洋文明)。直到今天,还严重制约我们对海洋重要性的认识。

文明是人类生活的模式。文明模式的类型,一般可以按生产方式,或按经济生活方式,或按精神形态或心理因素,或按社会形态来划分。我们按经济生活方式的不同,把人类文明划分为农业文明、游牧文明、海洋文明三种基本类型。现代研究成果证明,海洋文明不是西方独有的文化现象,西方海洋文明在近现代与资本主义相联系,并不等同资本主义社会才有海洋文明。海洋文明也不是天生就是先进文明,有自身的文化变迁历程。濒海国家和民族的海洋文明表现形式不同,都有存在的价值。海洋文明是人类海洋物质与精神实践活动历史发展的成果,又是对人类历史发展产生重大影响的因素,既有积极作用,又有消极影响。树立这样的海洋文明观念,是理解、复原人类海洋文明史,提出中国特色海洋叙事的基础。

不以西方的论述为标准,中国有自己的海洋文明史。中国海洋文明存在于海陆一体的结构中。中国既是一个大陆国家,又是一个海洋国家,中华文明具有陆地与海洋双重性格。中华文明以农业文明为主体,同时包容游牧文明和海洋文明,形成多元一体的文明共同体。海洋文明是中华文明的源头之一和有机组成部分,弘扬海洋文明,不是诋毁大陆文明,鼓吹全盘西化,而是发掘自己的海洋文明资源和传统,吸收其有利于现代化的因素,为推动中国文明的现代转型提供内在的文化动力。在这个意义上,中国海洋文明史研究是中国现代化进程提出的历史研究大题目。只要中华民族复兴事业尚未完成,中国海洋文明史研究就一直在路上,不能停止。

中国海洋文明博大精深,留存下来的海洋文献估计有近亿字,缺乏全面的搜集和整理;20世纪90年代兴起的海洋史学,还在发展的初级阶段,而中国海洋文明的多学科交叉和综合研究还在起步,缺乏深厚的文化累积,中国的海洋叙事显得力不从心,甚至矛盾、错乱。在这种状况下,基础性的理论研究和专题研究任重道远,不能松懈。面对这个现实,我从20世纪90年代开始呼吁开展中国海洋社会经济史和海洋人文社会科学研究,主编出版了《海洋与中国丛书》("九五"国家重点图书出版规划项目,获第十二届中国图书奖)、《海洋中国与世界丛书》("十五"国家重点图书出版规划项目),做了奠基的工作,但距离研究的目标还相当遥远。

2010年1月,在我主持的教育部哲学社会科学研究重大课题攻关项目《中国海洋文明史研究》开题报告期间,教育部社科司领导和评审专家希望我做长远设计、宏大设计,出一个精华本,一个多卷本,一个普及本。于是我设想五年内主编一本40万字的精华本,即该项目的最终成果《中国海洋文明史研究》;一个多卷本,即《中国海洋文明专题研究》(1—10卷),250万字,已经申请获批为"十二五"国家重点图书出版规划项目,并列入创办海洋文明与战略发展研究中心的规划,得到厦门大学校长基金的资助;一本20万字的普及本,后来取名为《中国海洋空间简史》,将由海洋出版社出版。

精华本由该项目的子课题负责人编写,他们都是教授、研究员、博士生导师;多卷本和普及本则由年轻博士和博士研究生撰写。目前这项工作进入尾声,三个本子都有了初稿,虽说修改定稿的任务还很繁重,总算看到胜利的曙光。

最先定稿的是这套10卷本。策划之初,考虑到编写中国海洋通史的条件尚未成熟,如果执意为之,最多是整合已有的研究成果,不具学术创新的意义,故决定采取专题研究的方式,在《海洋与中国丛书》和《海洋中国与世界丛书》的基础上,扩大研究领域,继续进行深入探讨。由于中国海洋文明的议题广泛,涉及众多领域,不可能毕其功于一役,我们的团队实际上是"铁打的营盘流水的兵",有进有出,人力有限,一次5年10册的规模便达到了极限。因此,研究必须细水长流,以后有机会还会延续下去。

由于专题研究需要新的思路、新的理论、新的方法、新的资料,投入与产出性价比低,许多人望而却步。而在那些善用行政资源和学术资源,追求"短平快、高大全"扬名立万的大咖眼里,这只是个"小儿科",摆不上台面。改变这种局面,需要有志者付出更大的努力。所幸入选的9位博士年富力强,所领的专题以博士学位论文为基础,驾轻就熟,且先后所花时间长则8年,最短也有4年,尽心尽力,克服了种种困难,不断充实、修改,终于交出了一份比较满意的答卷。至于各个专题是否都能体现学术研究"小题大作"的精神,达到这样的高度,有待读者的评判。

杨国桢

2015年9月23日于厦门市会展南二里52号9楼寓所

目　录

绪　　论

一、选题旨趣

海上丝绸之路作为古代中国与亚、欧、非国家政治、经济、文化往来海上通道的统称，不仅是中国丝绸运销海外的重要通道，亦是瓷器、茶叶、香药、白银等物资交汇流通的平台，承载了不同文明的互动与交融。研究明清时期东亚海域香药贸易，不仅能够充分发掘古代丝绸之路特有的价值和理念，而且是建设21世纪海上丝绸之路的历史基础和精神内涵。

在漫长的历史时期，香药的输入对中国社会产生了深远影响。尤其是明中叶以后，随着民间海外贸易的发展，香药的进口数量大增，开始被时人广泛应用于宗教祭祀、熏香化妆、医疗保健、日常饮食等各个领域。直至今天，香药对我们的生活依然产生着重要影响，只是其更多的时候是以化工合成品的形态存在，我们也就忽视了对它本来面貌的追寻。因此，展开香药贸易的研究，无论是对于探究明清中国海洋经济的发展形态，还是勾画东亚海域贸易网络的图景，抑或讨论明清日常生活史的相关问题，都是一个很好的视角和路径。

自古以来，海洋既是阻隔不同区间人们互通有无的障碍，亦是承载世界各地物质文化交流的重要通道，随着航海知识和造船技术的不断进步，海洋在世界历史中的地位日益凸显。在中华文明史上，海洋文明的演进自西周晚期、春秋时代已逐步开始，前后经历了东夷百越时代、东西洋时代、海洋竞逐时代和海洋复兴时代。通过海洋为纽带，中华文明远播海外，与此同时，多元的域外物质文化也源源不断地传入中国，并在潜移默化中影响和改变着中国社会的经济文化生活，长期以来作为舶来品代名词的香药，其影响尤甚,亦最具代表性。因此,研究域外香药对中国社会的影响,对于探讨中国海洋文明史的丰富内涵颇有意义。

之所以选择将研究的时段确定在明清,一是由于学术界关于香药贸易的研究主要集中在宋元,时期对于明清时段的研究则关注较少;二是由于研究明清香药贸易具有极大政治、经济和社会价值。从中国历史发展进程看,明清时期统治者虽多次厉行海禁政策,但香药的输入从未间断。明前期,海禁政策执行虽严,官方的输入渠道却大开,宣德(1426—1435 年)以后,曾经轰轰烈烈的郑和下西洋活动虽然停止,朝贡贸易亦日趋衰落,而民间海外贸易却在海禁政策的夹缝中悄然兴起。从全球史的视角看,自 15 世纪开始,在海洋为纽带的联结下,全球市场逐步形成,世界各国的物质文化交流逐步加强,香药成为这一时期中国、西欧和东南亚等国在东亚海域争夺的主要商品。从贸易史的视角看,香药贸易作为明清时期海外贸易的重要组成部分,其发展虽受政府政策影响,但并未受其左右。研究明清香药贸易,不仅能够更好地揭示这一时期官方与民间、中央与地方围绕海洋政策所进行的博弈,以及民间和地方在不满朝廷政策时所进行的规避措施及应对机制,亦能更为清晰地勾勒亚洲海域贸易网络的构建过程,以及在这期间各方海洋势力的此消彼长。

至于选择将香药贸易与中国社会经济的关系作为重点考察对象。首先,香药作为日常生活史的重要组成部分,长期以来并未引起学界的足够重视。作为海洋贸易标志性产品的香药,明清时期广泛应用于宗教祭祀、熏香化妆、防腐避垢、治病疗疾、日常饮食等领域,对时人宗教观念、健康饮食习惯产生了重大影响,而这正是日常生活史研究的重要议题。其次,明清时期香药的输入,不仅对从中央到地方的经济产生了重要影响,而且香药传入中国后被时人赋予了多重社会应用职能,探讨香药贸易对中国经济的影响,是研究明清财税制度不可忽视的重要一环。再次,香药被时人广泛应用于日常生活的史实,不仅从细微处重现了明清时期的生活百态,而且对于追寻不同文明间的互动交流,研究海洋文明对陆地文化的辐射与影响十分有益。

此外,传统海洋贸易史研究主要集中于对我国古代丝绸、瓷器和茶叶等物品的对外输出和对世界历史贡献的探讨,沉湎于"中国"俯瞰"四方万国"

的自豪之中。然而,中国在东亚海域的贸易,并非只出不进,商品的互换与文化的交流都是双向互惠的,香药作为明清时期进口的最主要商品给中国社会带来了诸多积极影响。这一研究现状与明清时期亚洲贸易网络中香药贸易占据重要地位的历史事实,以及香药贸易对社会经济、日常生活和文明互动带来的巨大影响极不匹配。鉴于上述多重因素,因此,研究香药贸易不仅是对传统中外交流史研究的有益补充,亦提供了一个站在东亚海域看中国的新的研究视角。

二、研究现状

本书以香药贸易为研究对象,以海上丝绸之路为背景,内容涉及香药的概念、种类、产地、功用、输入途径、运销网络、贸易数量,以及香药贸易对中国社会经济、文化生活等多层面的影响。从研究领域看,不仅涉及海洋史、经济史、物质文化史、医学史和日常生活史多个领域,且每一领域与本研究的关系亦轻重不一,故很难就相关领域的已有成果,做全面系统的梳理分析。香药作为本研究的核心问题,相关研究成果也较为集中,故此本书将围绕这一主题对该领域的已有成果进行系统讨论。

纵观学术界关于香药贸易的研究,目前已取得了丰硕成果,然而研究时段多集中于宋元,对于明清时段的研究缺乏足够的关注,偶有涉猎也主要集中于明前期,且多将其看作朝贡贸易或郑和下西洋的分支问题进行探讨,很少将"香药"作为研究核心进行深度的考察。关于明中叶以后民间香药贸易的问题几乎成为学术界研究的盲点,而这一研究现状与香药对当时中国社会经济产生的重大影响极不匹配。即便如此,目前学术界一系列与此论题相关的研究成果依然为对本课题的开展起到了积极的指导作用,尤其是学者们关于汉唐、宋元时期香药贸易的研究,以及史学界和中医学界关于各类香药的研究为本研究的展开准备了重要起点。此外,学界关于海外贸易的整体性研究成果亦为本书的写作奠定了坚实基础。

(一)关于香药特性及应用的研究

关于香药的特性、源流、功能及应用等相关问题的研究与考辨,史学界及中医学界皆有诸多涉及。自 20 世纪初开始,王璈、云楼、黄素封、王鞠侯等学者先后在《科学》、《妇女杂志》、《绸缪月刊》、《南洋研究》上发表文章，①从科学普及的角度概括性地介绍了香药的种类、产地及应用等问题。随后，日本学者山田宪太郎于 20 世纪 70 年代末出版的《东亚香料史研究》、《香料の道：鼻と舌西东》和《香料博物事典》三本著作，②系统论述了香药的种类、特性、运销及应用的历史。然而，史学界绝大多数的研究成果则选择以时间为脉络进行探讨，中医学界则多以本草学和药物学为关注点进行研究。

汉唐时期的香药研究，学者们的关注点多集中在西北内陆地区。陈明发表在《历史研究》上的三篇文章分别以不同个案为研究对象，详细呈现了汉唐时期中外医药交流的多元面相。《"商胡辄自夸"：中古胡商的药材贸易与作伪》一文，以中古时期胡商的药材贸易活动为对象，探讨了中土市场上存在的胡药假伪情况，并对此现象在当时的社会反映进行了初步分析，试图以此勾勒出胡药辨伪的历史轨迹，进而揭示胡商在商业贸易中的多面相。作者指出，对于胡药，中土人士形成了两种观念。"一方面，他们认为波斯、印度、西戎来的药物质量好，性能佳，可补本土之不足，增加了对付疾病的手段，又丰富了日常生活的趣味。另一方面，他们认为胡药又多假伪，胡商（以及中土商人）制造与贩卖假药，使得人们对此增添一份戒心和某种程度的不信任感。"③《汉唐时期于阗的对外医药交流》一文，以作为丝绸之路要道的于阗为个案，探讨了汉唐时期于阗对外医药文化交流的状况。通过分析，作者试图从史料中勾勒出汉唐时期在文化交流中于阗医药文化史的某些特征，对重塑中古时期丝绸之路医学史的总体面貌做了重要补充。④

---

①　王琎：《香料之论略》，《科学》1919 年第 4 卷第 10 期；云楼：《香料杂谈》，《妇女杂志》1925 年第 11 卷第 12 期；黄素封：《南洋的香料》，《绸缪月刊》1935 年第 2 卷第 4 期；王鞠侯：《南海输入香料品类考》，《南洋研究》1940 年第 9 卷第 4 期。

②　［日］山田宪太郎：《东亚香料史研究》，东京中央公论美术社 1976 年版；《香料の道：鼻と舌西东》，东京中央公论美术社 1977 年版；《香料博物事典》，京都同朋舍 1979 年版。

③　陈明：《"商胡辄自夸"：中古胡商的药材贸易与作伪》，《历史研究》2007 年第 4 期。

④　陈明：《汉唐时期于阗的对外医药交流》，《历史研究》2008 年第 4 期。

《"法出波斯"："三勒浆"源流考》一文,详细梳理了"三勒浆"在唐、宋、元三代的演变历程,并全方位对比了该物在其原产国印度、中转国波斯及中国的应用情况,作者试图以"三勒浆"为例,揭示"中、印、波三地某些饮食习俗的传递与吸纳",呈现"三地文化和宗教之间的差异、选择与互动"。①

温翠芳的一系列论文对汉唐时期中外香药交流做了深入探讨,其博士学位论文《唐代的外来香药研究》,不仅论述了唐代从西域进口的大量香药及这些香药在唐人生活中的广泛应用,而且考察了唐代广州的香药贸易状况。作者认为,香药换丝绸实为中古时代东西方贸易之主要推动力。鉴于此点认识,该文对从葱岭以西、地中海以东广大的西域地区输入唐代中国的各种香药进行了考察,并着重探讨了这些外来香药在唐人世俗生活中的广泛应用。此外,关于唐代广州香药贸易的考察,作者指出,"唐前期活跃在波斯湾到南中国海上贩运香药的主要是波斯人;而在762年之后,随着黑衣大食帝国迁都巴格达,遂带来了中国与阿拉伯之间海上贸易的黄金时代,而阿拉伯人也由此介入了获利巨大的海上香药贸易。"②《中古时代丝绸之路上的香药贸易中介商研究》一文,对中古时代的香药贸易商人、贸易路线、贸易产品及商人们从事香药贸易的深层原因等问题进行了详细介绍。③《汉唐时代印度香药入华史研究》、《汉唐时代南海诸国香药入华史研究》两篇文章,④分别探讨了印度及南海国家所产香药的入华途径及在中国的应用情况。吴娟娟的硕士学位论文《香料与唐代社会生活》,在介绍唐代香料种类及来源的基础上,论述了香料在世俗及宗教领域的应用情况,分析了唐代用香之盛的原因及影响。⑤

余欣的《中古异相:写本时代的学术、信仰与社会》一书,对附子和芜菁两种植物所作的细致论考,严格来说虽算不上香药研究的范畴,但其研究视

---

① 陈明:《"法出波斯":"三勒浆"源流考》,《历史研究》2012年第1期。

② 温翠芳:《唐代的外来香药研究》,陕西师范大学2006年博士学位论文。

③ 温翠芳:《中古时代丝绸之路上的香药贸易中介商研究》,《唐史论丛》第十二辑。

④ 温翠芳:《汉唐时代印度香药入华史研究》,《全球史评论》2010年第00期;《汉唐时代南海诸国香药入华史研究》,《贵州社会科学》2013年第3期。

⑤ 吴娟娟:《香料与唐代社会生活》,安徽大学2010年硕士学位论文。

角及所应用的理论方法十分值得学习。作者从新博物学史整体架构的理念出发，以物种为线索，探讨了物在社会生活和精神文化层面的意义，并试图以此追寻一些值得珍藏的不同文明之间互动的痕迹。关于舶来品的内涵，该书指出，即使是本土物产也会被蒙上一层浓厚的舶来品色彩。对于造成这一现象的原因，作者认为，不能单从史实本身加以解释，而应从文化心理的角度进行思考，并在该节最后引用薛爱华的一句话进行总结，"舶来品的真实活力存在于生动活泼的想象的领域之内，正是由于赋予了外来物品以丰富的想象，我们才真正得到了享用舶来品的无穷乐趣"。①

关于宋元时期香药的应用研究，相较于其他时段更为丰富，且尤以宋代为多。其中最具代表性的当属刘静敏的《宋代〈香谱〉之研究》一书，该书不仅对先秦至隋唐中国社会的用香情况进行了详细梳理，且对宋代《香谱》的源流发展、编撰体例，《香谱》在宋代盛行的背景及原因，《香谱》种类及其撰修者，香方的承袭及发展，香品器的使用情况等一系列问题进行了逐一论证。② 全面呈现了宋代香文化发展的整体图景，成为研究宋代香文化不可不读的佳作。

夏时华的四篇论文从不同角度阐释了香药对宋代社会的影响。《宋代香药现象考察》一文，依次考察了宋代社会的香药来源、香药贸易概况、香药与宗教活动、香药与贵族生活、香药与平民生活、香药在中医养生保健中的运用等问题，并对香药消费对社会带来的正负两方面的影响进行了分析。③《宋代香药业经济研究》一文，主要从宋代香药朝贡贸易和民间海外香药贸易、政府对香药的禁榷经营、民间香药销售和生产加工经营、香药业与其他产业的关联、宋代社会的香药消费等方面，对宋代香药业经济进行了考察。作者认为，"宋代香药进口贸易、贩运、加工生产、销售，直至香药消费，已形成一个重要的香药业经济"，且已成为"仅次于盐业、茶业、酒业等

---

① 余欣：《中古异相：写本时代的学术、信仰与社会》，上海古籍出版社 2011 年版，第 216 页。

② 刘静敏：《宋代〈香谱〉之研究》，文史哲出版社 2007 年版。

③ 夏时华：《宋代香药现象考察》，江西师范大学 2003 年硕士学位论文。

之外的一大产业经济"，在宋代社会经济中占有重要地位。①《宋代上层社会生活中的香药消费》和《宋代平民社会生活中的香药消费述论》两篇文章，论述了不同社会阶层的香药消费情况。② 前文对宋代上层社会香药消费的概况、特点、原因、影响等方面进行了探讨。从作者的论述可见，宋代富裕阶层的香药消费涉及饮食、熏香、宴饮、香囊、沐浴、美容、制墨、建筑、宗教诸领域，表现出其消费的广泛多样性、奢侈性、雅致性、部分市场化等特点。关于宋代平民的香药消费情况，作者同样认为十分兴盛，"并表现出其消费的广泛性和多样性、市场化、生存性与享受性并存等特点"，并指出"宋代广大平民在饮食、医疗、沐浴、化妆、建筑、婚育仪式、宗教活动、节日习俗等社会日常生活中香药消费兴盛，香药已成为他们生活中不可缺少的消费品"。然而，笔者认为，宋代虽由于海洋贸易的兴起，大量香药通过海路进入中国，但香药的消费仅限于宫廷、官宦之家和富商大贾等富裕阶层，在普通百姓看来，香药仍属奢侈品范畴，只有在重大节日或宗教活动中，香药才得以进入普通民众的生活。

孟彭兴的《论两宋进口香药对宋人社会生活的影响》一文，从唐宋以来海上贸易的发展、香药国际贸易新格局、政府财政收入等层面论述了两宋时期香药贸易的发展概况。文章随后探讨了香药进口给宋人生活带来的多层面影响，作者认为，在两宋政府积极扶持下的香药贸易，在促进手工业和商业的发展、丰富我国的药物宝库、提高中医治疗技术的同时，也助长了奢靡之风，导致贫富分化严重，加剧了社会矛盾。③ 彭波、陈争平、熊金武的《论宋代香料的货币性质》一文，以宋朝政府财政危机为切入点，运用历史学和金融学相结合的研究方法，探讨了宋代香料的货币性质。文章指出，宋代香料的货币性质比较强烈，是国家所依赖的重要金融工具，"既可以变卖成现钱，也可以直接用于对内对外支付，还可以充当政府经营的资本，并充当国

---

① 夏时华：《宋代香药业经济研究》，陕西师范大学 2012 年博士学位论文。

② 夏时华：《宋代上层社会生活中的香药消费》，《云南社会科学》2010 年第 5 期；《宋代平民社会生活中的香药消费述论》，《江西社会科学》2010 年第 12 期。

③ 孟彭兴：《论两宋进口香药对宋人社会生活的影响》，《史林》1997 年第 1 期。

家信用的保证,甚至于发展到在其价值的基础上发行信用凭证充当流通手段"。①

　　庄为玑、庄景辉的《泉州宋船香料与蒲家香业》一文,首先介绍了宋代中国进口香料的种类及从事香料贸易的商人,接着论述了蒲寿庚家族香业的经营与传承。作者认为,自唐代以来,从事南海香料贸易的多为阿拉伯人,有的因从事香料贸易还被封赐官爵。② 吴春明的《考古发现的几类海洋舶来品》一文,从考古发现的沉船物品为切入点,对香药贸易的意义做了颇有价值的阐释。作者认为,"传统的海交史、贸易史、经济史的研究主要着力于我国古代瓷器、丝绸、茶叶等物品的对外输出和对世界史贡献,勾画出'陶瓷之路'、'丝绸之路'、'茶叶之路',沉湎于中国鸟瞰四方万国的、怀柔天下蛮夷的快感中。其实,在东南沿海海洋社会经济体系中,帆船的往来、商品的互换与文化交流都是双向互惠的,从西、南洋航路各国舶来的香料药物,就给古代中国文化增色不少"。③

　　关于明清时期香药的应用情况,目前的研究成果多集中于明代,清代的探讨则较少。陈冠岑的《香烟妙赏:图像中的明人用香生活》一文,通过对明代图像数据、绘画、版画及壁画的整理与分析,探讨了明人的用香场合、用香情境和焚香炉具,很大程度上重现了明人的用香生活。④ 张维屏的《满室生香:东南亚输入之香品与明代士人的生活文化》,对明代香药的输入种类,及明代士人的用香情形进行了较为详细的介绍。⑤

　　黄瑞珍的《香料与明代社会生活》一文,以"需求——供应——消费"为路径,考察并分析了香料的供需市场,以及香料在明人社会生活诸领域中的

---

①　彭波、陈争平、熊金武:《论宋代香料的货币性质》,《中国社会经济史研究》2014年第2期。

②　庄为玑、庄景辉:《泉州宋船香料与蒲家香业》,《厦门大学学报（哲学社会科学版）》1978年Z1期。

③　吴春明:《考古发现的几类海洋舶来品》,载陈春声、陈东有主编:《杨国桢教授治史五十年纪念文集》,江西教育出版社2009年版,第350页。

④　陈冠岑:《香烟妙赏:图像中的明人用香生活》,逢甲大学2012年硕士学位论文。

⑤　张维屏:《满室生香:东南亚输入之香品与明代士人的生活文化》,《政大史粹》第5期,2003年7月。

使用情况。作者认为，"明代用香群体完成了从上层到下层的下移，呈现全民化特点。各阶层对香料的铺张使用，刺激了社会奢侈风气的滋长，促进了炫耀性消费心态和享乐主义观念的盛行，并推进了明代中后期商品经济的发展繁荣。"①然而作者在介绍各个时期的香料运用时，皆笼统地认为其用途多、应用领域广、使用普遍，未能很好突出每一个时代的特色，以及香料运用的演进轨迹。此外，王尔敏的《明清时代庶民文化生活》和巫仁恕的《品味奢华——晚明的消费社会与士大夫》，②对于香药在明清日常生活，尤其是饮食领域的运用，亦有所涉及。

王铭铭的《说香史》一文，以学术随笔的形式，对顾炎武《日知录》中所列《日知录之余》卷 2《禁番香》中的相关史料进行了发散性的分析，其中涉及"禁番香"政策下达与推行的始末，国人焚香习俗的由来等很有意义的问题。③ 文中的一些分析对于我们理解明代中央与地方的关系颇有启发。关于龙涎香与葡人居澳的关系，戴裔煊的《〈明史·佛郎机〉笺注》、郑永常的《来自海洋的挑战——明代海贸政策演变研究》、金国平的《龙涎香与澳门》、李飞的《龙涎香与葡人居澳之关系考略》皆从不同角度进行了探讨。④ 此外，梁其姿的《明代社会中的医药》、唐廷猷的《中国药业史》和邱仲麟的《明代的药材流通与药品价格》等著述中，⑤亦有部分内容涉及香药的产地、运销、应用等相关问题。

林日杖的《大黄与明清中外关系》虽不能归入香药研究的范畴，但该文

①　黄瑞珍：《香料与明代社会生活》，福建师范大学 2012 年硕士学位论文。

②　王尔敏：《明清时代庶民文化生活》，岳麓书社 2002 年版，第 37—52 页；巫仁恕的《品味奢华——晚明的消费社会与士大夫》，中华书局 2008 年版，第 247—276 页。

③　王铭铭：《说香史》，《西北民族研究》2005 年第 1 期。

④　戴裔煊：《〈明史·佛郎机〉笺注》，社会科学出版社 1984 年版，第 73 页；郑永常：《来自海洋的挑战——明代海贸政策演变研究》，台北稻乡出版社 2004 年版，第 194—205 页；金国平：《龙涎香与澳门》，载金国平、吴至良《镜海飘渺》，澳门成人教育学会 2001 年版；李飞：《龙涎香与葡人居澳之关系考略》，《海交史研究》2007 年第 2 期。

⑤　梁其姿：《明代社会中的医药》，蒋竹山译，载《法国汉学》第 6 辑，中华书局 2002 年版；唐廷猷：《中国药业史》，中国医药科技出版社 2007 年版；邱仲麟：《明代的药材流通与药品价格》，《中国社会历史评论》第 9 卷，2008 年 7 月。

却是研究中外药材交流的很好范例。该文试图以大黄这种中国特产药材为核心，来讨论明清中外关系的变迁，阐释一种物质或说一种商品对中外关系发生影响的模式。作者指出，"从一种物质或说一种商品的角度切入中外关系史，既是对经济史研究的革新，也是对中外关系史研究的突破"，其不仅扩大了经济史的影响范围；而且"将中外关系史关注的重心，由人转向了物"，①视角新颖独特。

目前史学界关于香药特性及其应用的研究，除以朝代为界线进行的探讨外，还有一些整体性的研究成果，或以单一香药品种为例进行的分析。杰克·特纳的《香料传奇》一书，从欧洲人对宗教、对香料的崇拜，以及航海探险的发展为开端，探讨了西欧人追逐香料的原因。进而从味道、肉体、精神三个层面详细论述了香料在欧洲社会的应用情况。该书采用故事兼论述的方式，生动展现了一部以香料为核心的另类世界史，一幅奇异的西方风俗的画卷。② 冯立军的《古代中国与东南亚中医药交流研究》，从中外关系的视角出发，对中国与东南亚国家和地区间的中医药交流，做了细致描述和分析。全书以中药材作为海外贸易商品的关注点，突出海外华人在双方中医药交流中的载体作用，同时，以族群认同理论来解析中医药在东南亚的传播和发展。"另外，还通过对古代中国与东南亚中医药交流的研究，再现了彼此之间长期存在的朝贡贸易关系、民间海外贸易关系以及贸易与移民等各种较为复杂的关系，对于思考和创新东亚海洋经济秩序具有一定的历史借鉴作用和现实意义。"③傅京亮的《中国香文化》和周文志、连汝安的《细说中国香文化》及陈云君的《燕居香语：中国香文化宝典》，④分别从历史学、哲学、文学的角度探讨了沉香、檀香、丁香、龙涎香等多种香品的应用情况，

① 林日杖：《大黄与明清中外关系》，福建师范大学 2011 年博士学位论文。
② ［澳］杰克·特纳：《香料传奇：一部由诱惑衍生的历史》，周子平译，生活·读书·新知三联书店 2007 年版。
③ 冯立军：《古代中国与东南亚中医药交流研究》，云南出版集团有限责任公司 2010 年版。
④ 傅京亮：《中国香文化》，齐鲁书社 2008 年版；周文志、连汝安：《细说中国香文化》，九州出版社 2009 年版；陈云君：《燕居香语：中国香文化宝典》，百花文艺出版社 2010 年版。

及各类香具的使用方法,并系统梳理了古代文人与香的关系。然而,三本著作多集中于对香的文化性的探讨,而对于各类香品在宗教祭祀、治病疗疾领域的应用,及普通平民的用香情况则涉及较少。

以单一香药作为对象的研究,目前亦有部分学术成果,其主要以学位论文为主。陈宝强的《宋代香药贸易中的乳香》一文,对宋代社会中的用香风气,乳香在社会下层的应用,乳香对中国医学的影响等问题进行了论述。文章指出,相对于其他香药,乳香在宋代"具有数量巨大、价格较低和应用广泛的特征",故其影响也最大。① 于景让的《说沉香》和吴世彬的《沉香文化的发展及其现代应用》,②对沉香使用的发展历程及被赋予的文化意涵进行了探讨,并对沉香在当代社会的应用情况进行了详细论述。张亚丽的《历史时期豆蔻的使用与分布》,对豆蔻的种类及用途进行了详细介绍,并对历代文献中关于豆蔻生长地域的信息进行了梳理,从自然地理学角度论述了不同豆蔻品种的产地分布情况。③

中医学界对香药特性及功用的探讨,多从本草学和临床学角度进行论证分析。例如,宋岘的《〈本草纲目〉与伊斯兰(回回)医药的关系》一文,对《本草纲目》中记载不甚详细的五种伊斯兰本草药物的性状及功效,进行了详细考证;其《论大食国药品——无名异》一文,对宋初传入中国的阿拉伯药品无名异的名称、性状、功用、制取方法进行了详细考证,作者认为,无名异与木乃伊实为同一种药物,埃及的木乃伊作为地中海地区历史悠久的药品和传统商品在宋代已输入中国。④ 金素安、郭忻的《〈海药本草〉蜜香、木香、沉香之考辨》一文,通过对《海药本草》中所记蜜香、木香、沉香的考辨,指出该书记载的蜜香和沉香均为瑞香科正品沉香,蜜香可视为沉香的别名。作者进一步指出,虽然蜜香可以作为木香或沉香的别名,但为了临床用药的

①　陈宝强:《宋朝香药贸易中的乳香》,暨南大学 2000 年硕士学位论文。
②　于景让:《说沉香》,《大陆杂志》1976 年第 1 期;吴世彬:《沉香文化的发展及其现代应用》,佛光大学 2007 年硕士学位论文。
③　张亚丽:《历史时期豆蔻的使用与分布》,暨南大学 2010 年硕士学位论文。
④　宋岘:《〈本草纲目〉与伊斯兰(回回)医药的关系》,《西北民族研究》1998 年第 2 期;《论大食国药品——无名异》,《中华医史杂志》1994 年第 3 期。

准确性,建议在临床的处方中明确使用药物的正名。① 靳萱等的《浅析〈海药本草〉记载的七味回族常用药物》,对《海药本草》中记载的熏陆香、没药、紫矿、阿魏、荜拨、缩砂蜜、莳萝子七味香药进行了辨析,并结合《回回药方》进行了相关阐释。② 从临床药物学角度探讨香药功用的文章颇多,兹仅举几例。王慧芳的《古代用香料药物预防疾病的方法》,从熏香、佩香、含香、浴香四个方面,阐释了香药的祛邪辟秽功效。③ 王亚芬的《元〈御院药方〉中有关香药的临床应用》一文,对《御院药方》中涉及的香药进行了综合归纳,论述了这些香药在治疗中风、脾胃失调、疮肿、风寒湿气、跌打损伤等领域的运用。④ 孙磊等人的《乳香基原的本草学、植物学和成分分析研究》一文,从本草学、植物学和药理学角度分析了乳香的特性,并从中药学角度阐释了乳香的植物成分及分类标准。⑤

此外,亦有部分学者以医药交流、考古资料为切入点,论述了香药在医疗领域的应用情况。例如,陈湘萍的《〈本草图经〉中有关医药交流的史料》一文,通过对《本草图经》中涉及的有关中外医药交流的史料进行分析,发现北宋中叶外来药物在中国已有较普遍的使用,且这些药物已融入中国传统医药体系之中。⑥ 吴鸿洲的《泉州出土宋海船所载香料药物考》,以1974年6月8日出土于泉州后渚港的宋船为研究对象,考察了宋代香药的输入盛况,并对部分香药的产地及功效进行了考证分析,进而论述了外来香料药物的输入对我国医学发展带来的多重影响。⑦ 而王琳、李成文的

---

① 金素安、郭忻:《〈海药本草〉蜜香、木香、沉香之考辨》,《上海中医药杂志》2011年第2期。

② 靳萱等:《浅析〈海药本草〉记载的七味回族常用药物》,《宁夏医科大学学报》2011年第8期。

③ 王慧芳:《古代用香料药物预防疾病的方法》,《江苏中医药杂志》1982年第1期。

④ 王亚芬:《元〈御院药方〉中有关香药的临床应用》,《中国中药杂志》1995年第3期。

⑤ 孙磊等:《乳香基原的本草学、植物学和成分分析研究》,《中国中药杂志》2011年第2期。

⑥ 陈湘萍:《〈本草图经〉中有关医药交流的史料》,《中国科技史料》1994年第3期。

⑦ 吴鸿洲:《泉州出土宋海船所载香料药物考》,《浙江中医学院学报》1981年第3期。

《宋代香文化对中医学的影响》一文,则从社会学、经济学、文化学三个角度探讨了宋代香文化盛行的原因,从本草学、方剂学、临床医学三方面探讨了香药对中医学产生的积极影响。同时作者还指出,"香药的广泛应用,尤其是《局方》的盛行,造成过用、滥用香药之弊,也给中医学带来了不良影响"。①

(二)关于香药贸易的研究

学界关于香药贸易的研究多集中于宋元时期,研究内容涉及香药的种类、特性、产地、运销、流通、用途、影响等诸多领域。截至目前最为权威和全面的研究成果当属林天蔚的《宋代香药贸易史稿》一书,该书分为三个篇章,详细探讨了宋代香药贸易兴盛的历史背景,介绍了香药的种类、性质、产地、用途等基本特性,并对香药的输入路线及在国内的运销路线进行了论述,此外,该书还对香药贸易与市舶司条例、香药朝贡、香药专卖、香药的储销机构等问题进行了全面阐释,从内外两方面论述了香药贸易对宋代财政及与安南各国关系的影响。② 可以说,该书的撰写不仅为后人从事香药贸易研究起到了提纲挈领式的指导作用,而且为日后东西交通史、南洋史的研究做出了较大贡献。然而,由于当时搜集资料的困难,作者对于文集和地方志中的资料运用较少,同时对某些问题的阐释亦不够深入,对于宋代民间海外贸易的探讨亦存在一定程度的缺失。然瑕不掩瑜,本书仍是研究香药贸易的一部力作。关于宋代民间香药贸易问题,夏时华的《宋代香药走私贸易》一文有部分探讨,该文从走私的区域、走私人群、走私原因、走私影响,以及政府的措施五方面,对宋代香药走私问题进行了系统论述。③

关于宋元时期中国与阿拉伯的香药贸易交流问题,白寿彝先生的《宋时伊斯兰教徒底香料贸易》一文最早对此做了阐释,该文系统介绍了宋时伊斯兰教徒所从事的香料贸易在南海贸易中的地位,以及这一贸易对宋代

---

① 王琳、李成文:《宋代香文化对中医学的影响》,《中华中医药杂志》2010 年第 11 期。

② 林天蔚:《宋代香药贸易史稿》,中国学社 1960 年版。

③ 夏时华:《宋代香药走私贸易》,《云南社会科学》2011 年第 6 期。

经济的影响，和输入香料在中国的销售、药用情况，最后介绍了宋时来华的几位伊斯兰香料商人。① 随后，宋大仁的《中国和阿拉伯的医药交流》一文，分别从阿拉伯医药传入中国的情况和中国医药在阿拉伯的传播两个层面进行了论述。该文指出，宋元时期，从阿拉伯传入中国的不仅有如何配制药材的香药方，亦有阿拉伯花露水及丸散制作方法。② 李少华的硕士学位论文《阿拉伯香药的输入史及其对中医药的影响》，不仅对由汉至清阿拉伯香药入华的历史进行了简要梳理，而且对阿拉伯香药的种类及应用情况进行了详细介绍。同时将中国药材的功效与阿拉伯香药进行了比较，进而从药物学、方剂学等角度阐释了阿拉伯香药传入对中国医药发展的影响。③

宋元时期泉州港香药贸易的情况，叶文程、李玉昆、聂德宁等学者曾撰文论述。叶文程的《宋元时期泉州港与阿拉伯的友好交往——从"香料之路"上新发现的海船谈起》一文，以1973年发掘于泉州的沉船中的香料、药物为线索，论述了宋元时期泉州港香药贸易的繁盛情形，以及与阿拉伯国家间的贸易往来。④ 李玉昆的《宋元时期泉州的香料贸易》，从香料贸易的种类、数量、用途，市舶司与香料贸易的关系，香料贸易对社会的影响三个方面，论述了宋元时期泉州港香药贸易的盛况。作者指出，宋元时期，泉州进口的香料品种多、数量大、用途广，在满足统治阶级奢侈生活需要的同时，亦对政府财政及社会风俗产生了较大影响。⑤ 聂德宁的《元代泉州港海外贸易商品初探》一文，以汪大渊的《岛夷志略》为核心资料，探讨了通过进口和舶商转销两种途径进入泉州的香药品种，作者试图从进出口贸易商品的角度来探讨元代泉州港海外贸易的发展状况。⑥

---

① 白寿彝:《宋时伊斯兰教徒底香料贸易》,《禹贡》1937年第7卷第4期。
② 宋大仁:《中国和阿拉伯的医药交流》,《历史研究》1959年第1期。
③ 李少华:《阿拉伯香药的输入史及其对中医药的影响》,北京中医药大学2005年硕士学位论文。
④ 叶文程:《宋元时期泉州港与阿拉伯的友好交往——从"香料之路"上新发现的海船谈起》,《厦门大学学报(哲学社会科学版)》1978年第1期。
⑤ 李玉昆:《宋元时期泉州的香料贸易》,《海交史研究》1998年第1期。
⑥ 聂德宁:《元代泉州港海外贸易商品初探》,《南洋问题研究》2000年第3期。

刘冬雪的硕士学位论文《宋代海外贸易对中医药发展的影响》，①以香药方为中心，详细探讨了香药在宋代医方、医案和传说中的广泛应用，及其对宋代医学的推动。同时，作者还对宋人滥用香药的问题进行了分析。胡沧泽的《宋代福建海外贸易的兴起及其对社会生活的影响》一文②指出，香料和药物为宋代福建海外贸易进口的最大宗商品，且时人已对香药的诸多药用价值有所认识。

目前学界关于明清时期香药贸易的研究，并无太多集中的探讨，但研究明清海外贸易的论著多对此有所涉及。

万明、严小青、包来军等学者关于香药贸易的研究主要集中在明初。万明以《敬止录·贡市考》引《皇明永乐志》中的物品清单为中心，并结合宋元方志的相关记载，发现宋元明三代，香药在进口货物中所占比重极高，且明代进口香药的种类及仓储规模皆超过宋元时期，并由此指出，明初朝贡贸易的繁盛超过了宋元，其"海禁并未影响海外贸易的繁盛，海禁不能等同于闭关锁国"。③ 严小青、张涛的《郑和与明代西洋地区对中国的香料朝贡贸易》一文，④在探讨郑和下西洋采买香料的原因和方式、香料朝贡贸易及民间香料贸易等问题的基础上，指出香料朝贡贸易及郑和下西洋活动不仅引发并推动了民间海上香料贸易的发展，而且增强了中国与世界的经济文化交流，扩大了当时中国在全世界的影响范围。与此同时，受朝贡贸易影响发展起来的民间香料贸易的价值并不能用单一的税收利润来衡量，其对时人社会生活的影响更值得关注。包来军将明代的香料朝贡贸易与西欧香料战争贸易比较分析，指出"围绕着香料，东西方不同的经济观念、贸易方式使得双方的历史发展及结果显得如此对比鲜明：重名与重利，和平

---

① 刘冬雪：《宋代海外贸易对中医药发展的影响——以香药方的研究为中心》，上海师范大学 2011 年硕士学位论文。

② 胡沧泽：《宋代福建海外贸易的兴起及其对社会生活的影响》，《中国社会经济史研究》1995 年第 1 期。

③ 万明：《明初"贡市"新证——以〈敬止录〉引〈皇明永乐志〉佚文外国物品清单为中心》，《明史研究论丛》（第七辑）。

④ 严小青、张涛：《郑和与明代西洋地区对中国的香料朝贡贸易》，《中国经济史研究》2012 年第 2 期。

交换与战争掠夺，保守放弃与进取扩张，结局是中国的衰落与西欧的崛起"。①

田汝英的《葡萄牙与16世纪的亚欧香料贸易》一文，探讨了葡萄牙的香料贸易活动及其重要影响，作者认为，"香料贸易是前现代最能体现全球一体化进程、最适宜以全球史视野进行考察的活动"，葡萄牙人在16世纪从事香料贸易的活动，不仅实现了欧洲人直接参与香料贸易的夙愿，而且改变了欧洲人的香料观，改变了欧洲香料市场的结构，降低了香料的价格，促使其从奢侈品向大众消费品转化。②

小约翰·韦尔斯、大卫·布里贝克、卜正民等西方学者多从全球史的视野探讨14—18世纪的香药贸易。小约翰·韦尔斯的《胡椒、枪炮、战地谈判：1662—1681荷兰东印度公司和中国》③和大卫·布里贝克、安东尼·里德等人所著的《14世纪以来东南亚的出口贸易：丁香、胡椒、咖啡和糖》④，以翔实的贸易清单为基础，深入探讨了地理大发现时期西欧各国对东南亚香药产地的争夺及在东亚海域的贸易角逐。卜正民的《塞尔登先生的中国地图：香料贸易、佚失海图与南中国海》一书，以一幅被遗忘350年的中国航海图为切入点，以香料贸易为纽带，生动呈现17世纪中国在东亚及东南亚地区的海外贸易，以及中国在亚洲海洋世界中的位置。⑤

李斌的硕士学位论文《明代中国与东南亚的香料贸易》，以1511年为界将明代中国与东南亚的香料贸易分两个时期，分别介绍了香药贸易的性质、方式、路线、价格、数量及对明政府财政所造成的影响，分析了香料在明

---

① 包来军：《明朝香料朝贡贸易与西欧香料战争贸易比较》，《兰台世界》2013年第2期。

② 田汝英：《葡萄牙与16世纪的亚欧香料贸易》，《首都师范大学学报（社会科学版）》2013年第1期。

③ Wills, John E. Jr. *Pepper*, *Guns*, *and Parley*; *The Dutch East India Company and China*, 1662–1681, Cambridge, Mass.: Harvard University Press, 1974.

④ Anthony Reid, David Bulbeck, Lay Cheng Tan, Yiqi Wu, *Southeast Asian Exports since the 14th Century Cloves*, *Pepper*, *Coffee*, *and Sugar*, Institute of Southeast Asian, 1998.

⑤ ［加］卜正民：《塞尔登先生的中国地图：香料贸易、佚失海图与南中国海》，黄中宪译，联经出版事业股份有限公司2015年版。

朝对外关系中所起的作用。作者认为,第一个时期的香药贸易,"以香料作为贡品输入中国为核心,以朝贡贸易为重点,以香料走私作为辅助;第二时期以西方殖民者东来为起点"。① 郑甫弘的《明末清初输入中国的南洋物质文化及对中国社会与经济的影响》一文,分别从"新物种的引进与传播"、"南洋物产及日用品之输入"、"中介文化:欧式生产品的间接传播"三个方面,对16—17世纪南洋物种(香药占有极大比重)输入中国的情形进行了系统介绍。② 田汝康的《郑和海外航行与胡椒运销》一文,论述了郑和下西洋所运胡椒对明人社会生活及政府财政带来的影响,作者认为,"胡椒在中国由珍品变为常物是郑和远洋航行所促成的改变"③,利用胡椒、苏木折赏支俸的方式,很大程度上缓解了明廷的财政危机。李曰强的《胡椒贸易与明代日常生活》一文,以胡椒进口贸易为切入点,对胡椒传入中国及其早期影响、明代胡椒进口贸易的兴盛、胡椒与明代日常生活等相关问题进行了探讨。④

　　除上述专文研究外,关于明清香药贸易的问题,明清海外贸易的论著中亦多有涉及。如李金明的《明代海外贸易史》、《明初中国与东南亚的海上贸易》,⑤万明的《中国融入世界的步履——明与清前期海外政策比较研究》、《中国郑和与满剌加——一个世界文明互动中心的和平崛起》、《郑和下西洋终止相关史实考辨》,⑥李庆新的《明代海外贸易制度》⑦,黄启臣的

---

　　① 李斌:《明代中国与东南亚的香料贸易》,暨南大学1998年硕士学位论文。

　　② 郑甫弘:《明末清初输入中国的南洋物质文化及对中国社会与经济的影响》,《南洋问题研究》1995年第1期。

　　③ 田汝康:《郑和海外航行与胡椒运销》,《上海大学学报(社会科学版)》1985年第2期。

　　④ 李曰强:《胡椒贸易与明代日常生活》,《云南社会科学》2010年第1期。

　　⑤ 李金明:《明代海外贸易史》,中国社会科学出版社1988年版;《明初中国与东南亚的海上贸易》,《南洋问题研究》1991年第2期。

　　⑥ 万明:《中国融入世界的步履——明与清前期海外政策比较研究》,社会科学文献出版社2000年版;《中国郑和与满剌加——一个世界文明互动中心的和平崛起》,《中国文化研究》2005年第1期;《郑和下西洋终止相关史实考辨》,《暨南学报》(哲学社会科学版)2005年第6期。

　　⑦ 李庆新:《明代海外贸易制度》,社会科学文献出版社2007年版。

《清代前期海外贸易的发展》①，陈希育的《清代中国与东南亚的帆船贸易》②，田汝康的《中国帆船贸易与对外关系史论集》③，等等。

综合目前已有的研究成果来看，国外学界关于香药贸易的探讨，多集中于地理大发现时期西欧各国对东南亚香药产地的争夺及贸易角逐。对香药的研究，除关注其食用、药用、防腐等实用功效外，更注重探讨香料的味道对人的心理及性格产生的影响。国内学术界对于香药贸易的研究，从时段上看，大致划分为汉唐、宋元和明清三个时期。汉唐时期的中外香药交流，学界的研究多集中于陆上丝绸之路这一区域，对于海上贸易的情况则较少探讨；宋元时期的香药贸易受到学术界较多关注，且取得了丰硕成果，研究内容涉及香药的种类、产地、运销、贸易状况、储销机构、用途、影响等多方面；明清时期的香药贸易，无论是史学界，还是中医学界，皆鲜有学者问津，其研究成果零星地散落在研究海外贸易的相关论著当中，探讨时段亦多集中于明前期，且多将其看作朝贡贸易或郑和下西洋的分支问题进行探讨，很少将"香药贸易"作为研究的核心将其置于东亚海域的大背景下，从海洋史的角度进行深度考察，尤其是15—18世纪长期执东亚海域贸易之牛耳的华商从事香药贸易的问题几乎成为学术界研究的盲点。截至目前，关于明清时期香药贸易的研究尚无专门论著出现。

21世纪以来，随着新史料的不断发掘、新理论的相继诞生，以及建设21世纪海上丝绸之路国家战略的提出，从海洋史的视角出发研究明清香药贸易与中国社会的关系，无论从研究资料、研究手段、研究条件，还是制度保障来看，相对于前辈学者皆具有更多优势。本研究力图通过对明清时期东亚海域香药贸易的探讨，在丰富中华海洋文明的基础上，提供了一个站在东亚海域看中国的新研究视角，并希冀为国家海洋发展战略尽以绵薄之力。

三、研究思路及史料介绍

本书选择明清香药贸易为研究对象，试图通过对香药概念、种类、产地、

---

① 黄启臣：《清代前期海外贸易的发展》，《历史研究》1986年第4期。
② 陈希育：《清代中国与东南亚的帆船贸易》，《南洋问题研究》1990年第4期。
③ 田汝康：《中国帆船贸易与对外关系史论集》，浙江人民出版社1987年版。

功用及输入路径的梳理,勾勒东亚海域香药贸易网络的构建过程,探讨香药贸易对中国社会经济的影响,以及香药如何被应用的过程,以此追寻以香药为代表的物所承载的海洋文明对陆地渗透与影响的痕迹,思考官方和民间、中央与地方围绕海洋政策为核心进行的斗争与妥协。

本书正文共分五个部分,主要内容如下:

第一章在对香药概念界定的基础上,对香药的种类、产地及功用做了细致梳理。笔者认为,不同时期香药的产地并非一成不变,在自然条件允许的情况下,香药主产地常随社会需求的变化而变更,香药的多元功用亦在长期的实践中不断得以发掘。

第二章以时间为线索,对汉唐、宋元、明清三个不同历史时期的香药贸易背景做了简要介绍。从总体上看,香药贸易的规模由汉至清,呈不断扩大的趋势;香药贸易的区域,由陆地转向海洋;香药贸易的主体——官方和民间势力,呈此消彼长之势。

第三章主要介绍了香药贸易的航线及输入途径。由明至清,香药贸易航线远涉东西洋多国,贸易网络呈"小"——→"大"——→"小"的格局。香药输入中国的途径主要有朝贡贸易、郑和下西洋、民间贸易、西人中转四种方式,明前期以朝贡贸易和郑和下西洋活动为主,明中叶以后,民间贸易和西人转运占据主导。

第四章从香药贸易与政府财政、沿海经济、个人财富三个层面,探讨了香药贸易对中国经济带来的多重影响。通过分析我们发现,在香药贸易对中国经济产生影响的过程中,时常充斥着官方与民间、中央和地方为了各自利益而进行的斗争与妥协。

第五章从宗教祭祀、熏衣化妆、医疗保健、日常饮食四个方面,阐述了香药在中国社会的运用情况。各类香药在中国社会的应用过程不仅完成了其自身从奢侈品到日用品的身份转化,而且彰显了海洋文明对陆地的辐射与影响。

由于香药贸易与明清中国社会这一课题,既涉及海外交通史、日常生活史的相关内容,又离不开对医学史的探讨,因此资料分布十分零散。根据笔者的搜罗、查阅,与本研究相关的资料主要有以下几类:

第一类，香谱、医书、本草类书籍。目前史学界关于香药的研究对香谱中的资料有所涉及，但较少运用历代医书和本草类书籍中的资料。当前保存较为完整的香谱主要有洪刍的《香谱》、陈敬的《陈氏香谱》和周嘉胄的《香乘》，三种香谱中记录有各类香品和大量香方。《唐本草》、《海药本草》、《本草衍义》、《证类本草》、《食物本草》、《本草纲目》、《本经逢原》等本草类书籍，详细介绍了每种香药的特性、功效及使用禁忌，通过对历代本草类书籍中所记香药种类及内容的详略性和准确度的分析，我们可以大致梳理出香药在医药领域的应用历程。《外科精要》、《寿亲养老新书》、《丹溪先生心法》、《局方发挥》、《卫生宝鉴》、《普济方》、《医宗必读》、《赤水玄珠》、《证治准绳》等医书中，记载有丰富的医方，从总体上看，添加香药的医方在各类医书中所占比重呈逐渐增加的趋势。

第二类，日用类书、食谱。《居家必用事类全集》、《遵生八笺》、《多能鄙事》、《便民图纂》、《群物奇书》、《竹屿山房杂部》、《万宝全书》、《墨娥小录》等日用类书中，记载了大量使用香药的香方、医方和食单，而这类书籍中关于香药应用的记录，最能反映香药在广大民众中的使用情况。万历九年重刻本《居家必用事类全集》，黄希贤所作的《序》中即说道："《居家必用》一书，由来久矣。首尾凡十卷。其书事兼四明，录及九流，博大知悉，罔不具备。大都摘群书之关要，诚家居者，必不可少也。"《饮膳正要》、《易牙遗意》、《随园食单》、《食宪鸿秘》、《老饕集》、《养小录》、《醒园录》、《调鼎集》等食谱中，记载有诸多使用香药作为作料的食单，通过比对发现，不同时期香药运用于饮食的情况有较大差别，这在很大程度上体现了时人饮食观念的转变。

第三类，海洋图书。《岭外代答》、《诸蕃志》、《岛夷志略》、《真腊风土记》、《瀛涯胜览》、《星槎胜览》、《西洋番国志》、《西洋朝贡典录》、《顺风相送》、《指南正法》这类图书的作者或亲赴海外，或听人描述、各方搜集，记录了大量有关香药特性及其产地的知识。《东西洋考》则系统记录了官方视野下海外诸国的概况、海洋贸易的航线和税收等相关问题。《郑和航海图》、《明代东西洋航海图》、《清代东南洋航海图》等航海地图，分别从官方和民间的视角，详细客观地呈现了明初至清中叶，华人在亚洲海域的香药贸易网络。

第四类,日记、文集。明中叶以后,西方人开始进入亚洲海域,并积极参与到中国与东南亚、南亚的香药贸易中来。江树生译注的《热兰遮城日志》(共四册)详细记录了1629年至1662年间,大员与东南沿海及巴达维亚间的贸易往来,该日志虽以流水账的形式记录,却大量保存了大员与东南沿海间的贸易清单,其中涉及香药运销和交易的资料十分丰富。马士所著《东印度公司对华贸易编年史(1635—1834年)》,大量记载了清代以英国人为主体的西方人参与对华香药贸易的情形。《东印度航海记》、《十六世纪中国南部行纪》、《中国和东印度群岛旅行记》、《东方志——从红海到中国》、《热带猎奇——十七世纪东印度航海记》等书,生动描绘了西方人眼中的中国,以及亚洲海域的香药贸易活动。《林次崖文集》、《典故纪闻》、《菽园杂记》、《陶庵梦忆》、《镫窗丛录》、《墨井集》等文集中亦散落了大量有关香药贸易及应用的信息,值得仔细搜罗整理。

第五类,官方正史。主要包括明清实录、(正德)《明会典》、(万历)《大明会典》、《钦定大清会典事例》、《明经世文编》、《明史》、《清史稿》等。明清时期,统治者屡次颁布禁海令,海外贸易政策多有变动,官方正史中的相关史料对于我们从整体上把握香药贸易的性质颇为重要。同时,这类资料中记录有大量关于朝贡贸易的信息,成为探讨明前期香药贸易不可或缺的资料。

第六类,地方志书。主要包括省通志、府县志、乡镇志等。诸多方志的"番夷志"、"赋役志"、"风土志"、"杂物志"等门类中涉及有香药进口种类、香药税额、香药在当地的应用情况等相关问题,但由于其分布较为零散,加之时间有限,笔者未能很好地将不同方志中有关香药的记载进行比对分析,有效利用。

第一章　香药的特性

　　香药作为一个集合名词最早出现于西晋时期,但其某些品种早在汉代已开始被国人所使用。香药作为历史上的重要舶来品,对中国社会产生了意义深远的影响。然而,长期以来人们对香药的认识一直较为模糊,很多人并不了解香药包含哪些种类或哪些香料和药物属于香药的范畴,对其功用的认识也较为单一。而这一切与香药自身价值及对中国社会的影响并不匹配,因此,对香药的定义、种类、产地及功用等特性进行逐一梳理显得十分必要。

第一节　香药的定义

　　香药作为一个本草学概念,既是历史上舶来品的重要代名词,又是商品流转、海洋贸易与社会生活相互交织的集中体现,其含义处在不断变化之中。《说文解字》曰:"香,芳也"①,"药,治病草"②,香药,即为具有芳香气味能够治病的植物。近代所编的《辞海》及当代的各类汉语字典基本沿袭了《说文解字》对"香"、"药"二字的解释。事实上,中国历代典籍中所记录的"香药",在不同时期存在相应的流变,且内涵和外延与上述解释存在不

---

　　①　(汉)许慎撰,(宋)徐铉校定:《说文解字:附检字》卷7上,中华书局1963年版,第147页。

　　②　(汉)许慎撰,(宋)徐铉校定:《说文解字:附检字》卷1下,中华书局1963年版,第24页。

同程度的差异。

据笔者所见,"香药"一词最早出现于西晋陈寿所撰的《三国志》,该书对香药并无过多介绍,只是在论述交趾地区的赋税时简单提到,"县官羁縻,示令威服,田户之租赋裁取供办,贵致远珍名珠、香药、象牙、犀角、玳瑁、珊瑚、琉璃、鹦鹉、翡翠、孔雀奇物,充备宝玩,不必仰其赋入,以益中国也。"[①]香药在此处与象牙、犀角并列,成为珍奇异物、名贵物品的代表之一,且在三国时期已从南海诸地传入中国。此后,由晋至隋的近三百年间,"香药"作为一个专有名词,多出现在《摩诃僧祇律》、《十诵律》、《大般涅槃经》、《法华玄义》等佛教经典中。例如,作为佛教戒律书的《十诵律》记载:"佛在舍卫国,尔时长老毕陵伽婆蹉眼痛,时药师教言和药作丸,着火上烧服烟。优波离问佛用何物作药,佛言:'但除青木、香药和合,余一切香着火中,手接取烟而咽。'"[②]又如:中国佛教基本理论著作《法华玄义》曰:"九名香药,昔于持戒信三宝,大福田中施末香涂香,净心供养,如法得财施已随喜。"[③]在这些佛教经典中,香药不仅充当医病的药物,还被赋予一定的神秘色彩,成为宗教洁净观念的象征。

自唐以来,"香药"在世俗作品中出现的频率开始逐渐超越宗教典籍,无论是官修正史、地方志书,抑或是文人笔记、日用类书,都不乏香药的身影。同时,香药的意涵也较之前代更为丰富多元,且每一时期强调的侧重点皆有所不同。从总体上看,唐代史籍中的"香药"包括本土所产和域外进口两类。如杜甫在《槐叶冷淘》一诗中所提到的香药即为本土药物的合称,"元日,以香药入锦囊中,渍酒而饮,曰屠苏酒,可辟瘟气"。[④] 此处以香药渍酒制成的屠苏酒早在东晋时期即已出现,具有避瘟祛秽之功效,其主要配料为本土所产的"大黄五分,川椒五分,术、桂各三分,桔梗四分,乌头一分,拔

---

① （晋）陈寿撰,（宋）裴松之注,吴金华点校:《三国志》卷53 吴书八《薛综传》,岳麓书社 2002 年版,第 276 页。

② （南北朝）弗若多罗共罗什:《十诵律》卷38《明杂法之三》,大正新修大藏经本。

③ （隋）释智顗:《法华玄义》卷4下,大正新修大藏经本。

④ （唐）杜甫撰,鲁訔编次,蔡梦弼会笺:《杜工部草堂诗笺》卷26《槐叶冷淘》,商务印书馆 1936 年版,第 823 页。

楔二分"①。此外,在诸多情况下,香药亦指代域外所出香品。如《蛮书》曰:"昆仑国正北去蛮界西洱河八十一日程。出象及青木香、旃檀香、紫檀香、槟榔、琉璃、水精、蠡坯等诸香药,珍宝、犀牛等。"②此处的香药显然指的是昆仑国所产的青木、旃檀及紫檀诸香。宋元时期,由于海外贸易的繁荣,香药成为舶来品的代名词,在很多时候特指从南海诸国进口的沉香、乳香、檀香、丁香、没药等香货。据统计,范成大《桂海虞衡志》的《志香》篇、周去非《岭外代答》的《香门》卷、叶庭珪的《南蕃香录》及赵汝适的《诸蕃志》中所记香品多达四十余种,且皆为通过海路运往中国的域外香药。这些香药通过朝贡、私人贸易等途径大量进入中国,其应用领域在原有基础上进一步扩大。宋代的香文化研究专著《陈氏香谱》一书系统记载了"凝合诸香"的调配制作方法,域外香药和本土中药得以完美结合。其中,"香药"目中的"丁沉煎圆"和"木香饼子"③即是很好的例证,丁香、檀香等进口香药和甘草、肉桂等国产中药相互融合,组成新的医疗保健品。"香药"一词由此被赋予新的内涵,它不仅指单味的香品和药材,亦是各类合香的总称。此外,在一些文献中,沉香、乳香、丁香、阿魏等香、药品并非被称为"香药",而是被分类划之。如(大德)《南海志》的"物产"部分即将沉香、速香、黄熟香、降香、檀香等具有较强芳香气味的香药归入"香货"类,而将脑子、阿魏、没药、胡椒、豆蔻等药用功能较为明显的香药归入"药物"类。④ 至明清时期,沉香、乳香、檀香、没药、胡椒等香药不再被冠以"香药"总称的情况更为明显,它们更多的时候是以各自具体的名称出现,"香药"作为专有名词的出

① （晋）葛洪:《葛洪肘后备急方》卷8《治百病备急丸散膏诸要方第七十二》,商务印书馆1955年版,第257页。

② （唐）樊绰撰,向达校注:《〈蛮书〉校注》卷10《南蛮疆界接连诸蕃夷国名第十》,中华书局1962年版,第238—239页。

③ （宋）陈敬:《陈氏香谱》卷4《香药》,清文渊阁四库全书本。丁沉煎圆:丁香二两半,沉香四钱,木香一钱,白豆蔻二两,檀香二两,甘草四两。右为细末,以甘草熬膏和匀为圆,如鸡头大,每用一丸嚼化,常服调顺三焦、和养营卫,治心胸痞满;木香饼子:木香、檀香、丁香、甘草、肉桂、甘松、缩砂、丁皮、莪术各等分。莪术醋煮过用盐水浸出醋,米浸三日为末蜜和,同甘草膏为饼,每服三五枚。

④ （元）陈大震、吕桂孙:(大德)《南海志》卷7《物产》,元大德刻本。

现频率逐渐减少，然而其所包含的香品及药材对中国社会的影响却有增无减。

近代以后，"香药"一词逐渐被"香料"所取代。20世纪初期以来刊发的关于香药的文章，绝大多数都使用"香料"一词。此外，从内容宏富、包罗万象的《中国大百科全书》来看，化工、化学、轻工三卷皆对"香料"做了各自的界定和解释，①相反，整套丛书却未出现对"香药"的任何定义，就连中、外历史卷也只字未提。"香药"词条的空缺，或许是由于编写者的疏忽所致，但近代以来该方面研究成果多以"香料"称之的事实，则无疑说明了"香药"作为历史词汇所遭遇的身份危机，及现代人对"香药"的陌生。曾经漂洋过海、纵横世界的"香药"在如今却鲜有提及，究竟为何？沿着历史的脉络梳理，我们或许可以略知一二。自明清时期开始，香药从长期以来仅在社会上层流通的奢侈品开始逐渐转变成生活必需品，其功用的发挥亦更加具体、多元，各类香药纷纷以其各自特有的名称出现，香药作为一个整体出现的频率愈来愈少。19世纪中叶以来，随着化学化工产业的快速发展，合成香料的应用逐步占据主导地位，"香料"成为化学化工领域的重要词汇，"香药"一词逐渐退出人们的视野。

"香药"和"香料"二词，仅从字面上看，便可知两者既有区别又有联系。通过翻检资料，我们可以发现，"香药"一词蕴含了更多的历史信息。由晋至清一千多年间，香药的内涵虽在不断变化，但从域外进口的香品、药材（有时亦包含本土所产的中草药）始终都称为"香药"，尤其是宋元明清四朝，香药几乎成为舶来品的代名词。可以说，香药不再仅仅是一个本草学概

---

① 《中国大百科全书》的化工、化学、轻工三卷分别对"香料"进行了解释，根据香料自身的特性及三个学科的不同特点，三种解释同中有异、异中有同。"化工"卷的定义为："具有令人愉快的芳香气味，能用于调配香精的化合物或混合物。"（《中国大百科全书·化工》，中国大百科全书出版社1987年版，第683页。）"化学"卷的定义为："具有香味，可供人类使用并增加愉快感的物质或制品。"（《中国大百科全书·Ⅱ·化学》，中国大百科全书出版社1989年版，第1053页。）"轻工"卷的定义为："具有芳香气味的化合物或混合物。"（《中国大百科全书·轻工》，中国大百科全书出版社1991年版，第522页。）三种解释的共同点是都强调了香料的芳香气味，但每个定义的侧重点又有所不同，"化学"卷主要强调其功用，"轻工"卷更注重对物质特性的界定，"化工"卷则从其特性及功用两方面进行了概括。

念,同时也是一个承载了浓浓海洋气息的经济社会学概念。"香料"一词则更具现代性,伴随着化学化工产业的兴起,"香料"的用法日益普遍。"按其来源来分,有天然香料和合成香料。天然香料是从芳香植物的叶、茎、干、树皮、花、果、籽和根等,或泌香动物的分泌物等,提取的有一定挥发性、成分复杂的芳香物质。在化学工业中,全合成香料是作为精细化学品组织生产的。"①"香料"更多的时候是以化学概念的身份出现。通过上述分析可见,本文所探讨的明清时期中国从域外进口的香品、药材,以"香药"称之更为合适。

由于香药"种类至繁,作用至夥"②,且其内涵与外延随着时代的变迁而不断变化,加之长期以来学界研究的相对缺失,"香药"的概念至今尚无一个严格的界定。目前,仅有研究宋代香药的论著中对于"香药"的定义偶有阐释,综合来看,主要有以下三种。一是用于食用、药用和化妆的香料,林天蔚在《宋代香药贸易史稿》一书中指出,"香药,狭义的可以分为二种,可食用的香料,如胡椒、豆蔻、坿子,称为 Spice,专供化妆品或药用的称为 Perfume,后者多是动植物油所提炼,在用途上较前者为大,在贸易上较前者重要"。③ 该定义主要针对宋代香药贸易状况而论,对于明清时期中外香药贸易及国内香药的应用情形并不适用。明中叶以后,胡椒广泛应用于饮食,其贸易量远远超出用于化妆或药用的沉香、乳香、降香等熏香料。二是古时进口的香料和药物的统称,"主要有乳香、龙涎香、金颜香、檀香、丁香、木香、笃耨香、安息香、速暂香、黄熟香、降真香、生香、沉香、栀子香、龙脑、苏合香油、蔷薇水、芦荟、阿魏、豆蔻、荜澄茄、胡椒、梅花脑、没石子、血竭、苏木、真珠、人参、犀角、紫矿、硫磺、茯苓、腽肭脐、麝香、没药等的原料、成品、半成品,据不完全统计有二百余种,要占全部舶来品半数以上,并且在数量上也大大超过其他物品。海关向来对香药进口极为关注,凡'番商贸易至,舶司视香药之多少为殿最'。因此,香药又常被用作进口货的代名词"。④ 这一

---

①　《中国大百科全书·化工》,中国大百科全书出版社 1987 年版,第 683 页。
②　林天蔚:《宋代香药贸易史稿》,中国学社 1960 年版,罗香林序。
③　林天蔚:《宋代香药贸易史稿》,中国学社 1960 年版,第 25 页。
④　孟彭兴:《论两宋进口香药对宋人社会生活的影响》,《史林》1997 年第 1 期。

定义虽将香药界定为进口的香料和药物,却将人参、茯苓、麝香等本土药材列入其中,且珍珠、紫矿、硫磺等物的主要功用并非熏香或药用,因此在阐释上不甚准确。三是具有芳香走窜气味的一类药物,"临床常用的主要有乳香、沉香、苏合香、檀香、白芷、丁香、木香等,多数本草类书籍根据功能常将其分归于芳香化湿、活血行气、醒神开窍等类药物中。"①这一定义完全从中医学的角度进行阐释,对于香药的其他特性则未涉及。

上述三种定义主要是以两宋时期的香药为对象所做的阐释,在宏观视域上存在一定的局限,且在一些地方上存在不精当之处,因此对于本文所要探讨的明清时期的香药种类及贸易状况并不适用。鉴于此,给"香药"下一个准确且切合时宜的定义显得十分必要。

综上可见,香药种类繁多、功用多元,最为耳熟能详的有沉香、檀香、丁香、乳香、没药、片脑、龙涎、胡椒、苏木、豆蔻等,其应用领域涉及宗教祭祀、熏香化妆、防腐避垢、去疾辟瘟、饮食保健等,已非《说文解字》及各类词典将"香"、"药"二字解释为具有芳香气味能够治病的植物所能涵盖。香药的来源虽主要为植物,但亦有部分来源于动物身体,如龙涎香即为抹香鲸患病后肠胃中的分泌物;此外,香药的功用亦非仅仅局限于治病的药物,在很多时候兼具熏香、医病、食用等多重功效。由于本土所产甚少,从汉唐至明清的 2000 年间,中国社会消费的香药主要通过海舶从南亚、东非、阿拉伯、东南亚等地进口,故香药时常被作为舶来品的代名词。加之香药又是一个蕴含厚重历史积淀,承载浓浓海洋气息的词汇。因此依据本文所要探讨的核心内容,可将其定义为:汉唐至明清时期,主要通过海路从域外进口的,用于熏香、防腐、疗疾、饮食等领域的动植物香料药物。

第二节 香药的产地

香药多产于热带,其产区主要分布在南亚的印度、斯里兰卡,阿拉伯半

---

① 赵淑敏:《宋代香药考》,《中医研究》1999 年第 6 期。

岛沿岸的也门、亚丁、伊朗，东南亚的中南半岛、马来群岛、苏门答腊岛等地。然而，不同时期香药的产地并非一成不变，随着交流的日频和贸易的日增，在自然条件允许的情况下，诸多香药的种植区域不断流转，种植面积不断扩大。香药产地的变化与扩大，不仅体现了需求增长所引起的物种传播，而且潜藏着海洋贸易的流动痕迹，以及由此引发的文明互动与融合。因此，弄清不同时期、不同种类香药产地的变化，是探讨海洋贸易与明清中国社会重要而又基础性的一环。由于香药种类繁多，且有不少是异名而实为同类，有些又是一物数名，较易混淆，若要考证出每种香药的产地，首先必须梳理清楚这些香药的种类。

一、香药的种类

香药传入中国自汉代开始，"秦汉以前，二广未通中国，中国无今沉、脑等香也"，"至汉以来，外域入贡香之名始见于百家传记"，①自域外传入中国的香药种类日渐增多。唐以后，随着朝贡贸易的日盛和商舶贸易的发展，香药成为中国进口的最重要货物之一，有关香药的记载愈来愈多，香药品类的划分亦愈加详细。

史籍中有关香药的记载可谓卷帙浩繁，然分布较为散乱，且不同时期不同记录者对香药的理解亦存在差别，若要精确统计每一时期香药种类的变化实属不易。幸而，本草类书籍、香谱、海洋图书中的记载较为集中，我们可在依据这些资料的基础上，再辅以其他相关史料，便可大致梳理出每一阶段的香药种类及不同时期的变化情况。

我国现存最早的本草学著作《神农本草经》，相传为东汉医家依据前人成果修订而成，全书所录药物共 365 种，皆本土所产。魏晋南北朝时期，药物学有了很大发展，本草学著作颇为丰富，如《蔡邕本草》、《吴普本草》、《陶隐居本草》、《李当之本草》、《李当之药录》、《秦承祖本草》和徐叔向的《本草病源合药要钞》等，②然而这些书籍多已亡佚，已无从统计出所记录香药

---

① （明）周嘉胄:《香乘》卷 28《香文汇》,清文渊阁四库全书本。
② 史兰华等编:《中国传统医学史》,科学出版社 1992 年版,第 85 页。

的种类及所占比重。隋唐以后,中外交流日趋频繁,域外香药不断输入,香药品种及在本草类书籍中所占比重日渐增加,甚至出现了如《海药本草》、《回回药方》等这类专记外来药物、医方的著作。兹选取唐至清期间较具代表性的现存本草类书籍予以统计:

表1　本草类书籍中香药种类简况表①

书籍名称	成书时间	香药种类	备注
《唐本草》(或曰《新修本草》)	唐显庆四年(659年)	阿魏、沉香、苏合、安息香、龙脑香、庵摩勒、毗梨勒、苏方木、诃梨勒、紫真檀木、胡椒、无食子、豆蔻	安息香、龙脑香、庵摩勒、毗梨勒、苏方木、诃梨勒、胡椒、无食子皆为该书新增品种
《食疗本草》	唐中期(705—713年)	胡椒	
《海药本草》	五代前蜀(907—925年)	骐骥竭(血竭)、木香、兜纳香、阿魏、荜茇、红豆蔻、肉豆蔻、零陵香、艾纳香、莳萝、荜澄茄、迷迭香、沉香、熏陆香、乳头香(乳香)、丁香、降真香、蜜香、阿勒勃、安息香、龙脑、庵摩勒、毗梨勒、没药、诃梨勒、苏方木、胡椒、无食子、腽肭脐、豆蔻	熏陆香即乳香,作者将其作为两种不同香药列出
《本草图经》	宋嘉祐六年(1061年)	木香、莳萝、阿魏、肉豆蔻、白豆蔻、零陵香、荜茇、荜澄茄、沉香、熏陆香、苏合香、檀香、乳香、蜜香、鸡舌香、龙脑香、摩勒、骐骥竭、没药、诃梨勒	莳萝、零陵香、摩勒、诃梨勒本土已开始出产;作者将熏陆香、苏合香、檀香、蜜香、乳香、鸡舌香归于"沉香"条下

①　参见(唐)苏敬等撰,尚志钧辑校:《唐·新修本草》(辑复本),安徽科学技术出版社1981年版;(唐)孟诜原著,(唐)张鼎增补,郑金生、张同君译注:《食疗本草译注》,上海古籍出版社2007年版;(五代)李珣著,尚志钧辑校:《海药本草》,人民卫生出版社1997年版;(宋)苏颂编撰,尚志钧辑校:《本草图经》,安徽科学技术出版社1994年版;(宋)寇宗奭:《本草衍义》,中华书局1985年版;(元)王好古撰,崔扫麈、尤荣辑点校:《汤液本草》,人民卫生出版社1987年版;(元)李杲编辑,(明)李时珍参订,(明)姚可成补辑,郑金生等校:《食物本草》,中国医药科技出版社1990年版;(明)李时珍:《本草纲目》,人民卫生出版社1979年版;(清)吴仪洛著,窦钦鸿、曲京峰点校:《本草从新》,人民卫生出版社1990年版。

续表

书籍名称	成书时间	香药种类	备 注
《本草衍义》	宋政和六年（1116年）	木香、肉豆蔻、零陵香、荜拨、沉香、熏陆香、丁香、龙脑、庵摩勒、没药、胡椒、诃梨勒、腽肭脐、豆蔻	腽肭脐"今出登、莱州"。
《汤液本草》	元大德二年（1298年）	缩砂、荜澄茄、荜拨、白豆蔻、木香、红豆蔻、肉豆蔻、胡椒、丁香、沉香、乳香、檀香、苏合香、诃梨勒、苏木、没药	
《食物本草》	不详	白檀香、胡椒、缩砂蜜、荜茇、蜜香、豆蔻、檀、无食子、诃梨勒	本书元李杲编辑，明李时珍参订，姚可成补辑
《本草纲目》	明万历二十四年（1596年）	荜茇、豆蔻、零陵香、白豆蔻、肉豆蔻、艾纳香、兜纳香、木香、益智子、排草香、阿芙蓉（阿片、鸦片）、庵摩勒、毗梨勒、摩厨子、阿勒勃、胡椒、荜澄茄、蜜香、安息香、丁香、熏陆香（乳香）、苏合香、阿魏、檀香、没药、降真香、骐驎竭、笃耨香、沉香、龙脑香、返魂香、诃梨勒、苏方木、大风子、无食子（没石子）、腽肭脐	益智子、排草香、毗梨勒等香药岭南地区皆已种植
《本草从新》	清乾隆二十二年（1757年）	西洋人参、木香、白豆蔻、肉豆蔻、益智子、荜茇、红豆蔻、沉香、丁香、白檀香、紫檀香、降真香、乳香、没药、血竭、安息香、苏合香、龙脑香、阿魏、没石子、诃梨勒、苏木、大风子、胡椒、阿芙蓉、腽肭脐	

通过表1可见，唐代可谓香药大规模进入中国的初始期。至五代时期，关于香药的记录更是大幅增加，[①]然而这一时期人们对香药的认识存在很大偏颇，就连世代经营香药的土生波斯人李珣，也误将本是同物异名的熏陆

① 表1显示五代时期的香药记录之所以如此丰富，一定程度上确为属实，但亦与笔者所选取《海药本草》作为这一时期的代表著作有很大关系。首先，该书作者李珣为土生波斯人，其家以世代经营香药为业，故对香药较之普通人更为了解；其次，该书所载药物，多为海外而来，或原从海外移植南方，因此香药品种较多，比例较高。

香和乳香当成两种不同香药。①

　　至宋代,不少本草类书籍,如《本草拾遗》、《本草图经》、《本草衍义》等书的作者皆已认识到"乳香为熏陆耳",然而唐慎微所撰《证类本草》依旧将乳香和熏陆香析为两条记载。② 除此之外,这一时期的本草书籍对其他香药的记载亦存在不当之处,如《本草图经》中将本不属于同类的沉香、熏陆香、苏合香、檀香、木香、丁香等香药皆归于"沉香"条下,这一编排体例显然不甚恰当。上述现象说明,唐宋之际,大部分香药品种虽已被医家、文人所知悉,但对其特性的认识并不十分准确,就连最为基本的香药名称亦存在颇多争议,作为知识阶层的医家、文人尚且如此,普通百姓对香药的陌生更是可见一斑。即使到了宋代,海外贸易进入繁盛时期,香药并未真正进入普通百姓生活,仅以奢侈品的身份出现在社会上层生活中。

　　至元代,时人对香药的熟悉及应用程度较之前代有较大提高。如《汤液本草》中所录荜茇、沉香、乳香、苏合香等香药多为产自阿拉伯的树脂类药物,具有较强挥发性,常做成丸、散、膏、丹、酊等,这些香药进入中国后,在保留原有剂型的基础上,逐步吸收传统中医以汤药为主要剂型的熬制方法,与本土中药相结合,进一步扩大了香药的应用范围,丰富了传统中医文化。

　　明清时期,域外输入的香药新品相对于前代并无太多增加。据表1显示,新增香药品种仅为笃耨香、大风子、阿芙蓉、西洋人参四类,但由于所选资料的有限性,实则早在宋代,笃耨香与大风子已有在中国使用的记录,新增香药仅为阿芙蓉与西洋人参两种。通过翻检其他史料,我们发现这一时期新增的香药品种亦是寥寥。可见,明清时期进口香药品种与前代相比并无太大差异,然而其进口数量与进口地区却发生了重大变化,且应用领域及

---

　　① （五代）李珣著,尚志钧辑校:《海药本草》卷3《木部·熏陆香》,人民卫生出版社1997年版,第41页。该书将熏陆香和乳头香(即乳香)分两条列出,且对其特征的描述各异。如:"熏陆香,是树皮鳞甲,采之复生。""乳头香,生南海,是波斯松树脂也,紫赤如樱桃者为上。"由此可见,作者确认为熏陆香和乳香为两类不同香药品种。

　　② （宋）唐慎微著,郭君双、金秀梅、赵益梅校注:《证类本草》卷12《木部上品总七十二种》,中国医药科技出版社2011年版,第399—402页。

使用人数皆远远超出前代,对此后文将做详细探讨,兹不赘述。同时,由于香药的大量输入,人们对其特性日渐熟悉,不少生长条件适合的品种已开始在中国南方地区大规模种植,并逐步本土化,如零陵香、庵摩勒、毗梨勒、摩厨子、阿勒勃、益智子、排草香等。但是,应用最为广泛的胡椒、豆蔻、苏木、檀香、沉香、丁香、乳香等香药仍主要依赖进口。

记载香药最为集中的资料当属香谱。"《香谱》是宋代新兴的著作门类,收集文献中与香相关之人物、事迹、事件,也收录香药品种与各式香方、用法,并罗列自古以来与香有关的诗文记录。"①中国最早的《香谱》为熙宁年间沈立所撰,两宋之际,编辑香谱之事十分盛行,文人、士大夫纷纷撰香文、录香事,如洪刍的《香谱》、颜持约的《香史》、叶庭珪的《南蕃香录》、张子敬的《续香谱》、潜斋的《香谱拾遗》、侯氏的《萱堂香谱》和《香严三昧》、陈敬的《陈氏香谱》等,目前保存比较完整的仅为洪刍的《香谱》和陈敬的《陈氏香谱》两部。元代以后,撰修香谱的热度逐渐消退,流传至今的仅有晚明周嘉胄所撰《香乘》一书。为此,下文将依据现存的洪、陈、周三部香谱,对其中所记录香品予以分析,并力图观察由宋至明六百余年间香药种类的大致变化。

洪刍所撰《香谱》为现存最早、保存最为完整的香药谱录类著作。北宋政和六年(1116 年),洪刍任祠官,据《永乐大典·江州志》所引洪刍的《奉安玉册记》云:"今上(宋徽宗)莅天下之十六年……遣内侍省黄京奉玉册以至,册文有皇帝名。……后一年,而祠吏臣刍,实来奉香火。"②宋徽宗即位十六年为政和五年(1116 年),洪刍于次年来奉香火,并自称祠吏,可见,政和六年(1117 年)洪刍正担任祠官一职。宋代的祠官,主掌祭祀及祠庙事务,而朝廷祭祀需使用的大量香药,作为掌管这一事务的洪刍,必然会经常接触,其对香药的种类及特性自然颇为了解,故《香谱》一书的编撰很可能是在洪刍担任祠官期间或任后的几年间。

洪刍《香谱》卷 1《香之品》所录香品分别为:龙脑香、麝香、沉水香、白

---

① 刘静敏:《宋代〈香谱〉之研究》,文史哲出版社 2007 年版,第 41 页。

② 栾贵明辑:《四库辑本别集拾遗》,中华书局 1983 年版,第 616 页。

檀香、苏合香、安息香、郁金香、鸡舌香、熏陆香、詹糖香、丁香、波律香、乳香、青桂香、鸡骨香、木香、降真香、艾纳香、甘松香、零陵香、茅香花、馥香、水盘香、白眼香、雀头香、芸香、兰香、芳香、薆香、蕙香、白胶香、都梁香、甲香、白茅香、必栗香、兜娄香、藕车香、兜纳香、耕香、木蜜香、迷迭香，①共计41种，其中海舶香药25种，所占比重高出本土香品20%。

陈敬的《陈氏香谱》编撰于宋元之际，元至治二年（1322年）由其子陈浩卿刊刻成书。全书共四卷，在吸收前代所编香谱的基础上，又增加了诸多新的内容。如卷1《香品》部分，所列香品除包含洪氏香谱所录的41种香品外，又新增40种，且新增香品大部分为域外所产香药，如蕃香、生速熟香、暂香、鹧鸪斑香、乌里香、生香、交趾香、笃耨香、瓢香、金颜香、亚湿香、涂饥拂手香、鸡舌香、龙涎香、颤风香、伽兰木、排香、孩儿香、紫茸香、熏毕香、榄子香、南方花、大食水、珠子散香、喃哎哩香等。② 从北宋末至南宋末的二百余年间，两部香谱所列香品种类几近翻倍，进口香药所占比重也从原来的61%增加到68%，足见香药输入中国规模之大，时间之迅速。

明末周嘉胄所撰《香乘》一书可谓中国古代香文化研究的集大成之作，其所列香药名品一应俱全，全书所载香品共89种，分别为：沉水香、生沉香、光香、海南栈香、番香、占城栈香、黄熟香、速暂香、白眼香、叶子香、水盘香、檀香、旃檀、熏陆香、鸡舌香、安息香、笃耨香、瓢香、詹糖香、馥齐香、麻树香、罗斛香、郁金香、龙脑香、麝香、水麝香、土麝香、麝香木、麝香檀、麝香草、降真香、蜜香、木香、苏合香、金银香、南极香、金颜香、流黄香、亚湿香、颤风香、迦兰香、特遐香、阿勃参香、兜纳香、兜娄香、红兜娄香、艾纳香、迷迭香、藕车

① （宋）洪刍：《香谱》卷上《香之品》，中华书局1985年版，第1—9页。

② （宋）陈敬：《陈氏香谱》卷1《香品》，清文渊阁四库全书本。该香谱卷1所列香品共81种，分别为：龙脑香、婆律香、沉水香、生沉香、蕃香、青桂香、栈香、黄熟香、叶子香、鸡骨香、水盘香、白眼香、檀香、木香、降真香、生熟速香、暂香、鹧鸪斑香、乌里香、生香、交趾香、乳香、熏陆香、安息香、笃耨香、瓢香、金颜香、詹糖香、苏合香、亚湿香、涂饥拂手香、鸡舌香、丁香、郁金香、迷迭香、木蜜香、藕车香、必栗香、艾纳香、兜娄香、白茅香、茅香花、兜纳香、耕香、雀头香、芸香、零陵香、都梁香、白胶香、芳草、龙涎香、甲香、麝香、麝香水、麝香草、麝香檀、栀子香、野悉蜜香、蔷薇水、甘松香、兰香、木犀香、马蹄香、薆香、蕙香、蘼芜香、荔枝香、木兰香、玄台香、颤风香、伽兰木、排香、红兜娄香、大食水、孩儿香、紫茸香、珠子散香、喃哎哩香、熏毕香、榄子香、南方花。

香、都梁香、零陵香、芳香、蜘蛛①、甘松香、藿香、芸香、藤香、怀香、香茸、茅香、白茅香、排草香、瓶香、耕香、雀头香、玄台香、荔枝香、孩儿茶、藁本香、龙涎香、甲香、酴醾香露（即蔷薇露）、野悉蜜香、橄榄香、榄子香、思劳香、熏华香、紫茸香、珠子散香、胆八香、白胶香、膪香、排香、乌里香、豆蔻香、奇蓝香、唵叭香、撒馥兰、千岛香。② 单从上文简单罗列来看，《香乘》中所记录香品与《陈氏香谱》相比，无论数量上，还是种类上，皆无太大变化，时隔三百余年，《香乘》中所列香品仅比陈谱多出 8 种，且多出的香药并非时人常见品种，日常应用并不广泛。但若对两书的详略布局及内容书写稍加分析，便可发现两书关于香品的记载实则区别较大。首先，从全书整体布局来看，《陈氏香谱》中有关香品的介绍仅占卷 1 中三个条目中的一目，而《香乘》的卷 1 至卷 5 皆为"香品"，其介绍更为详细全面。其次，从每种香品的介绍顺序及详略安排来看，陈谱在介绍各类香品时详略较为一致，而《香乘》则主要将沉香、檀香、乳香、丁香、安息香、龙脑香、麝香、降真香、蜜香、苏合香、龙涎香、奇蓝香等应用程度较高的香药放在每卷的前面进行详细说明，其他香品则附后仅做简略介绍，这些详细介绍的香品中仅有麝香为本土所产，其他皆为域外出产。通过对两书布局的比较，海舶香药在明人社会生活中的重要性已不言自明。最后，从内容书写来看，《香乘》在借鉴陈谱等前代香谱的基础上，对诸香特性予以重新考证，并将同属不同种的香药集中分类介绍，既体现其联系，又避免混淆，安排颇为恰当。

除本草类书籍和各类香谱对香药种类的记载较为集中外，一些直接或间接参与海洋活动人员的记录亦较多涉及香药，他们或亲赴海外，或身居市舶之职，或久居沿海重镇，耳闻目睹香药贸易之盛况，对海舶香药种类之记载自然颇为准确，也更具针对性。

周去非《岭外代答》专设《香门》一卷，记录了沉水香、蓬莱香、鹧鸪斑

---

① 蜘蛛，出蜀西茂州松潘山中草根也，黑色，有粗须状，如蜘蛛，故名。（参见（明）周嘉胄：《香乘》卷 4《香品》，清文渊阁四库全书本。）

② （明）周嘉胄：《香乘》卷 1 至卷 5《香品》，清文渊阁四库全书本。

香、笺香、光香、沉香、排草香、橄榄香、钦香、零陵香、蕃栀子等香品 11 种，另《宝货门》有"龙涎"条，①其记载为研究宋代香药提供了翔实资料。赵汝适的《诸蕃志》在吸收《岭外代答》等旧籍的基础上，②作者又借助其提举福建市舶兼权泉州的便利，寻访商贾，博采众长，卷上《志国》，卷下《志物》，详细记录了海外诸国的大致概况及相关物产。其中卷下《志物》共记录输往泉州港主要商品 47 种，香药所占比例高达 70%，主要包含脑子、乳香、没药、血竭、金颜香、笃耨香、苏合香油、安息香、栀子花、蔷薇水、沉香、笺香、速暂香、黄熟香、生香、檀香、丁香、肉豆蔻、降真香、麝香木、没石子、乌楠木、苏木、木香、白豆蔻、胡椒、荜澄茄、阿魏、腽肭脐、龙涎等 30 种。③

　　汪大渊《岛夷志略》上承周去非《岭外代答》、赵汝适《诸蕃志》，下接马欢《瀛涯胜览》、费信《星槎胜览》等书，作者附舶浮海，远下东西洋，亲赴海外各国，所记信息多为其亲身经历，正如《四库全书总目》卷 71《史部地理类四》所评价的，"诸史外国列传秉笔之人，皆未尝身历其地，即赵汝适《诸蕃志》之类，亦多得于市舶之口传，大渊此书，则皆亲历而手记之，究非空谈无征者比"。全书所记国家一百余个，其中五十余国有关于出产香药种类的记载，如真腊，"地产黄蜡、犀角、孔雀、沉速香、苏木、大枫子、翠羽，冠于各番"；丹马令，"产上等白锡、米脑、龟筒、鹤顶、降真香及黄熟香头"；彭坑，"地产黄熟香头、沉速、打白香、脑子、花锡、粗降真"。④作者花费如此笔墨记录各地出产香药种类，一方面确因东西洋各国盛产香药之事实，另一方面也恰说明香药在当时社会的盛行，才会引起作者如此关注。

　　①　（宋）周去非著，杨武泉校注：《岭外代答校注》，中华书局 1999 年版，第 241—249、266 页。

　　②　纵观《诸蕃志》全书，其诸多内容来自叶庭珪《南蕃香录》和周去非《岭外代答》等书。如杨武泉在为《岭外代答》做注时就曾指出："赵汝适《诸蕃志》抄袭《代答》之文甚多，但包括赵氏自序在内，全书无一处提及《代答》书名及作者。赵氏谅非出于攘善而故隐，极有可能所见为不善之抄本，书名及作者均未能定。"（参见（宋）周去非著，杨武泉校注：《岭外代答校注》，中华书局 1999 年版，校注前言，第 12 页。）

　　③　（宋）赵汝适著，杨博文校释：《诸蕃志校释》，中华书局 2000 年版，第 161—221 页。

　　④　（元）汪大渊著，苏继顾校释：《岛夷志略校释》，中华书局 1981 年版，第 70、79、96 页。

明代立国之初,朱元璋以"不征"为基调,广泛建立与东南亚各国的关系,这一政策得到了各国积极响应,占城、暹罗、爪哇、苏门答腊等国纷纷加入到朝贡贸易的体系中来。明成祖即位后,在继承太祖"不征诸夷"政策的基础上,进一步扩大"怀柔"的范围,放宽朝贡的限制,并派遣船队远赴西洋各国,远播声威,广通贸易,官方海上贸易出现鼎盛局面。这一时期,东南亚各国向大明入贡的方物以胡椒、苏木等香药为主,郑和下西洋采办归国的货物也多为各类香药,"西洋交易,多用广货易回胡椒等物,其贵细者往往满舶"[1]。如爪哇国自洪武三年(1370 年)开始遣使朝贡,自正统八年(1443年)定三年一贡,"其贡物:胡椒、荜芨、苏木、黄蜡、乌爹泥、金刚子、乌木、番红土、蔷薇露、奇南香、檀香、麻滕香、速香、降香、木香、乳香、龙脑、血竭、肉豆蔻、白豆蔻、藤竭、阿魏、芦荟、没药、大枫子、丁皮、番木鳖子、闷虫药、碗石、荜澄茄、乌香、宝石、珍珠锡、西洋铁、铁枪、折铁刀、芯布、油红布、孔雀、火鸡、鹦鹉、玳瑁、孔雀尾、翠毛、鹤顶、犀角、象牙、龟筒、黄熟香、安息香"。[2]将香药作为主要贡物的除爪哇外,占城、真腊、暹罗等西洋各国亦纷纷如此。同时,郑和出使西洋归国船队亦带回大量奇珍异宝,"月明之珠,鸦鹘之石,沉南龙速之香,麟狮孔翠之奇,梅脑薇露之珍,珊瑚瑶琨之美,皆充舶而归"。[3] 采办香药成为郑和出使西洋的主要目的之一,陈国栋甚至认为,"郑和下西洋的目的就是透过官营贸易与推动朝贡贸易实现苏木与胡椒的供给"。[4] 无论郑和船队出使西洋的目的为何,但带回大量香药则是毋庸置疑的事实,据随船出使的马欢、费信和巩珍记录,郑和船队带回的香药包括胡椒、苏木、豆蔻、乳香、沉香、檀香、没药、片脑、降真香、黄熟香、速香、金银香、伽蓝香、龙涎香、蔷薇露、荜拨、血竭、大风子等。据载,柯枝国当地财主,"专收买下珍珠、宝石、香货之类,皆候中国宝船或别处番船客人",中国宝

① (清)顾炎武:《天下郡国利病书》,《续修四库全书本》(579,史部),上海古籍出版社 1995 年版,第 588 页。

② (明)黄省曾著,谢方校注:《西洋朝贡典录校注》,中华书局 2000 年版,第 29—30 页。

③ (明)黄省曾著,谢方校注:《西洋朝贡典录校注》,中华书局 2000 年版,自序。

④ 陈国栋:《东亚海域一千年:历史上的海洋中国与对外贸易》,山东画报出版社 2006 年版,第 99 页。

船每到祖法儿国时,"王差头目遍谕国人,皆将其乳香、血竭、芦荟、没药、安息香、苏合油、木鳖子之类来换易纻丝、磁器等物"。① 东西洋各国财主,甚至国王都加入到屯集香药的行列,足见明初中国从域外输入香药种类之多,数量之大。

明中叶以后,随着民间海外贸易的兴盛,沿海商人纷纷远赴东西洋各国通商贸易,鉴于中国市场的大量需求,东西洋各国,尤其是西洋国家,纷纷扩大香药种植。通过对张燮《东西洋考》卷 1 至卷 5 的统计,香药在东西洋各国"物产"种类中占有相当比重。其中西洋各国,交趾物产共 70 种,香药占 11 种;占城物产共 54 种,香药占 16 种;暹罗物产共 43 种,香药占 13 种;下港物产共 40 种,香药占 11 种;柬埔寨物产共 38 种,香药占 14 种;大泥物产共 26 种,香药占 3 种;旧港物产共 31 种,香药占 16 种;马六甲物产共 28 种,香药占 4 种;哑齐物产共 42 种,香药占 12 种;彭亨物产共 20 种,香药占 6 种;柔佛物产共 16 种,香药占 5 种;丁机宜物产共 9 种,香药占 2 种;吉思港物产共 27 种,香药占 7 种;文郎马神物产共 13 种,香药占 4 种;迟闷物产共 3 种,皆为香药。东洋各国中,吕宋物产共 5 种,香药占 1 种;苏禄物产共 13 种,香药占 5 种;猫里务物产共 2 种,皆为香药;沙瑶、呐哔哔物产共 2 种,皆为香药;美洛居物产仅丁香 1 种;文莱物产共 7 种,香药占 1 种。② 以上统计虽仅显示香药在东西洋各国物产种类中所占比重,并未记载其产量多少,但已在很大程度上说明了东西洋国家香药种类之丰富。

通过对本草类书籍、香谱、海洋图书三类资料中所记录香药种类的大致分析可见,自唐代开始,海舶香药大规模进入中国;至宋元时期,南亚、东南亚、阿拉伯半岛的香药品种基本齐聚中国,社会上层掀起用香热潮,香药贸易成为这一时期海上远距离奢侈品贸易的最主要形态;明清时期,中国社会上流通的香药种类从总体上看与宋元相比并无太大变化,所增新品寥寥无几,但自明中叶以后,香药贸易逐渐从乳香、沉香等奢侈品为主导的进口转

① (明)马欢著,万明校注:《明抄本〈瀛涯胜览〉校注》,海洋出版社 2005 年版,第61、77 页。

② 参见(明)张燮著,谢方点校:《东西洋考》卷 1 至卷 5,中华书局 2000 年版,第12—104 页。

向胡椒、苏木等日常用品的输入，海上贸易主体逐渐商品化、社会化、日常化，香药从这一时期开始真正进入普通百姓生活，并对中国人的社会生活方式带来质的改变。

二、香药的产地流转

香药多为热带花木、植物树脂或动物油脂提炼而成，南亚、东南亚、阿拉伯半岛附近为其主要产区，中国历史上进口的香药主要来自这些地区。汉唐时期，香药的身影便开始出现在"外化蕃船"的输入品当中，且逐渐成为舶货的代名词。然而，这些种类繁多的香药并非来自同一地区，如乳香主要产自伊朗和阿拉伯半岛，没药主要产自阿拉伯半岛附近，安息香主要出自伊朗，胡椒产地广布南亚、东南亚各地，中南半岛的真腊、占城所出沉香最为上品，马鲁古群岛盛产丁香和豆蔻，苏木、檀香、肉豆蔻、荜拨在爪哇随处可见，等等。同时，香药的产地亦发生着不同程度的流转。宋元时期，"亚洲的香药产地，大概可分两部，其所产的香药各不相同，印度以西，即阿拉伯海一带，产龙涎、乳香、栀子花、蔷薇水、木香、芦荟等，香药的质量均为亚洲首位，印度以东，产龙脑、速香、降真香、丁香、檀香等，但质量不及前者"。① 明清时期，东南亚成为香药的主产区，张燮《东西洋考》卷首萧基《小引》曰："其指南所至，风樯所屯，西产多珍，东产多矿。"②"珍"即为香药、象牙、犀角、珍宝等，其中香药所占比重最大。郑和下西洋以后，西洋③地位日益突显，成为中国对外交往的重心，香药成为输入中国的最主要商品。

上文介绍了香药的主要出产区域，及宋元至明清其产地流转的大致概

---

① 林天蔚：《宋代香药贸易史稿》，中国学社 1960 年版，第 81 页。

② （明）张燮著，谢方点校：《东西洋考》，中华书局 2000 年版，小引，第 15 页。

③ 关于"东西洋"的概念，由于标准不同，学术界分歧迭见。从明朝人的海洋意识出发，以明朝人的认识为判断依据，成为界定东西洋概念最为客观的标准。在明朝人的观念中，大致可归纳为两种认识：一种是以苏门答腊以西海域为西洋，以东为东洋，这以明初马欢《瀛涯胜览》为代表；另一种以文莱以西为西洋，以东为东洋，这以晚明张燮《东西洋考》为代表。此外，东西洋在不同时期有着不同含义，从明初开始，"西洋"的界限不断扩大，郑和下西洋所至诸国皆被列入西洋范围，在明朝人的海洋意识中，西洋已包括了原来划分在东洋范围里的国家。（参见万明：《晚明海洋意识的重构——"东矿西珍"与白银货币化研究》，《中国高校社会科学》2013 年第 4 期。）

况。关于每种香药的具体产地，从事南海史地研究的学者们进行过诸多考证，但由于史料所限、物产辗转贩运等原因，一些香药的原产地往往不易探明，加之不同时期香药种植区域的扩大与流转，逐一详考每种香药的准确产地实属不易，得出的结论难免带有推测成分。然而，笔者认为这并非问题症结所在，我们的目的并非为考证而考证，仅想弄清楚每一时期输入中国的海舶香药来自何处，对比不同时期其产地的流转变换，分析产生这些变化的原因，以此追寻海洋贸易与物种传播间的关系，以及潜藏在不同文明间的互动痕迹。

宋代，伴随着海外贸易的繁荣，香药贸易呈现兴盛局面，《宋史·食货志》称："东南之利，舶商居其一"①，舶商贩运之物中以香药居首。曾任泉州市舶提举的赵汝适在其所撰《诸蕃志》卷下《志物》中详细记录了输入中国的各类香药，并对其产地进行了逐一介绍，如表2所示：

表 2 宋代香药产地一览表

香药	产 地	香药	产 地
脑子	渤泥国、宾牢国	乳香	大食（麻罗拔、施曷、奴发）
没药	大食麻罗抹国	血竭	大食
金颜香	真腊、大食	笃褥香	真腊
苏合香油	大食	安息香	三佛齐
蔷薇水	大食	沉香	真腊、占城、大食、三佛齐、阇婆
笺香	占城、登流眉	速暂香	真腊、占城、阇婆
黄熟香	诸番皆出，真腊为上	生香	占城、真腊、海南
檀香	阇婆、三佛齐	丁香	大食、阇婆
肉豆蔻	黄麻驻、牛崙	降真香	三佛齐、阇婆、蓬丰
麝香木	占城、真腊	没石子	大食勿厮离
乌楠木	占城、单马令	苏木	真腊
木香	大食（麻罗抹、施曷、奴发）	白豆蔻	真腊、阇婆
胡椒	阇婆	荜澄茄	阇婆苏吉丹国
阿魏	大食木俱兰国	芦荟	大食奴发国
腽肭脐	大食伽力吉国	龙涎	大食西海

① 《宋史》卷186《食货志·互市舶法》。

通过表 2 可见，大食为宋代中国进口香药的最主要产地，乳香、没药、血竭、金颜香、苏合香、蔷薇水、没石子、木香、阿魏、芦荟、腽肭脐、龙涎香皆出自大食，据《宋会要辑稿·蕃夷七》记载，从宋太祖建隆元年（960 年）至淳熙五年（1178 年）的 218 年间，明确记载阿拉伯各国使节或海商舶主来中国入贡香药的就达 98 次，足见两宋时期从阿拉伯地区输往中国的香药之多。其次，中南半岛的真腊、占城是仅次于大食的香药第二大产区，笃耨香、金颜香、沉香、笺香、生香、麝香木、乌楠木、苏木、白豆蔻皆产自这一地区。此外，阇婆、三佛齐、登流眉也是沉香、檀香、丁香、降真香、胡椒、荜澄茄的重要产区。

元代延续了两宋时期与阿拉伯的海上交通贸易及友好往来，大量的阿拉伯香药及医方传入中国，《回回药方》这一在中国土地上以伊斯兰世界各种医学名著为基础编纂而成的著名医方即是很好的明证。与宋代相比，元朝与东南亚、南亚各国的关系进一步加强，据《岛夷志略》记载，沉香、丁香、降香、豆蔻、胡椒、苏木等常用香药遍布东南亚及南亚各地。其中，位于泰国南部北大年附近的龙牙犀角，"地产沉香,冠于诸番"①；文老古（即马鲁古）"地产丁香,其树满山"②；真腊"出产降香、豆蔻、姜黄、紫梗、大风子"③；旧港"地产黄熟香头、金颜香,木绵花冠于诸番,黄蜡、粗降真、绝高鹤顶、中等沉速"④；印度境内的挞吉那，"地产安息香、琉璃瓶、硼砂,栀子花尤胜于他国"⑤；巴拉巴尔海岸的下里，"地产胡椒,冠于各番,不可胜计"⑥，爪哇地产"胡椒每岁万斤"⑦；苏门答腊岛附近的啸喷，"苏木盈山"⑧。从《岛夷志略》等史料的记载来看，在元朝人的认识中，东南亚和南亚开始取代阿拉伯成为香药的主要产地。

---

① （元）汪大渊著,苏继顾校释:《岛夷志略校释》,中华书局 1981 年版,第 181 页。
② （元）汪大渊著,苏继顾校释:《岛夷志略校释》,中华书局 1981 年版,第 208 页。
③ （元）周达观著,夏鼐校注:《真腊风土记校注》,中华书局 1981 年版,第 141 页。
④ （元）汪大渊著,苏继顾校释:《岛夷志略校释》,中华书局 1981 年版,第 187 页。
⑤ （元）汪大渊著,苏继顾校释:《岛夷志略校释》,中华书局 1981 年版,第 305 页。
⑥ （元）汪大渊著,苏继顾校释:《岛夷志略校释》,中华书局 1981 年版,第 269 页。
⑦ （元）汪大渊著,苏继顾校释:《岛夷志略校释》,中华书局 1981 年版,第 159 页。
⑧ （元）汪大渊著,苏继顾校释:《岛夷志略校释》,中华书局 1981 年版,第 146 页。

明初统治者积极推行朝贡贸易体制,并派庞大的郑和船队七下西洋,传统的官方海外贸易职能发挥到极致,民间商舶贸易自洪武年间开始即被纳入非法范畴。正如明人王圻所说:"贡舶与市舶一事也。凡外夷贡者,皆设市舶司领之,许带他物,官设牙行,与民贸易,谓之互市,是有贡舶即有互市,非入贡即不许其互市矣。……市舶与商舶二事也,贡舶为王法所许,司于市舶,贸易之公也。海商为王法所不许,不司于市舶,贸易之私也。"[①]"贡舶"或"市舶"皆为以朝贡之名来华贸易的外国船只,私人贸易受到严格限制,朝贡贸易成为香药输入的主要途径。洪武至宣德年间,来华朝贡的国家和地区主要有:高丽、日本、琉球、占城、暹罗、真腊、急兰丹、满剌加、彭亨、苏门答剌、南巫里、三佛齐、阿鲁、剌泥、碟里、日罗夏治、合猫里、百花、阇婆、览邦、千里达、婆罗、爪哇、勃尼、吕宋、冯加施兰、麻林、苏禄、古麻剌朗、榜葛剌、泥八剌、锡兰山、溜山、加异勒城、琐里、柯枝、古里、小葛兰、甘巴里、忽鲁谟斯、白葛达、阿丹、拉撒、祖法儿、木骨都束、不剌哇。[②]除高丽、日本、琉球外,这些前来朝贡的国家和地区皆为当时的香药产地。

永乐三年(1405 年)至宣德八年(1433 年),郑和船队七下西洋,采办回大量香药。据朱偰先生考证,郑和出使西洋途经或到达的国家和地区有 56 处:占城、灵山、昆仑山、宾童山、真腊、暹罗、假里马丁、交栏山、旧港、暹罗、重加逻、吉里地闷、满加剌、柔佛、急兰丹、麻逸冻、彭亨、东西竺、龙牙加邈、龙牙门、九洲山、阿鲁、淡洋、苏门答腊、南渤里、花面、黎代、龙涎屿、翠兰屿、锡兰、溜山、小葛兰、大葛兰、柯枝、古里、甘巴里、榜葛剌、卜剌哇、竹步、木骨都束、阿丹、拉撒、佐法尔、忽鲁谟斯、天方、琉球、三岛国、渤泥、苏禄、锁里、加异勒、阿拨把丹、孙剌、嘛林、沙里湾泥、龙牙善提。[③]郑和船队所到达的

① (明)王圻:《续文献通考》卷31《市籴考》,现代出版社 1986 年版,第 462 页。

② 参见张廷玉撰《明史》卷 1 至 9《太祖纪》《成祖纪》《宣宗纪》。其中急兰丹、满剌加、彭亨位于今马来西亚境内,苏门答剌、南巫里、三佛齐、阿鲁、剌泥、碟里、日罗夏治、合猫里、百花、阇婆、览邦、千里达、婆罗、爪哇、勃尼皆在今印度尼西亚境内,吕宋、冯加施兰、麻林、苏禄、古麻剌朗属今菲律宾,榜葛剌、泥八剌、锡兰山、溜山、加异勒城、琐里、柯枝、古里、小葛兰、甘巴里分布于孟加拉国、印度南部地区,忽鲁谟斯、白葛达、阿丹、拉撒、祖法儿、木骨都束、不剌哇位于阿拉伯半岛附近。

③ 朱偰:《郑和七次下西洋所历地名考》,《东方杂志》第 42 卷第 12 号,1946 年。

东南亚、印度洋沿岸、东非诸国这些地区在明初均为香药产地。如占城国"山产伽蓝香(又名奇楠香,沉香的一种)、观音竹、降真香,其乌木甚黑润,绝胜他国出者"①;苏门答剌国"山居人多置园种胡椒"②,柯枝国"地产胡椒甚广"③。根据《瀛涯胜览》、《星槎胜览》、《西洋番国志》和《西洋朝贡典录》统计,郑和船队从西洋诸国带回的香药品种如下:

表3　郑和出使西洋所到国家或地区与郑和船队贸易的香料品种④

国　家	香　料	国　家	香　料
占城国	伽蓝香、豆蔻	柯枝国	胡椒
爪哇国	苏木、白檀香、肉豆蔻、荜拨	旧港国	黄速香、降真香、沉香、金银香
溜山国	降真香、龙涎香	古里国	胡椒
暹罗国	黄速香、罗褐速香、降真香、沉香、白豆蔻、大风子、血竭、藤结、苏木	祖法儿国	乳香、龙涎香
满剌加国	黄速香、乌木、打麻儿香	彭坑国	黄熟香、沉香、片脑、降香
哑鲁国	黄速香、金银香	忽鲁谟斯	龙涎香
苏门答剌国	胡椒	天方国	蔷薇露、俺八儿香(即龙涎香)
南浡里国	降真香	真腊国	沉香、苏木
锡兰山国	龙涎、乳香	淡洋	降香
小呗喃国	胡椒	龙牙善提	速香
剌撒国	龙涎香、乳香	阿丹国	蔷薇露
吉里地闷	檀香	苏禄国	降香
渤泥国	降香、片脑	竹步国	龙涎香、乳香
大呗喃国	胡椒	溜洋国	龙涎香、乳香
木骨都国	乳香、龙涎香	卜剌哇国	没药、乳香、龙涎香

① (明)马欢著,万明校注:《明抄本〈瀛涯胜览〉校注》,海洋出版社2005年版,第10页。

② (明)巩珍著,向达校注:《西洋番国志》,"苏门答剌国"条,中华书局2000年版,第19页。

③ (明)费信:《星槎胜览》卷3《柯枝国》,中华书局1991年版,第16页。

④ 严小青、张涛:《郑和与明代西洋地区对中国的香料朝贡贸易》,《中国经济史研究》2012年第2期。

明初来华朝贡诸国及郑和出使西洋所到国家和地区大多出产一种或数种香药,但一些国家朝贡的香药并非皆为本国土产。如三佛齐(即旧港国)土产金银香、黄速香、降真香、沉香,①而其王在洪武十年(1377年)遣使朝贡所带香药却为胡椒、白豆蔻和米脑,②皆非本地出产;暹罗出产黄速香、罗斛香、降真香、沉香、白豆蔻、大风子、血竭、藤结、苏木,该国贡使在永乐九年(1411年)所贡香药除本国所产外,还包括檀香、速香、安息香、乳香、树香、木香、丁香、阿魏、蔷薇水、丁皮、没药、肉豆蔻、胡椒、荜拨、乌木等15种;③满剌加国出产香药为黄速香、乌木、打麻儿香3种,正统十年(1445年)该国使臣来贡香药有片脑、蔷薇露、沉香、乳香、黄速香、金银香、降真香、紫檀香、丁香、乌木、苏木、大枫子数十种,④远较本国所产丰富。

东南亚诸国朝贡香药并非皆为本国出产的事实,也从侧面反映了明初这些国家间的贸易交流已十分频繁。正如东南亚史研究专家安东尼·瑞德所言:"海上交往一直把东南亚各民族紧密地联系在一起;一直到17世纪,这种内在联系都比外来影响要重要得多。"⑤除东南亚国家间彼此频繁的海上香药贸易外,并非香药出产国的琉球、日本也积极涉足东南亚的香药贸易。自明初开始,琉球即在日本、朝鲜、中国以及东南亚多方中转贸易中获利甚丰,所贡方物多转贩自交趾、真腊、暹罗等香药出产国,据正德《明会典》记载,明前期琉球入华朝贡香药主要有胡椒、苏木、乌木、降香、木香等。⑥ 日本在明初对华朝贡香药较琉球更为丰富,据载永乐年间宁波贡市日本国输入的香料药物有:乳香、沉香、速香、丁香、木香、安息香、降真香、土降香、熏陆香、檀香、紫香、坏香、松香、没药、人参、肉豆蔻、肉豆蔻花、白豆蔻、胡

---

①　(明)巩珍著,向达校注:《西洋番国志》,"旧港国"条,中华书局2000年版,第12页;(明)黄省曾著,谢方校注:《西洋朝贡典录校注》,中华书局2000年版,第35页。

②　(明)黄省曾著,谢方校注:《西洋朝贡典录校注》,中华书局2000年版,第35页。

③　(明)黄省曾著,谢方校注:《西洋朝贡典录校注》,中华书局2000年版,第60—61页。

④　(明)黄省曾著,谢方校注:《西洋朝贡典录校注》,中华书局2000年版,第41页。

⑤　[澳]安东尼·瑞德:《东南亚的贸易时代:1450—1680年》(第一卷　季风吹拂下的土地),吴小安、孙来臣译,孙来臣审校,商务印书馆2010年版,第11页。

⑥　徐溥等撰,李东阳等修:《明会典》卷97《礼部·朝贡》。

椒、荜拨、荜澄茄、当归、茯苓、苍术、大腹子、石决明、桔梗、瓜蒌、荜薢、巴豆、芍药、槟榔、黄连、荆树皮、黄白皮、龙骨、独活、万耕子、鹤虱子、乌木、苏木。① 而在南宋的方志中，日本与宁波市舶交易的物品清单，无论细色、粗色，皆无香药。② 由此可见，明初东南亚、日本、琉球、中国间的香药贸易繁盛程度远远超过宋元，作为香药产地的东南亚在亚洲海域的贸易地位日益突显。

伴随着朝贡贸易及郑和下西洋的进行，中国市场对香药的大量需求极大刺激了东南亚地区的香药种植。在此之前，东南亚的诸多地区虽出产香药，但当地居民并未认识到其真正价值，也未开始商品化的大规模种植。如与满剌加邻近的九州岛山，"产沉香、黄熟香，林木丛生，枝叶茂翠。永乐七年(1409年)郑和等差官兵入山采香，得径有八九尺、长六七丈者六株，香味清远，黑花细纹"。③ 九州岛山盛产香药，而郑和却能差人亲自入山采得天价沉香，说明当地百姓并不知道沉香价值之高，山中出产的沉香很大可能是自然生长，而非人为有意识的栽培。郑和等人的到来唤醒了土人对香药的重视，很大程度上促进了当地香药的规模化种植与管理。同时，"郑和下西洋也可能导致了印度胡椒树传到苏门答腊北部，从而导致了随后为中国市场而生产的东南亚胡椒产量的急剧增加。此外，它可能导致了1400年前后马鲁古香料出口的增长"。④ 在郑和下西洋的推动下，东南亚的香药产地进一步扩大，并开始出现诸多专供中国市场的香药生产基地。

宣德以后，伴随着郑和下西洋的停止及朝贡贸易的衰落，中国的香药输入并未因此停滞，相反，在悄然兴起的民间海外贸易的推动下，香药消费逐渐从社会上层扩大至普通平民，其进口数量迅速增长，尤其是用于日常饮食的胡椒成为这一时期中国从东南亚进口的最大宗商品，大量的需求促使东南亚地区香药种植进一步扩大，正如山田宪太郎所言："中国对于胡椒的大

---

① 高宇泰：《敬止录》卷21《贡市考上》，引自《皇明永乐志》。

② 参见(宝庆)《四明志》卷6《叙赋下·市舶》，清刻宋元四明六志本。

③ (明)费信：《星槎胜览》卷2《九州岛山》，中华书局1991年版，第11页。

④ [澳]安东尼·瑞德：《东南亚的贸易时代：1450—1680年》(第二卷 扩张与危机)，孙来臣、李塔娜、吴小安译，孙来臣审校，商务印书馆2010年版，第13页。

量需要导致了爪哇和苏门答剌胡椒种植的增展。"①加之,西方殖民者的东来,欧洲人开始从亚洲进口大量香药,处于海上交通要道且适合香药生产的东南亚,逐渐取代阿拉伯半岛和印度半岛成为全球最大且几乎唯一的香药产地。以胡椒的产地流转为例,"在16世纪,由于需求的增加,印度和东南亚的胡椒生产都在扩展。胡椒藤从马拉巴尔北上,传至卡纳拉;又从苏门答腊北部,沿着该岛的西海岸传到米南加保的腹地,再越海至马来半岛。曾几何时,在1500年前后,印度还在为几乎全欧洲和中东提供胡椒,仅仅60年之后,葡萄牙人就转而主要从风下之地②购买胡椒,而重新恢复的红海商道上的胡椒更是大部分来自苏门答腊。在17世纪,荷兰、英国、中国和葡萄牙商人购买胡椒的激烈竞争集中在东南亚,印度的胡椒生产成本高出50%,而且,随着好望角航路的开拓,印度销往欧洲市场的胡椒又失去地理上的优势。到了17世纪后半叶,连印度自己都要从印度尼西亚进口胡椒"。③ 作为胡椒原产地的印度,在郑和下西洋、东西洋航路的开拓、西方人的东来等多种因素的共同作用下,其胡椒主产区的地位拱手相让于东南亚。此外,明中叶以后,片脑、乳香、沉香、降香、檀香、苏木等香药的产地也较之明初有所变化,成书于万历年间的《殊域周咨录》和《东西洋考》对此有详细记载(如表4所示):

表4 明中后期香药产地一览表④

香药	产　　地
片脑	占城、暹罗、大泥、满剌加、爪哇、亚齐、彭亨国、柔佛、苏禄、文莱

① ［日］山田宪太郎:《东亚香料史研究》,中央公论美术出版社1976年版,第240页。

② 风下之地,原文为"Lands below the winds",源自印度人、波斯人、阿拉伯人和马来人对东南亚地区的称呼。

③ ［澳］安东尼·瑞德:《东南亚的贸易时代:1450—1680年》(第二卷　扩张与危机),孙来臣、李塔娜、吴小安译,孙来臣审校,商务印书馆2010年版,第8页。

④ 参见(明)严从简著,余思黎点校:《殊域周咨录》卷5至卷9,中华书局2009年版,第241—320页;张燮著,谢方点校:《东西洋考》卷1至卷5,中华书局2000年版,第12—104页。由于严从简和张燮皆未有亲赴海外考察之经历,加之香药时常辗转贩运等原因,两书记载很有可能存在将香药进口地误记为产地的情况。但由于香药贸易港与其产地往往邻近,因此即便存在误记,对于我们整体探讨香药产地的流转问题也不会构成太大影响。

香药	产　　地
乳香	占城、暹罗、旧港、满剌加、亚齐、
没药	暹罗、旧港、满剌加、亚齐、柔佛、丁机宜
血竭	暹罗、旧港、亚齐、柔佛、丁机宜、思吉港、文郎马神
金颜香	柬埔寨、旧港
笃耨香	柬埔寨
苏合油	交趾、满剌加、旧港、亚齐
安息香	交趾、旧港、亚齐
蔷薇水	占城、暹罗、旧港、亚齐
沉香	交趾、占城、爪哇、柬埔寨、旧港、彭亨国、思吉港
速香	交趾、柬埔寨、彭亨国
降香	占城、暹罗、柬埔寨、大泥、旧港、彭亨国、思吉港、文郎马神、苏禄
檀香	占城、暹罗、爪哇、旧港、大泥、思吉港、迟闷
丁香	占城、爪哇、亚齐、美洛居
豆蔻	交趾、占城、爪哇、柬埔寨、思吉港、苏禄
肉豆蔻	文郎马神
奇楠香	交趾、占城
乌楠木	占城、旧港
苏木	交趾、占城、暹罗、爪哇、柬埔寨、满剌加、思吉港、吕宋、苏禄、沙瑶
木香	旧港、亚齐
胡椒	交趾、爪哇、柬埔寨、满剌加、亚齐、彭亨国、柔佛、苏禄
荜澄茄	占城、爪哇
荜拨	思吉港、文郎马神、迟闷、苏禄
阿魏	爪哇、旧港
没石子	旧港
大风子	暹罗、柬埔寨
詹糖香	交趾
罗斛香	暹罗
茴香	占城、爪哇
麝香木	占城、柬埔寨
腽肭脐	旧港、亚齐
龙涎香	亚齐、忽鲁谟斯

对比表 2、表 3、表 4，我们发现，香药产地由宋至明发生了较大变化，两宋时期，大食为香药的最主要产地，乳香、没药、血竭、金颜香、苏合香、蔷薇水、没石子、木香、阿魏、芦荟、腽肭脐、龙涎香等香药皆出自该地区。自元代开始，香药主产区逐渐向东南亚地区转移。明初，朝贡贸易和郑和下西洋的采办成为当时香药输入中国的主要途径，因此中国史籍中记录的香药产地皆为朝贡国及郑和出使西洋所到达的西洋诸国。明中叶以后，官方海洋贸易逐步萎缩，民间海外贸易迅速兴起，香药进口跳脱出政治、外交束缚，以经济利益为主要考虑的中国海商选择的香药进口地自然是交通便利、价格低廉的香药产区，故这一时期史籍中关于香药产地的记载更为客观全面。通过表 4 可见，东南亚地区几乎囊括了当时中国社会消费的主要香药的出产，片脑、沉香、降香、檀香、苏木、胡椒遍布东南亚各地，无论从香药种类还是种植面积来看，东南亚地区无疑成为全球最主要的香药供应地。

自汉唐至明清，香药从海上源源不断地输入，供应着中国社会的香药需求。然而在这一过程中，亦有一些适合中国本土生存的香药被引入种植。如零陵香、庵摩勒、诃梨勒、益智子、毗梨勒等原产域外的香药自宋代开始已在海南、两广及云南地区种植，此后逐渐本土化，到了明代已不再出现在进口商品清单中。此外，还有一些香药虽被引入中国，但由于种植面积较小，并未实现本土化，最具代表性的当属日常生活所用胡椒。据李时珍《本草纲目》和徐光启《农政全书》记载，明中后期，中国广西、云南部分地区已开始栽培胡椒①，但引种规模较小②，其产量相较于进口数量相差甚远，所占市场消费份额亦极少，中国社会所消费的胡椒依然是来自东南亚的舶来

---

①　（明）李时珍：《本草纲目》卷 32《果部·胡椒》，人民卫生出版社 1979 年版，第 1858 页；（明）徐光启著，陈焕良、罗文华校注：《农政全书》卷 38《种植·木部》，岳麓书社 2002 年版，第 610 页。

②　据当代农学家研究，"中国胡椒最早于 1947 年由华侨引种到海南的琼海市，20 世纪 50—80 年代，又先后引种到云南省西部、广东省湛江地区、广西南部和福建省云宵县部分地区"。（参见邬华松、杨建峰、林丽云：《中国胡椒研究综述》，《中国农业科学》2009 年第 7 期。）可见，明中期广西、云南两省所引种的胡椒面积极小。

品。从上述分析可见，自宋元开始虽有部分海舶香药陆续引种中国，但由于引入品种较少且种植面积有限，明清时期香药依靠进口的局面始终没有改变。

第三节　香药的功用

明清时期，香药作为环中国海海洋经济贸易史上数量最大的舶来品，广泛应用于宗教祭祀、焚香化妆、医疗保健、饮食调味等领域，在潜移默化中对中国社会产生着重大影响。然而，香药功用的充分发挥及广泛运用经历了很长一段时期。香药最初和象牙、犀角、翡翠、明珠等奇珍异宝一起传出入中国，仅作为宗教修持的供养圣品，及皇室贵族、达官显宦独享的奢侈品。隋唐以后，用香风气日盛，文人士大夫热衷于焚香熏衣、调配香方、以香为礼，香药成为社会上层怡情、品评的清雅之物，并被赋予浓厚的文化气息。同时，香药用于医疗、饮食的情况日渐增多，但截至明以前其运用始终局限于富裕阶层，并未在社会上普及开来。明清时期，在朝贡贸易、郑和下西洋、民间贸易及西人中转等方式的共同作用下，香药被大量输入中国，添加香药的医方、食谱纷纷涌现，香药逐渐从奢侈品转变成生活必需品，对社会各阶层的健康、饮食观念产生着积极且深远的影响。

上文介绍了香药作为一个集合概念的整体功用，然而每一种香药又有其独特性，其用途千差万别，且一种香药往往具有多重功效，如檀香、沉香既可焚烧礼佛、熏衣佩戴，又能洁净空气、祛瘟疗疾；胡椒、豆蔻既能医病避疫、调理身体，又能腌制食物、杀毒调味。因此，我们有必要对明清时期进口香药的主要功用逐一梳理，并尽可能地呈现香药从宗教到世俗，从奢侈品到日用品的身份转变轨迹。

明清时期，进口香药数量庞大、种类繁多，我们无法一一描述其各自功用，只能选取贸易量大、应用广的品种进行研究。笔者通过翻检各类医书、日用类书、文集、地方志、贸易档案等资料发现，万历《大明会典》卷113《礼部·给赐番夷通例》和《东西洋考》卷7《饷税考》中所记进口香药品种,①最能体现明清两朝香药消费状况。这些常用香药主要包括:芳香气味浓郁,既能用于焚香、熏香、佩香、合香,又可药用的沉香、檀香、乳香、丁香、木香、龙脑香、苏合香、龙涎香;药用价值显著的阿魏、没药、血竭、荜茇、没石子、大风子、阿片;兼具药用、食用双重功用的胡椒、白豆蔻、肉豆蔻;既可染色,又能入药的苏木。

一、芳香型香药

沉香、檀香、乳香、丁香、木香、龙脑香、苏合香、龙涎香具有浓郁的芳香气味,焚之氤氲之气升腾,满室生香,熏之衣物气味芳洁,数日不歇,被皇室贵族、文人雅士所钟爱。此外,这些香药极具药用价值,具有理气活血、清毒止痛、健胃平喘、除湿避瘟等功效,深受医家欢迎。

沉香,又名沉(沈)水香、蜜香。"木之心节置水则沈,故名沈水,亦曰水沈,半沈者为栈香,不沈者为黄熟香,《南越志》言交州人称为蜜香,谓其气如蜜脾也。"②按其品质分为沉、栈、黄熟三等,栈香乃沉香之次者,"气味与沉香相类,然带木而不甚坚实,故其品次于沉香",黄熟香即香之轻虚者,"若皮坚而中腐者,其形如桶,谓之黄熟桶。其夹笺而通黑者,其气尤胜,谓之夹笺黄熟。夹笺者乃其香之上品"。③ 自梁武帝开始,始用沉香祭天,隋炀帝"每至除夜至及岁夜,殿前诸院,设火山数十,尽沈香木根也。每一山焚沈香数车,火光暗,则以甲煎沃之,焰起数丈,沈香甲煎之香,旁闻数十里,一夜之中,则用沈香二百余乘,甲煎二百余石"。④ 唐时,甚至出现达官显贵用沉香装饰墙壁,"宗楚客造一宅新成,皆是文柏为梁,沈香和红粉以泥壁,

① (万历)《大明会典》卷113《礼部·给赐番夷通例》所记输入香药主要有:丁香、木香、金银香、降真香、黄熟香、安息香、丁皮、苏木、紫檀木、胡椒、乌爹泥、阿魏、荜茇、没药、肉豆蔻、荜澄茄、大枫子、血竭、龙涎、苏合油、乳香、沉香、速香。《东西洋考》卷7《饷税考》记录进口香药主要为:胡椒、苏木、檀香、奇楠香、沉香、没药、肉豆蔻、冰片、荜拨、大风子、阿片、藤黄、紫檀、降真、白豆蔻、血竭、束香、乳香、木香、丁香、阿魏、没石子、苏合油。
② (明)周嘉胄:《香乘》卷1《香品·沈水香》,清文渊阁四库全书本。
③ (宋)赵汝适著,杨博文校释:《诸蕃志校释》,中华书局2000年版,第176、178页。
④ (宋)李昉:《太平广记》卷236《奢侈一·隋炀帝》,上海古籍出版社1995年版,第1815页。

开门则香气蓬勃”。[①] 宋时，焚香、熏香、佩香风气兴盛，“燎沉香，消溽暑”成为文人士大夫清新雅致生活的写照，同时，沉香常作为调制合香的重要原料，如“蜀王熏御衣法”[②]、“江南李主帐中香法”[③]、“唐化度寺牙香法”[④]、“宋张邦基自制鼻观香”[⑤]等两宋时期著名合香皆以沉香为主要原料。元明清三朝，在继承前代用香方法的基础上，出现了诸多利用沉香调配合香的香方，但与前朝相比并无太多方法上的创新，也未能再掀焚香热潮。

此外，沉香还具有极强的药用价值。从性味上看，沉香味辛，微温，无毒。“主治风水毒肿，除恶气”。[⑥]《本经逢原》在吸收前代医书的基础上，对沉香的药用功效及宜忌事项进行了全面总结，“沈水香，专于化气，诸气郁结不伸者宜之。温而不燥，行而不泄，扶脾达肾，摄火归源，主大肠虚秘、小便气淋及痰涎，血出于脾者，为之要药。凡心腹卒痛、霍乱中恶、气逆喘急者并宜。酒磨服之，补命门三焦，男子精冷宜入丸剂。同广藿香、香附，治诸虚寒热，同丁香、肉桂治胃虚呃逆。同紫苏、白豆蔻治胃冷呕吐。同茯苓、人参治心神不足，同川椒、肉桂治命门火衰。同广木香、香附治妇人强忍入房，或过忍尿以致转胞不通。同肉苁蓉、麻仁治大肠虚秘。昔人四磨饮沈香化气丸、滚痰丸用之，取其降泄也；沈香降气散用之，取其散结导气也；黑锡丹

---

① （唐）张鷟：《朝野佥载》卷3，中华书局1985年版，第32页。

② （宋）洪刍：《香谱》卷下《香之法》，中华书局1985年版，第28页。蜀王熏御衣法：丁香、馢香、沉香、檀香、麝香已上各一两，甲香三两，制如常法。右件香捣为末，用白沙蜜轻炼过，不得热用，合和令匀入用之。

③ （宋）洪刍：《香谱》卷下《香之法》，中华书局1985年版，第28页。江南李主帐中香法：右件用沉香一两细剉，加以鹅梨十枚，研取汁于银器内盛，却蒸三次，梨汁干即用之。

④ （宋）洪刍：《香谱》卷下《香之法》，中华书局1985年版，第28页。唐化度寺牙香法：沉香一两半，白檀香五两，苏合香一两，甲香一两煮，龙脑半两，麝香半两。右件香细剉，捣为末，用马尾筛罗，炼蜜溲和得所，用之。

⑤ （宋）张邦基：《墨庄漫录》卷2，中华书局1985年版，第61页。宋张邦基自制鼻观香：用沉水香一两，屑之，取榠楂液渍之，过一指，三日，泣其液。降真香半两，以建茶斗品二钱七作浆，渍一日，以湿竹纸五七重包之，火煨少时。丁香一钱新，极鲜新者，不见火。玄参二钱，去尘埃，密炒令香。真茅山黄连香一钱，白檀香三钱，麝半钱，婆律一钱，焰硝一字，俱为细末，浓煎皂角胶，和作饼子，密器收之，烧时极慢火。

⑥ （明）李时珍：《本草纲目》卷34《木部·沉香》，人民卫生出版社1979年版，第1939页。

用之,取其纳气归元也。但多降少升,气虚下陷人不可多服,久服每致失气无度,面黄少食,虚证百出矣!"①兼具益气宁神、调理脾胃、止痛治瘟等多重功效的沉香,除作为单方使用外,更多的是与其他药材一起制成丸、散,或煎做汤剂服用,最为常用的当属从宋延续至清的沉香汤、沉香散和沉香煎圆。

檀香,又称旃檀。"其树如中国之荔枝,其叶亦然,土人斫而阴干,气清劲而易泄,热之能夺众香。"②此香有数种,其中白檀、紫檀、黄檀最为常见,《本草纲目》卷34引叶廷珪《香谱》云:"皮实而色黄者为黄檀,皮洁而色白者为白檀,皮腐而色紫者为紫檀。其木并坚重清香,而白檀尤良。"③魏晋南北朝时期,佛教传入中土,檀香成为宣扬佛法、诚服信众、烧香咒愿最为常见之香品,《摩诃僧祇律》、《妙法莲华经》、《大般涅槃经》、《大智度论》、《法华玄义》、《楞严经》等佛教经典对此皆有诸多记载。此外,宫廷及民间的各种行香仪式亦多用檀香,如唐玄宗曾召术士祈雨,所焚即为白檀香。④ 檀香除用于宗教祭祀外,还可熏衣、佩戴,亦是凝和诸香常用香品,如"宫中香"、"衙香"、"御庐香"、"拂手香"等常见香方⑤皆以檀香为主要配料。然而,从

①　(清)张璐著,赵小青、裴晓峰校注:《本经逢原》卷3《香木部·沉香》,中国中医药出版社1996年版,第181—182页。

②　(宋)赵汝适著,杨博文校释:《诸蕃志校释》,中华书局2000年版,第179页。

③　(明)李时珍:《本草纲目》卷34《木部·檀香》,人民卫生出版社1979年版,第1944页。

④　(唐)段成式撰,方南生点校:《酉阳杂俎》前集卷3《贝编》,中华书局1981年版,第39页。

⑤　(宋)陈敬:《陈氏香谱》卷2《凝和诸香》、卷3《涂傅诸香》,清文渊阁四库全书本;(明)周嘉胄:《香乘》卷14《法和众妙香》,清文渊阁四库全书本。"宫中香"与"衙香"皆有数种香方,兹各举一例。宫中香:檀香八两,劈作小片,腊茶清浸一宿,挖出焙干,再以酒蜜浸一宿,慢火炙干,入诸品,沉香三两,甲香一两,生结香四两,龙、麝各半两,别器研。右为细末,生蜜和匀,贮瓷器地窨一月,旋丸爇之;衙香:檀香十二两,到茶清炒,沉香六两,栈香六两,马牙硝六钱,龙脑三钱,麝香一钱,甲香六钱,用炭灰煮两日,净洗,再以蜜汤煮干,蜜比香片子量用。右为末,研入龙、麝,蜜搜令匀,爇之;御炉香:沉香二两,细到,以绢袋盛之,悬于铫中,勿着底,水一碗,慢火煮一日,水尽再添,檀香一两,细片,以蜡茶清浸一日,稍焙干,令无檀气,甲香一两法制,生梅花龙脑二钱别研,马牙硝、麝香别研。右捣罗,取细末,以苏合油拌和匀,瓷合封窨一月许,旋入脑、麝作饼,爇之;拂手香:白檀香三两,滋润者到末用,三钱化汤一盏,许炒令水尽稍觉浥湿焙干,杵罗细末,米脑一两研,阿胶一片。右将阿胶化汤打糊,入香末搜拌匀,于木臼中捣,三五日捻作饼子,或脱花窨干,穿穴线悬于胸间。

这些香方的原料及调制过程来看,其原料造价高,调制过程复杂,非一般平民所能消费得起。

普通百姓与檀香的接触,除隆重的祭祀仪式外,最为常见的当数药用。檀香作为药用的最早记载见于葛洪《肘后备急方》的"去黑子方","夜以暖浆水洗面,以布揩黑子令赤痛,水研白檀香,取浓汁以涂之,旦又复以浆水洗面,仍以鹰粪粉黑子。"①白檀香除可用于祛除面部黑子外,还可"消风热肿毒,治中恶鬼气,杀虫","煎服,止心腹痛、霍乱肾气痛。水磨,涂外肾并腰肾痛处。散冷气,引胃气上升,进饮食"。② 紫檀又称红檀,味咸,微温,无毒。主治恶毒风毒,"紫檀末以敷金疮,止痛、止血、生肌"。③ 黄檀则极少作为药用,主要用于制作耐用器材及雕刻工艺品。

乳香,本名熏陆香,又称塌香、天泽香、摩勒香、多伽罗香。"其树大概类榕,以斧斫株,脂溢于外,结而成香,聚而成块。……香之为品十有三,其最上者为拣香,圆大如指头,俗所谓滴乳是也;次曰瓶乳,其色亚于拣香;又次曰瓶香,言收时贵重之置于瓶中。瓶香之中又有上中下三等之别;又次曰袋香,言收时止置袋中。其品亦有三如瓶香焉;又次曰乳榻,盖香之杂于砂石者也;又次曰黑榻,盖香色之黑者也;又次曰水湿黑榻,盖香在舟中,为水所浸渍而气变色败者也。品杂而碎者曰斫削,簸扬为尘者曰缠末,皆乳香之别也。"④因其品种繁多,加之兼具香用和药用双重价值,乳香成为两宋时期最为常用的海舶香药之一,神宗时户部专门请求:"乳香民间所用,乞依旧条给长引,许商贩,其诸路卖官香,亦用旧法。"⑤足见乳香在民间应用之广泛。因其进口数量较大且价格不高,民间的一些宗教活动多使用乳香,据陆游《老学庵笔记》载:"闽中有习左道者,谓之明教。亦有明教经,甚多刻版

---

① （晋）葛洪:《葛洪肘后备急方》卷6《治面疱发秃身臭心惛鄙丑方第五十二》,商务印书馆1955年版,第206页。

② （明）李时珍:《本草纲目》卷34《木部·檀香》,人民卫生出版社1979年版,第1945页。

③ （唐）王焘:《外台秘要》29《金疮方一十一首》,人民卫生出版社1955年版,第786页。

④ （宋）赵汝适著,杨博文校释:《诸蕃志校释》,中华书局2000年版,第163页。

⑤ 《续资治通鉴长编》卷335,元丰六年六月戊申。

摹印,妄取道藏中校定官名衔赘其后。烧必乳香,食必红蕈,故二物皆翔贵。"①除焚烧祭祀外,乳香还可调制合香,洪刍《香谱》中所记"香之法"共22条,其中运用乳香的有7例,陈敬《陈氏香谱》所载"凝合诸香"的123例中,用到乳香的有23例。乳香虽为调制合香的常用香品,但在这三十余例的香方中,乳香并非主要配料,且用量较少,加之这些香方多为社会上层所用,因此乳香在制香方面的应用并不占据主导。明清时期,乳香的进口数量虽被胡椒、苏木所超越,但在医药领域的重要性依然不容忽视。

乳香,味苦辛,微温,无毒。能活血行气、通经止痛、消肿生肌,②为治疗痈疽疮疡之要药。《名医别录》云:"熏陆香,微温。治风水毒肿,去恶气、伏尸。"至五代时期,乳香的药用功能得到进一步开发,其不仅能"疗耳聋,中风口噤不语",而且"善治妇人血气"。③ 由于其药用功效的不断开发,宋时使用乳香入药的方子在医书中比比皆是,《外科精要》、《疮疡经验全书》、《幼幼新书》、《太和惠民和剂局方》、《仁斋直指》、《急救仙方》等常用医书中使用乳香的药方多达几十种,有的甚至高达百种。明清时期,乳香在医药领域的运用不仅在数量上超过前代,而且出现诸多治疗诸疾的新医方,仅"乳香散"、"乳香丸"就有不下数十种,可谓治疗肿毒、镇痛、安神的必备良药。《本草纲目》卷34"熏陆香"条,对其功能与主治做了如下总结:"薰陆,主风水毒肿,去恶气伏尸,癜疹痒毒。治耳聋,中风口噤不语,妇人血气,止大肠泄澼,疗诸疮,令内消,能发酒,理风冷。下气益精,补腰膝,治肾气,止霍乱,冲恶中邪气,心腹痛疰气。煎膏,止痛长肉。治不眠。补肾定诸经之痛。仙方用以辟谷。消痈疽诸毒,托里护心,活血定痛伸筋,治妇人产难折伤。"④从以上总结可见,乳香虽是治疗诸疮、通滞化气的良药,但在使用时

① (宋)陆游撰,李剑雄、刘德权点校:《老学庵游记》卷10,中华书局1979年版,第125页。

② 国家中医药管理局《中华本草》编委会:《中华本草》(精选本·上册),上海科学技术出版社1998年版,第1074页。

③ (五代)李珣著,尚志钧辑校:《海药本草》卷3《木部·乳头香》,人民卫生出版社1997年版,第41页。

④ (明)李时珍:《本草纲目》卷34《木部·熏陆香》,人民卫生出版社1979年版,第1955页。

应注意，"有疮疽溃后勿服，脓多勿敷，胃弱勿用。"①

丁香，因其状似丁字，故而得名。"其大者谓之丁香母，丁香母即鸡舌香也。"②丁香虽不像沉香、檀香、龙脑香等香品常用来焚烧、熏衣，但亦是调制合香的重要原料，《香谱》《陈氏香谱》《香乘》《遵生八笺》中所列香方多用到丁香。同时，丁香亦是佛教、道教常用香方的必备原料，如用来供佛的"梦觉庵妙高香方"及道教著名的"焚供天地三神香方"，③其中"焚供天地三神香方"不仅用于供奉天地，还兼具驱猛兽、免瘟疫之功效。

除调配香方、制作合香外，丁香最主要的用途是作为医病的药材。从性味上看，丁香，味辛，温，无毒。主治胃寒呃逆、呕吐、反胃、泻痢、脘腹冷痛、疝气、癣症。④《本草衍义》引唐代《日华子》云："治口气，此正是御史所含之香，治胃寒及脾胃冷气不和。有大著名母丁香，气味尤佳，为末，缝纱囊如小指，实末，内阴中，主阴冷病，中病便已。"⑤由于其味辛性烈，自北宋开始已有使用丁香辟瘟祛疾的记载，枢密王博文，每于"正旦四更烧丁香，以辟瘟气"⑥。元时，丁香常与人参、白术、甘草、干姜等本土药材一起，调制成"理中加丁香汤"，用于治疗"中脘停寒，喜辛物，入口即吐"⑦等症。明清时

---

① （清）张璐著，赵小青、裴晓峰校注：《本经逢原》卷3《香木部·熏陆香》，中国中医药出版社1996年版，第184页。

② （宋）赵汝适著，杨博文校释：《诸蕃志校释》，中华书局2000年版，第181页。

③ （明）高濂：《遵生八笺》卷8《起居安乐笺下》，巴蜀书社1988年版，第294、298页。梦觉庵妙高香方：沉速四两，黄檀四两，降香四两，木香四两，丁香六两，乳香四两，检芸香六两，官桂八两，甘松八两，三奈八两，姜黄六两，玄参六两，丹皮六两，丁皮六两，辛夷花六两，大黄八两，藁本八两，独活八两，藿香八两，茅香八两，白芷六两，荔枝壳八两，马蹄香八两，铁面马牙香一斤，石成入官粉一两，炒硝一钱，有此二物引火，且焚无断灭之患；焚供天地三神香方：沉香、乳香、丁香、白檀、香附、藿香各二钱，甘松二钱，远志一钱，藁本三钱，白芷三钱，玄参二钱，零陵香、大黄、降真、木香、茅香、白芨、柏香、川芎、三奈各二钱五分。用甲子日攒和，丙子捣末，戊子和合，庚子印饼，壬子入合收起，炼蜜为丸，或刻印作饼，寒水石为衣。出入带入葫芦为妙。

④ 南京中医药大学编：《中药大辞典》，上海科学技术出版社2009年版，第14页。

⑤ （宋）寇宗奭撰，颜正华、常章富、黄幼群点校：《本草衍义》卷13，"丁香"条，人民卫生出版社1990年版，第82页。

⑥ （宋）陈元靓编：《岁时广记》卷5《元旦上》，中华书局1985年版，第57页。

⑦ （元）朱震亨：《丹溪先生心法》卷3《呕吐二十九》，明弘治刻本。

期,"丁香汤"、"丁香熟水"成为调理肠胃、养生保健之居家必备。同时,以丁香为主要药材的"丁香散"①、"丁香饼子"②,根据其所加配料不同,不仅可以治伤寒、疗霍乱,而且具有温胃去痰、解酒进食、宽中和气等功效。此外,丁香可与大茴、莳萝、盐、酱一起制成"五香醋",与官桂、大茴、砂仁、花椒、小茴、肉汤、香油、黄酒一起烹调成"卤锅老汁",与茴香、花椒、生姜、葱汁制成"五香丸",③作为重要的饮食调味品,出现在时人的餐桌上。

　　木香,又名蜜香、青木香、五木香或南木香。其"树如中国丝瓜",④"叶似薯蓣而根大,花紫色,功效极多"⑤,不仅可以用来焚烧提神、驱虫防腐,还可调制合香、祭祀上真,但其应用最广的还是作为药材使用。宋明时期常用的"清神香"⑥即是以木香为主要原料配制而成的香饼,时人常在傍晚时分焚烧,用以提神醒脑。同时,木香与甘草一起,可"去三虫,除伏尸"⑦。此

---

　　① 　参见(明)朱橚:《普济方》卷130《伤寒门》、卷201《霍乱门》,清文渊阁四库全书本。"丁香散"并非固定配方制成的丸药,实为一名数物,根据添加药材不同,其药效各异。"丁香散"除具有和"丁香汤"、"丁香熟水"相似的功效外,还可治疗伤寒、霍乱等传染性疾病,其主要调配方法如下。"丁香散一:治伤寒已经三日,头痛、壮热不解、咳嗽痰逆。丁香、前胡、附子炮制去皮脐、麻黄去根节、白术、细辛、桂心各一两,甘草一两炙微赤到。右为细散,每服二钱,水一中盏入生姜半分,枣三枚煎至六分去滓,不计时候热服之;丁香散二:治霍乱吐痢不止。丁香、桂心、白术各半两,诃梨勒煨用皮,厚朴去粗皮生姜汁,高良姜到,附子炮裂去皮脐各三分,陈橘皮汤浸去白焙,木瓜干者各一两。右为细散,不计时分,粥饮调下二钱。"

　　② 　(明)宋诩:《竹屿山房杂部》卷6《养生部六·食药制》,景印文渊阁四库全书(第八一七册),台湾商务印书馆1986年版,第203页。丁香饼子:半夏汤炮七次二两,白茯苓去皮一两,丁香五钱,白术炒一两,白姜炮一两,甘草炙一两,白扁豆姜汁浸蒸熟焙一两,橘红去白二两。右为细末,生姜汁煮薄面糊为饼,如棋子大,酒饭后嚼一饼,生姜汤下,温胃去痰、解酒进食、宽中和气。

　　③ 　(清)佚名编,邢渤涛注释:《调鼎集》卷1《醋》、《诸物鲜汁》,中国商业出版社1986年版,第31、55、57页。

　　④ 　(宋)赵汝适著,杨博文校释:《诸蕃志校释》,中华书局2000年版,第194页。

　　⑤ 　(宋)洪刍:《香谱》卷上《香之品》,中华书局1985年版,第4页。

　　⑥ 　(宋)陈敬:《陈氏香谱》卷2《凝和诸香》,清文渊阁四库全书本;(明)周嘉胄:《香乘》卷15《法和众妙香》,清文渊阁四库全书本。清神香:青木香半两,生切蜜浸,降真香一两,白檀香一两,香白芷一两,龙、麝各少许。右为细末,热汤化雪糕,和作小饼,晚风,烧如常法。

　　⑦ 　(晋)佚名:《九真中经》卷下《太上玉晨结璘奔月黄景玉章》,明正统道藏本。

外,木香亦是调制凝和诸香的常用原料之一,《香谱》、《陈氏香谱》、《香乘》中使用木香的香方多达几十种。在宗教祭祀方面,木香常用于祭祀上真,《无上秘要》、《灵宝玉鉴》、《云笈七签》等道藏经典中有诸多记载,但木香基本不用于礼佛。在药用方面,木香应用极广,可行气止痛、调中导滞,主治胸胁胀满、脘腹胀痛、呕吐泄泻、痢疾后重。①《药性论》云:"木香治女人血气刺心,心痛不可忍,末,酒服之。治九种心痛,积年冷气,疹癖症块胀痛,逐诸壅气上冲,烦闷。治霍乱吐泻,心腹疞刺。"②后世基本沿袭了唐人甄权对木香主治功效的论断,并在此基础上有所增益。清代著名医家张璐所撰《本经逢原》对木香的药性、功效及注意事项做了如下总结:"木香气香味厚,不独沉而下降,盖能理胃以下气滞,乃三焦气分之药,兼入肺、脾、肝三经,能升降诸气,故上焦气滞膹郁宜之者,金郁则泄之也。然虽入肺,而肺燥气上者,良非所宜;其中焦气滞不运宜之者,以脾胃喜芳香也;下焦气滞后重宜之者,塞者通之也。若治中脘气滞不运、心腹疼痛,以槟榔佐之,使气下,则结痛下散矣。《本经》辟疫毒邪气,强志,主淋露,以其辛燥助阳,善开阴经伏匿之邪,《大明》治心腹一切气,膀胱冷痛,呕逆反胃,霍乱泻痢,健脾,消食,安胎。甄权治九种心痛,积年冷气,疹癖症块胀痛,壅气上冲,烦闷,羸劣,女人血气刺痛不可忍。然香燥而偏于阳,肺经有热,血枯而燥,及阴火冲上者勿服。"③木香除作为单方使用外,还经常与檀香、丁香、甘草、藿香等一起,制成汤剂、丸散,④其中不少配方简单易得,为旅途之人常备用药。

龙脑香,又名片脑、脑子、婆律香,今人多以"冰片"称之。"树高八九

① 国家中医药管理局《中华本草》编委会:《中华本草》(精选本·下册),上海科学技术出版社 1998 年版,第 1905 页。

② (宋)唐慎微著,郭君双、金秀梅、赵益梅校注:《证类本草》卷 6《草部上品之上总八十七种》,中国医药科技出版社 2011 年版,第 174 页。

③ (清)张璐著,赵小青、裴晓峰校注:《本经逢原》卷 2《芳草部·木香》,中国中医药出版社 1996 年版,第 61 页。

④ 参见(明)宋诩:《竹屿山房杂部》卷 13《尊生部一·汤部》,景印文渊阁四库全书(第八一七册),台湾商务印书馆 1986 年版,第 284 页;(明)孙一奎撰,凌天翼点校:《赤水玄珠》卷 13《内伤门》,人民卫生出版社 1936 年版,第 536—548 页;(明)王肯堂:《证治准绳》卷 100《痈疽》,清文渊阁四库全书本。

丈,大可六七围。叶圆而背白,无花实。……香在木心,中断其树,劈取之,膏于树端流出,斫树作坎而承之。"①"其成片者谓之梅花脑,以状似梅花也。次谓之金脚脑。其碎者谓之米脑。碎与木屑相杂者,谓之苍脑。取脑已净,其杉片谓之脑札。"②碎之与锯屑相和,"置瓷盆内,以笠覆之,封其缝,热灰煨煏,其气飞上凝结而成块,谓之熟脑,可作面花耳环佩带等用。又有一种如油者,谓之脑油,其气劲于脑,可浸诸香"③。由于其气香味劲,龙脑香成为达官显贵焚烧之重要香品,吴越国权臣孙承佑曾"每日夕燃烛两炬,焚龙脑二两"④,奢侈之状可见一斑。此外,龙脑香还常与沉香、麝香、龙涎、丁香、乳香等不同香品相和,做成香饼、香丸或挂香。在药用方面,由于龙脑香味辛、善走、辛凉入心,是散热通气的良药,常用于治疗目痛、喉痹、口疮、痘疮、心热、血瘀等症。但由于其性味辛烈,不可多用,"多用则真气立耗矣。人有急难欲自尽者,顿吞两许立毙"⑤。此外,龙脑香还可治疗舌出口外等罕见病症,据《夷坚志》丁志卷13载,曾有"临安民,因病伤寒而舌出过寸,无能治者",每食需用"笔管通粥饮入口",后一道人用梅花片脑二钱,"屑为末,掺舌上,随手而缩",其病立愈。⑥《夷坚志》所载虽多为怪诞之事,不可尽信,但梅花片脑用于治疗舌出过寸,确有立竿见影之效,这一点已被清代著名医书《本经逢原》的记载所证实,即"舌出寸许用冰片掺上即缩"⑦。明清时期,龙脑香除作为药材使用外,还经常被加入茶、汤、酒中服用,以达到养身保健、疗病愈疾之目的。如"片脑酒"不仅酒香四溢、味道醇醲,还可"通九窍,除恶气,治心胸",且制作方法简单,"纳片脑于瓮后,煮腊酒注下,

---

①　(唐)段成式撰,方南生点校:《酉阳杂俎》前集卷18《木篇》,中华书局1981年版,第177页。

②　(宋)赵汝适著,杨博文校释:《诸蕃志校释》,中华书局2000年版,第181页。

③　(宋)陈敬:《陈氏香谱》卷1《香品》,清文渊阁四库全书本。

④　(明)周嘉胄:《香乘》卷3《香品》,清文渊阁四库全书本。

⑤　(清)张璐著,赵小青、裴晓峰校注:《本经逢原》卷3《香木部·龙脑香》,中国中医药出版社1996年版,第185页。

⑥　(宋)洪迈:《夷坚志》丁志卷13,"临安民"条。

⑦　(清)张璐著,赵小青、裴晓峰校注:《本经逢原》卷3《香木部·龙脑香》,中国中医药出版社1996年版,第185页。

以纸以箬重幂,又泥涂封",①数日即可饮用。

苏合香,出天竺、昆仑诸国,安南、三佛齐亦皆有之。据《唐本草》记载:苏合香,"紫赤色,与紫真檀相似。坚实极芳香,性重如石,烧之灰白色好"。煎其汁为苏合油,香味清且长,与笃耨香相似,其质如黐胶,"色微绿如雉斑者良,微黄者次之,紫赤者又次之。以箬挑起,径尺不断如丝渐渐屈起如钩者为上,以少许擦手心香透手背者真。"②由于其气味芳香,苏合香油为焚烧、佩戴之重要香品,《陈氏香谱》卷4所引古诗云"百和裛衣香,金泥苏合香;红罗复斗帐,四角垂香囊"。同时,苏合香还可与诸香调和,制成各色合香,如各类软香,以及人工调制的以"龙涎"命名的贵重香品,多以苏合油调和,独具特色的"逗情香"亦是以苏合油作剂,与牡丹、玫瑰、茉莉等花调制而成的。③ 此外,由于苏合香味甘、性温,无毒,能聚诸香之气,且其香气走窜,通诸窍脏腑,故其能辟一切不正之气,"治温疟、蛊毒、痫痓,去三虫,除邪,令人无梦魇"。④ 为了增强疗效,且方便携带,时人常以苏合香油调和沉、檀、青木诸香,及白术、犀角等药材,制成"苏合香丸"。⑤ 除苏合香丸外,苏合香酒自宋至清一直颇为流行。北宋时期,太尉王文正气羸多病,"真宗面赐药酒一瓶,令空腹饮之",称"可以和气血,辟外邪","文正饮之,大觉安健"。该药酒即为苏合香酒,"每一斗酒,以苏合香丸一两同煮,极能调五

---

① (明)宋诩:《竹屿山房杂部》卷1《养生部一·酒制》,景印文渊阁四库全书(第八一七册),台湾商务印书馆1986年版,第122页。

② (清)张璐著,赵小青、裴晓峰校注:《本经逢原》卷3《香木部·苏合香》,中国中医药出版社1996年版,第185页。

③ (明)周嘉胄:《香乘》卷17《法和众妙香》,清文渊阁四库全书本。逗情香:牡丹、玫瑰、素馨、茉莉、莲花、辛夷、桂花、木香、梅花、兰花,采十种花俱阴干,去心蒂,用花瓣,惟辛夷用蕊尖,共为末,用真苏合油调和作剂,焚之,与诸香有异。

④ (明)李时珍:《本草纲目》卷34《木部·苏合香》,人民卫生出版社1979年版,第1963页。

⑤ (明)李中梓著,邹高祈点校:《医宗必读》卷6《真中风》,人民卫生出版社1996年版,第314—315页。苏合香丸:治传尸骨蒸,痓忤鬼气,卒心痛,霍乱吐利,时气鬼魅,瘴疟疫痢,瘀血,月闭,疝癖,丁肿,惊痫,中风,中气,痰厥,昏迷。白术、青木香、犀角、香附(炒,去毛)、朱砂(水飞)、诃黎勒(煨,取皮)、檀香、安息香(酒熬膏)、沉香、麝香、丁香、荜拨各二两,龙脑、熏陆香(别研)、苏合香各一两。右为细末,研药匀,用安息香膏,并苏合香油炼蜜和剂,如弹子大,以蜡匮固,绯绢当心带之,一切邪神不敢近。

脏,却腹中诸疾。每冒寒,夙兴则饮一杯,因各出数榼,赐近臣,自此臣庶之家皆效为之"。① 至此,苏合香酒开始在宫中与民间流行,人们多服此酒和血气、调五藏,以达祛病养生之目的。

龙涎香,为抹香鲸患病后肠胃中的分泌物。泉广合香人曾云:"龙涎入香,能收敛脑、麝气,虽经数十年,香味仍在。"② 关于该香的特性,诸多史籍皆有论述,综而观之,《岭外代答》卷7《宝货门》所论最为贴切,"大食西海多龙,枕石一睡,涎沫浮水,积而能坚,鲛人采之,以为至宝。新者色白,稍久则紫,甚久则黑,因至番禺尝见之,不薰不莸,似浮石而轻也。人云龙涎有异香,或云龙涎气腥,能发众香,皆非也。龙涎于香,本无损益,但能聚烟耳。合香而用真龙涎,焚之一铢,翠烟浮空,结而不散,座客可用一剪分烟缕,此其所以然者,蜃气楼台之余烈也"。③ 由于龙涎是合香的上等佳品,因此深受皇室贵族欢迎,据《四朝闻见录》载:"宣、政其盛时,宫中以河阳花蜡烛无香为恨,遂加龙涎、沉、脑屑灌蜡烛,陈列两行,数百支,焰明而香瀜,钧天之所无也。建炎、绍兴久不能。"④ 此后,龙涎香一直十分紧缺,所制合香,也多以沉、檀、脑、麝等贵重香品调和之,最为出名的"笃耨佩香"、"恭顺寿香饼"、"御前香"、"西洋片香"皆是如此。⑤ 药用方面,龙涎香具有"益精髓、助

---

① (宋)彭乘:《墨客挥犀》卷8,中华书局1991年版,第52页。

② (宋)张世南撰,张茂鹏点校:《游宦纪闻》卷7,中华书局1981年版,第61页。

③ (宋)周去非著,杨武泉校注:《岭外代答校注》,中华书局1999年版,第266—267页。

④ (宋)叶绍翁撰,沈锡麟、冯惠民点校:《四朝闻见录》乙集,"宣政宫烛"条,中华书局1989年版,第83页。

⑤ (明)周嘉胄:《香乘》卷19《熏佩之香》、卷25《猎香新谱》,清文渊阁四库全书本。笃耨佩香:沉香末一勉,金颜香末十两,大食栀子花一两,龙涎一两,龙脑五钱。右为细末,蔷薇水细细和之,得所白杵极细,脱范子;恭顺寿香饼:檀香四两,沉香二两,速香四两,黄脂一两,郎苔一两,零陵二两,丁香五钱,乳香五钱,藿香三钱,黑香五钱,肉桂五钱,木香五钱,甲香一两,苏合一两五钱,大黄二钱,三奈一钱,官桂一钱,片脑一钱,麝香一钱五分,龙涎一钱五分,以白芨随用,为末,印饼;御前香:沈香三两五钱,片脑二钱四分,檀香一钱,龙涎五分,排草须二钱,唵叭五钱,麝香五分,苏合油一钱,榆面二钱,花露四两;西洋片香:黄脂一两、龙涎二钱、安息一钱、黑香二两、乳香二两、官桂五钱、绿芸香三钱、丁香一两、沈香二两、檀香二两、酥油一两、麝香一钱、片脑五分、炭末六两、花露一两。右炼蜜和匀为度,乘热作片印之。

阳道、通利血脉之功效"，可治心肾肝诸病，亦可镇惊痫，且有立竿见影之效。①然而，由于该香价格高昂且供应奇缺，就连宫中所用都极难满足，因此医书中用其入药之记载微乎其微，普通百姓更是难享其氤氲之香及神奇药效。

二、药用型香药

阿魏、没药、血竭、荜茇、没石子、大风子、阿片等舶来品香药，经过医家潜心研究及临床应用，其药用功效不断得以开发，成为中医常用药材。这些海舶香药不仅可以作为单方使用，更多的时候则是与中国本土药材或其他香药相和，调制成汤剂、丸散、膏酊或药酒等，用以治疗诸疾。

阿魏，味辛，性温。关于其主要特性，《唐本草》始云："阿魏生西番及昆仑，苗叶根茎酷似白芷，捣根汁，日煎作饼者为上，截根穿暴干者为次，体性极臭，而能止臭，亦为奇物也。"苏敬对阿魏的产地、等次及性味做了简要介绍。然而，关于该药的采收方式，至宋代仍存在较大争议。赵汝适的《诸蕃志》曾对阿魏来源的两种说法进行了概括，"阿魏出大食木俱兰国。其树不甚高大，脂多流溢，土人以绳束其梢，去其尾，纳以竹筒，脂满其中。冬月破筒取脂，以皮袋收之。或曰其脂最毒，人不敢近，每采阿魏时，系羊于树下，自远射之，脂之毒着于羊，羊毙，即以羊之腐为阿魏。未知孰是，姑两存之"。② 至明代，李时珍的《本草纲目》一书才对上述两种说法进行分析辨伪，指出"其树低小，如枸杞、牡荆之类，西南风土不同，故或如草如木也系。盖羊射脂之说，俗亦相传，但无实据"③。在药用功效方面，阿魏能化症消积，杀虫，截疟。主治症瘕痞块，虫积，食积，胸腹胀满，冷痛，疟疾、痢疾。④早在东汉末年，华佗已开始使用阿魏入药，其所制通气阿魏圆"治诸气不通，

---

① （清）赵学敏辑：《本草纲目拾遗》卷10《鳞部·龙涎香》，人民卫生出版社1963年版，第416页。

② （宋）赵汝适著，杨博文校释：《诸蕃志校释》，中华书局2000年版，第198页。

③ （明）李时珍：《本草纲目》卷34《木部·阿魏》，人民卫生出版社1979年版，第1970页。

④ 国家中医药管理局《中华本草》编委会：《中华本草》（精选本·下册），上海科学技术出版社1998年版，第1381页。

胸背痛,结塞闷乱者悉主之。阿魏二两,沉香一两,桂心半两,牵牛末二两。右先用醇酒一升熬阿魏成膏,入药末为圆,樱桃大朱砂为衣,酒化一圆"。① 唐以后,阿魏入药之记载渐多,时人对其特性之认识亦渐深入。仅各类医书中所载"阿魏丸、阿魏散"就有数种,根据配方不同,其功效各异,既能顺气、止痛,又可治疟、辟瘟。《本经逢原》对其主治功效、常用医方及注意事项进行了全面总结:"阿魏消肉积,杀虫,治癖积为主药,故能解毒辟邪,治疟痢、疳劳诸病,久疟用阿魏、朱砂等分为末,米糊丸皂子大,空心人参汤服一丸即愈。如痢用黄连木香汤下,盖疟亦多起于积滞耳,同麝香、硫黄、苏合贴一切块有效。然人脾胃喜芳香而恶臭烈,凡脾胃虚人,虽有积滞,不可轻投。"② 此外,阿魏还可用于饮食当中,以去异味。如所制"老汁略有臭味,可加阿魏一二厘"③,亦可用阿魏腌制羊肉,去其膻味。④ 但阿魏用于饮食的情况并不常见,其主要功用仍在治病疗疾。

没药,为出产于东非、阿拉伯半岛南部等地的没药树树脂。"没药树高大,如中国之松,皮厚一二寸,采时先掘树下为坎,用斧伐其皮,脂溢于坎中,旬余方取之"⑤,所得既为没药。从其药性及功能来看,没药能散血止痛、消肿生肌,为治疗跌打损伤、痈肿疮疡之良药。《证类本草》引《药性论》云:"没药单用亦得,味苦辛,能主打槛损,心腹血瘀,伤折踒跌,筋骨瘀痛,金刃所损,痛不可忍,皆以酒投饮之,良。"⑥在合剂方面,没药常与不同药材相和,制成各类"没药丸",用于治疗跌打损伤、筋骨疼痛、气逆血滞、腹胸胀

---

① (汉)华佗:《华氏中藏经》卷下《疗诸病药方六十道》,中华书局 1985 年版,第51 页。

② (清)张璐著,赵小青、裴晓峰校注:《本经逢原》卷 3《香木部·阿魏》,中国中医药出版社 1996 年版,第 186 页。

③ (清)佚名编,邢渤涛注释:《调鼎集》卷 1《诸物鲜汁》,中国商业出版社 1986 年版,第 54—55 页。

④ (元)忽思慧著,刘玉书点校:《饮膳正要》卷 3《料物性味》,人民卫生出版社1986 年版,第 152 页。

⑤ (宋)赵汝适著,杨博文校释:《诸蕃志校释》,中华书局 2000 年版,第 165页。

⑥ (宋)唐慎微著,郭君双、金秀梅、赵益梅校注:《证类本草》卷 13《木部中品总九十二种》,中国医药科技出版社 2011 年版,第 433 页。

闷、中风手足不随、产后心胸烦躁、妇人血气疼痛诸症。同时，没药常与乳香一起，再辅以当归、川芎、白芷等药材，配制成治疗各类痈肿疮疡的复方，常见的有用于治疗疮肿流脓的"千金托里散"、恶疮发背的"乳香黄耆散"、疮肿疼痛不可忍的"定痛托里散"、恶疮初发的"援生膏"等。① 除制成丸、散外，没药亦可分别与虎胫骨、木香、血竭等药相煎，制成汤剂，用于治疗因风疼痛、小儿胀气、产后恶血等症。② 在使用禁忌方面，清代著名医家张璐曾言："妊妇胎气不安勿用，产后恶露去多腹中虚痛，痈疽已溃而痛，及筋骨胸腹诸痛，若不因瘀血者，皆不可服。"③

血竭，又名麒麟竭，为棕榈科植物麒麟竭果实或树干中的树脂或龙舌兰科植物剑叶龙血树、长花龙血树木材中的树脂。④ 长期以来，人们对血竭的来历不甚了解，《雷公炮炙论》、《唐本草》、《海药本草》均将血竭（时称

---

① （明）孙一奎撰，凌天翼点校：《赤水玄珠》卷 29《五发痈疽通治方》，人民卫生出版社 1936 年版，第 1091、1092、1095、1097—1098 页。千金托里散：治一切疮肿发背疔毒，若气血虚而不能作脓，或溃后脓清，痛仍不减，最宜服此，便能排脓止痛。黄芪一两半，厚朴、防风、桔梗各二两，连翘二两二钱，木香、没药各三钱，乳香二钱，当归五钱，川芎、白芷、芍药、官桂、人参、甘草各一两。右为细末，每服三钱酒一大盏，煎三、二沸，温服。乳香黄芪散：治一切恶疮痈疽，发背疔疮，痛疼不可忍者。或未成者速散，已成者速溃，不假刀砭其恶自下。又打扑损伤，筋骨疼痛，并皆治之。黄芪、当归、川芎、麻黄（去根节）、甘草、人参、芍药各一两，罂粟壳（蜜炙）、陈皮各一两，乳香、没药各五钱，每服五、六钱，水煎服。定痛托里散：一切疮肿疼痛不可忍。如年少气实，先用疏利，后服此药。川芎、川归、乳香、白芍药、没药与乳香各一钱半，官桂一钱，御米壳（去筋膜，炒）二钱，水煎服。援生膏：治诸般恶疮，及瘰疬鼠瘘才起者，点破即愈。血竭、乳香、没药各一钱，蟾酥、轻粉各三钱，雄黄五钱，麝香五分。右用荞麦秸灰，或真炭灰一斗三升，淋灰汤八九碗，用栗柴或桑柴文武火煎作三碗，取一碗收留，二碗盛于好磁器内，候温，将前七味药研为极细末，入灰汤内，用铁瓢或桑柳枝搅，再以好风化石灰一升，入药灰汤内，搅匀，取出候冷，过宿盛于小白磁罐内，凡遇诸恶疮，点在当头，一日二次，次日又一次，疮头食破约五分，血水出为妙。恐日久药干，将前收留灰汤入之。

② （明）李时珍：《本草纲目》卷 34《木部·没药》，人民卫生出版社 1979 年版，第 1958 页。

③ （清）张璐著，赵小青、裴晓峰校注：《本经逢原》卷 3《香木部·没药》，中国中医药出版社 1996 年版，第 184 页。

④ 国家中医药管理局《中华本草》编委会：《中华本草》（精选本·下册），上海科学技术出版社 1998 年版，第 2182 页。

"麒麟竭")列于"玉石部"下。至北宋时期苏颂的《本草图经》始对血竭的特性有了正确认识，据载，麒麟竭"木高数丈，婆娑可爱，叶似樱桃而有三角，其脂液从木中流出，滴下如胶饴状，久而坚凝乃成竭，赤作血色，故亦谓之血竭"①。按其等次来分，"有莹如镜面者，乃树老脂自流溢，不犯斧凿，此为上品。共夹插柴屑者，乃降真香之脂，俗号假血碣。"②在药性方面，血竭味甘、咸，性平，为止痛和血、收敛疮口、散瘀生新之要药。主治"伤折打损，一切疼痛，血气搅刺，内伤血聚"，以酒服之为宜，③血竭因具活血化瘀之功效，故为治疗因血引起的搅痛刺痛、内伤血聚之佳药。据《证治准绳》所载，血竭与没药相和制成"血竭散"，可治疗"产后败血冲心，胸满上喘，命在须臾"之重症。④ 此外，血竭与乳香同研，放入去皮心的木瓜中，"于砂锅内煮熟，极烂为度。连面于石臼内杵如泥，丸如梧桐子大，每服三十丸，渐加至四十丸，空心温酒木瓜汤任下"，可治脚气。⑤同时，血竭除作为单方使用及与乳香、没药相和制成丸散外，还可与多种药材相搭配，制成汤剂、丸散、膏酊等，仅清人胡廷光所撰《伤科汇纂》一书，用血竭入药的方子，即达六十余条，足见血竭在明清医药领域应用之广泛。

　　荜茇，即荜拨，为胡椒科植物荜茇的果穗。"多生竹林内，正月发苗作丛，高三四尺，其茎如箸，叶青圆，阔二三寸如桑，面光而厚。三月开花白色在表，七月结子如小指大，长二寸已来，青黑色，类椹子。九月收采，灰杀暴

① （宋）唐慎微著，郭君双、金秀梅、赵益梅校注：《证类本草》卷13《木部中品九十二种》，中国医药科技出版社2011年版，第433页。
② （宋）赵汝适著，杨博文校释：《诸蕃志校释》，中华书局2000年版，第166页。此处所指"假血竭"，乃苏门答腊岛、马古鲁群岛等地的大赤藤所产，品质较次，并非真的假血竭。《本经逢原》对其等次鉴别亦有论述，"试之透指甲为真，嚼之不烂如蜡者为上，草血竭色紫，亚于瓜竭。"（自：（清）张璐著，赵小青、裴晓峰校注：《本经逢原》卷3《香木部·血竭》，中国中医药出版社1996年版，第184页。）
③ （五代）李珣著，尚志钧辑校：《海药本草》卷1《玉石部·骐骥竭》，人民卫生出版社1997年版，第10页。
④ （明）王肯堂：《证治准绳》卷70《产后门》，清文渊阁四库全书本。
⑤ （明）董宿辑录，（明）方贤续补，可嘉校注：《奇效良方》，"脚气"条，中国中医药出版社1995年版，第302页。

干,南人爱其辛香,或取叶生茹之。"①因其味辛香、性热、无毒,荜茇用于饮食调味的记载亦有不少,《饮膳正要》、《居家必用事类全集》、《竹屿山房杂部》等日用类书中皆有荜茇用于饮食的记录。元时,多将荜茇、缩砂、陈皮等物料加入鲤鱼汤、羊肉羹、牛肉脯中,以食疗的方法治愈食欲不振、脾胃虚冷等症;明代以来,荜茇开始以纯粹的身份应用于饮食调味,成为制作酒曲、便捷物料的重要配料之一。但总体来看,荜茇用于饮食的情况并不普遍,其主要功用的发挥依然在医药领域。"荜茇辛热浮散,为头疼、鼻渊要药"②,亦能"除胃冷、祛痰、消食、下气","治水泻气痢、虚冷肠鸣、呕吐酸水、冷痰恶心、疝癖阴疝、风虫牙痛"诸症。③ 最为常用便捷的医方有:治疗脾胃虚弱、心腹冷痛的"荜拨粥"④,治疗风虫牙疼、偏正头疼的"荜拨散"⑤,其调制方法虽然简单,效果却十分显著。此外,荜茇还常与干姜、白术、桂心、附子等不同物料相和,配制成功效各异的"荜茇丸",仅《普济方》中所载就有数十种。因荜茇味辛性热,易动脾胃之火,阴虚火旺者慎用,常人亦不宜多服,多用易使人咳喘、目昏、肠虚下重。

没石子,又曰没食子、无食子。据《酉阳杂俎》记载:"无石子出波斯国,波斯呼为摩贼树,长六七丈,围八九尺,叶似桃叶而长,三月开花,白色,花心微红,子圆如弹丸。初青,熟乃黄,白虫食成孔者正熟,皮无孔者入药用。其树一年生无石子,一年生跋屡子,大如指,长三寸,上有壳,中

---

① (宋)唐慎微著,郭君双、金秀梅、赵益梅校注:《证类本草》卷9《草部中品之下总七十八种》,中国医药科技出版社2011年版,第279页。

② (清)张璐著,赵小青、裴晓峰校注:《本经逢原》卷2《芳草部·荜茇》,中国中医药出版社1996年版,第63页。

③ (清)吴仪洛撰,陆拯、赵法新、陈明显点校:《本草从新》卷2《草部·荜茇》,中国中医药出版社2013年版,第45页。

④ (元)忽思慧著,刘玉书点校:《饮膳正要》卷2《食疗诸病》,人民卫生出版社1986年版,第83页。荜拨粥:治脾胃虚弱、心腹冷气疞痛,妨闷不能食。荜拨一两,胡椒一两,桂五钱。右三味为末,每用三钱水三大碗,入豉半合,同煮令熟,去滓,下米三合作粥,空腹食之。

⑤ (元)罗天益:《卫生宝鉴》卷13《口糜论并治法方》,人民卫生出版社1963年版,第149页。荜拨散:治风虫牙疼,兼治偏正头疼。荜拨二钱,蝎梢、良姜各一钱,草乌(去皮尖)五分。右为末,每用半字,先含水一口应痛处鼻内腔上,吐了水,用指粘药,擦牙疼处立定。

仁如栗黄,可啖。"①事实上,作为药用的无石子并非该树所结果实,实为没食子蜂寄生于没食子树幼枝上所产生的虫瘿。从药用功效来看,没石子,味苦,性温,无毒,具有温中和气、益血生精、滑肠生肌之功效。"没石子一两为末,饭丸小豆大,每食前米饮下五十丸",可治血痢不止;"绵裹无食子末一钱,咬之涎出吐去",可止牙齿疼痛;"南方没石子有孔者,水磨成膏,夜夜涂之",可除鼻面酒皶;"没石子末,吹下部",可疗口鼻急疳;"没石子(炮)三分,甘草一分,研末掺之",可愈大小口疮;"无食子三枚,肥皂荚一挺,烧存性,为末,醋和传之",可去足趾肉刺。② 同时,没石子还常与其他药材一起,制成功能各异的"没石子丸"、"没石子散"、"没石子膏"。如没石子与木香、黄连、诃黎勒、肉豆蔻相和,制成治白痢、止腹痛的没石子丸;③与樗根白皮、益母草、神曲、柏叶、桑耳共研,配成止痔疾下血的没石子散;④与人参、诃黎勒、白术、丁香、甘草、香附子共研,调成治疗伤寒的没石子膏。⑤ 由于没食子富含难溶性的没食子鞣质,因此该药材较少煎汤服用,多研为末,制成丸、散、膏、酊,以充分发挥其药效。

大风子,又作大枫子,因能治大风疾,故名。1979 年版《辞海》云:"大风子,属大风子科乔木,种子炸出之油称大风子油,主治麻风、恶疮、疥癣等。"⑥大风子作为药用,首见于南宋杨士瀛所撰《仁斋直指》,如"治疗疮神效方",先以大风子一两捣烂,次入樟脑一两,水银、皂矾各一钱,核桃适量,碾和为末,再将柏油熬化,入药和匀,抓破疮搽之,神效。⑦ 整个元代,大风子入药之记载微乎其微,至明以后,大风子开始广泛应用于治疗各种恶疮疥癣、皮肤皲裂等症。如以"大风子油一两,苦参末三两,入少酒,糊丸梧子

---

① (唐)段成式撰,方南生点校:《酉阳杂俎》前集卷18《木篇》,中华书局1981年版,第177页。

② (明)李时珍:《本草纲目》卷35《木部·无食子》,人民卫生出版社1979年版,第2016—2017页。

③ (元)罗天益:《卫生宝鉴》卷19《吐利痢疾》,人民卫生出版社1963年版,第324页。

④ (明)朱棣:《普济方》卷298《痔漏门》,清文渊阁四库全书本。

⑤ (明)朱棣:《普济方》卷368《婴孩伤寒门》,清文渊阁四库全书本

⑥ 辞海编撰委员会编:《辞海》,上海辞书出版社1979年版,第1436页。

⑦ (宋)杨士瀛:《仁斋直指》卷24《诸疮证治》,清文渊阁四库全书本。

大,每服五十丸,空心温酒下,仍以苦参汤洗之",可疗大风诸癞;"大风子烧存性,和麻油、轻粉研涂,仍以壳煎汤洗之",可治大风疮裂、杨梅恶疮;"大风子仁、木鳖子仁、轻粉、硫黄为末,夜夜唾调涂之",可治风刺赤鼻;"大风子捣泥涂之",可愈手背皲裂。① 除上述较为简易的药方外,大风子与黄芪、当归、麝香、草乌、防风、没药、乳香、大黄等 38 味药相和,可配制成治疗麻风病的"大风神效方"。② 但需要注意的是,由于大风子"性热有燥痰之功,而伤血特甚,至有病将愈而先失明者"③,其虽能治麻风、疗恶疮,有杀虫劫病之功,却不可多服。

　　阿片,一名阿芙蓉,俗名鸦片,为罂粟花的津液。"罂粟结青苞时,午后以大针刺其外面青皮,勿损里面硬皮,或三五处,次早津出,以竹刀刮,入瓷器,阴干用之。"④明代以前,阿片在中国应用之记载寥寥无几,至明中叶以后,使用者才逐渐增多。然其传入中国之初,并非作为毒品使用,而是价格高昂的珍贵药材,具有镇咳、止泻等功效。若久咳不止,可用"罂粟壳二两半,去蒂膜,醋炒取一两,乌梅半两,焙为末,每服二钱,卧时白汤下",不几

---

① （明）李时珍:《本草纲目》卷 35《木部·大风子》,人民卫生出版社 1979 年版,第 2059 页。

② （明）朱橚:《普济方》卷 190《诸风门》,清文渊阁四库全书本。治大风神效方:黄芪、当归（酒浸）各二两,麝香一钱,大风子肉十两（炒香去壳）,草乌（炮）、五灵脂、川芎（生）、防风（生）、没药、乌药、赤芍药、萆麻子（炒,去壳）、枸杞根（甘草汤煮皮）、乳香、葳灵仙、何首乌（生）、赤土（信州）、蒺藜（去刺蒸,伏时酒拌,晒干,炒）、熟地黄（洗、晒）、大黄（生）、黑牵牛（水沉者用,浮者不用）各四两,胡麻同,胡麻（沉者用,浮不用）、独活、羌活、蔓荆子（炒）、木鳖子（去壳）、白芷、牛旁子（炒）、赤石脂（研如粉）、荆芥、苦参（用糯米泔浸一两,晒干,剉,）、石菖蒲（九节者去皮毛用,桑条蒸去,桑条不用）以上各一两,白花蛇（身上有方胜尾上有脚,甲夏浸一宿,春秋各三宿,取皮,用桑柴火焙,如此三次后,用炒瓶盛埋地中三宿,出火气,不用皮骨,取肉研碎）、黑乌蛇（制同）、白殭蚕一两（去丝,炒黄）、全蝎一两（首尾全）、地龙一两（白颈去泥）、天麻二两（炒）。右煎药一处制为末,内药各制为末,将浸蛇酒煮白米饭,擂碎,作糊丸桐子大,每服四十九至五十丸,日进三服,待半月病发在外,然后服大黄,散令过一二行,再服前药。忌一切动风诸物,及房事止,可食淡粥。如疮破,重者加天雄少许。

③ （清）张璐著,赵小青、裴晓峰校注:《本经逢原》卷 3《乔木部·大风子》,中国中医药出版社 1996 年版,第 197 页。

④ （明）李时珍:《本草纲目》卷 23《谷部·阿芙蓉》,人民卫生出版社 1979 年版,第 1495 页。

日便可愈;若久痢不止,用"芙蓉小豆许,空心温水化下,日一服,忌葱、蒜、浆水,若渴,饮蜜水解之",不久便止;①若因"痘当起胀灌脓时,泄泻不止",用"真鸦片一钱,莲肉炒一钱"制成鸦片散,"每服半分或一分,米饮调下,立止"。② 此外,阿片与牛黄、冰片、麝香、犀角、沉香、血竭等贵重药材相和为丸,制成"大金丹",可治"痰火番膈、中风湿痰、虚损怯症";③"腽肭脐二、鸦片三、冰片二、麝香一、原蚕蛾二"相和,可治诸虚证及危急痘证,并有起死回生之效。④ 阿片虽为治病良药,但若摄入过量,亦使人产生依赖,造成神经系统紊乱,免疫机能下降,对人体健康造成难以挽回的伤害。

三、日用型香药

众香药之中,明清两朝输入数量最大、应用程度最高的当属胡椒、豆蔻⑤和苏木,其不仅可以作为药材使用,更重要的是胡椒和豆蔻还是常用的饮食调味品,苏木为染色的重要原料,三者皆为日常生活的不可或缺之物,其广泛应用极大推动了时人健康水平和衣食质量的提高。

胡椒,又名昧履支、浮椒、玉椒,属热带湿温型植物。"其苗蔓生,茎极

---

① (明)李时珍:《本草纲目》卷 23《谷部·阿芙蓉》,人民卫生出版社 1979 年版,第 1495 页。

② (明)孙一奎撰,凌天翼点校:《赤水玄珠》卷 28《妇女痘》,人民卫生出版社 1936年版,第 1069 页。

③ (明)高濂:《遵生八笺》卷 18《灵秘丹药笺下》,巴蜀书社 1988 年版,第 875—876 页。大金丹:治痰火番膈、中风湿痰、虚损怯症。牛黄、珍珠、冰片、麝香、犀角、狗宝、羚羊角、孩儿茶以上各五钱,血结(竭)、朱砂、鸦片各三钱,琥珀、珊瑚、沉香、木香、白檀香各二钱,金箔五帖,存一半为衣,共为细末,用人乳汁为丸,如芡实大,金箔为衣,每服一丸,不拘时,用梨汁送下。

④ (明)王肯堂:《证治准绳》卷 87《心脏门》,清文渊阁四库全书本。该方称"一粒金丹",与李时珍《本草纲目》卷 23《谷部·阿芙蓉》所载"一粒金丹"并非一物。李时珍所曰"一粒金丹"为鸦片与粳米饭捣碎,相和为丸而成,用热酒、独活、羌活、川芎、藿香、黄连、乳香、丁香等不同汤下,可治疗风瘫、百节痛、正头风、偏头痛、吐泄、赤痢、血气痛、噎食等不同病症。

⑤ 豆蔻主要有红豆蔻、草豆蔻、白豆蔻及肉豆蔻等品种,其中红豆蔻、草豆蔻和白豆蔻属姜科植物,肉豆蔻则为肉豆蔻科植物肉豆蔻的种仁。明清时期,中国进口的豆蔻主要为白豆蔻和肉豆蔻两种,书中所指豆蔻亦为这两种。

柔弱，叶长寸半，有细条，与叶齐。条上结子，两两相对，其叶晨开暮合，合则裹其子于叶中。子形似汉椒，至辛辣，六月采。"①因其味辛辣，性热，久蒸、久晒可用于暖胃，主治"胃口气虚冷，宿食不消，霍乱气逆，心腹卒痛，冷气上冲"②等症。"胡椒三十七粒，清酒吞之"，可治心腹冷痛；"胡椒四十九粒，绿豆一百四十九粒，研匀，木瓜汤服一钱"，可止霍乱吐泻；"胡椒七钱半，煨姜一两，水煎"，服用两剂，可治反胃吐食；"胡椒一两，蝎尾半两，为末，面糊丸粟米大，每服五七丸，陈米饮下"，可治小儿虚胀；"胡椒三十粒打碎，麝香半钱，酒一钟，煎半钟，热服"，可止伤寒咳逆；"胡椒、荜茇等分，为末，蜡丸麻子大，每用一丸，塞蛀孔中"，可止风虫牙痛。③除上述简便医方外，胡椒还常与川乌、甘草、檀香等多种药材一起，配制成治疗不同疾病的汤剂、丸散或膏酊。如《遵生八笺》卷18所载"合掌膏"，即以川乌、草乌、斑毛、巴豆、细辛、胡椒、明矾、干姜、麻黄九种药材相研为末，制成专治急症伤寒的特效药。④此类医方，在《普济方》、《证治准绳》、《赤水玄珠》、《医宗金鉴》、《成方切用》等明清医书中有颇多记载。此外，胡椒还可用于食疗，早在唐代孟诜所著《食疗本草》中，已有胡椒用于食疗的记载，⑤此后食疗之法逐渐盛行，添加胡椒的常见医方有"制羊头治老人劳伤虚损方"、"食治老人冷气心痛、发动时遇冷风即痛荜茇粥方"、"治产后白痢鲫鱼鲙方"等。这种食物疗法既能医病，又可滋补身体，可谓一举两得。

在饮食方面，东晋张华所撰《博物志》中已载有"胡椒酒方"⑥，唐代段

①（唐）段成式撰，方南生点校：《酉阳杂俎》前集卷18《木篇》，中华书局1981年版，第179页。

②（五代）李珣著，尚志钧辑校：《海药本草》卷3《木部》，人民卫生出版社1997年版，第64页。

③（明）李时珍：《本草纲目》卷32《果部·胡椒》，人民卫生出版社1979年版，第1859—1860页。

④（明）高濂：《遵生八笺》卷18《灵秘丹药笺下》，巴蜀书社1988年版，第846页。

⑤（唐）孟诜原著，（唐）张鼎增补，郑金生、张同君译注：《食疗本草译注》，上海古籍出版社2007年版，第44页。

⑥（晋）张华：《博物志》之《博物志逸文》，中华书局1985年版，第74页。胡椒酒方：以好酒五升，干姜一两，胡椒七十枚末，好石榴五枚，管收计（按系"笮取汁"之误），著中下气。

成式所撰《酉阳杂俎》亦有"作胡盘肉食皆用"①胡椒的记载,但由于长期以来输入数量较少且价格昂贵,由晋至明的一千余年间,将胡椒用于饮食领域的仅限于社会上层。至明中叶开始,随着进口数量大增,胡椒开始广泛用于饮食调味。因其味辛辣,且能"杀一切鱼、肉、鳖、蕈毒"②,时人在烹调荤食时,常加入胡椒,《竹屿山房杂部》《遵生八笺》《多能鄙事》等明代日用类书中载有诸多使用胡椒调味的荤菜食谱。同时,花菜、山药、茄子、芦笋、萝卜、冬瓜、丝瓜等素菜在烹饪时也开始加入胡椒,如延续至今的"油酱炒"③,即为熬油后加入葱白、胡椒爆炒而成。此外,胡椒还可用于腌制食物,以延长保存时间,丰富饮食类型,常见的有"酒发鱼"④、"芭蕉脯"⑤等。胡椒除用于烹饪、腌制食物外,还可与茴香、干姜等一起调配成方便快捷的调料包,如常用的"素食物料"、"省力物料"、"一了百当"即以胡椒为主要原料配制而成。⑥ 从上看见,胡椒虽为饮食调味佳品,但因其为"大辛大热纯阳之物","走气助火,昏目发疮,多食损肺",甚至令人吐血。⑦ 若食,荐与绿豆同用,豆寒椒热,阴阳配合,相得益彰。

---

① （唐）段成式撰,方南生点校:《酉阳杂俎》前集卷18《木篇》,中华书局1981年版,第179页。

② （明）李时珍:《本草纲目》卷32《果部·胡椒》,人民卫生出版社1979年版,第1858页。

③ （明）宋诩:《竹屿山房杂部》卷5《养生部五·菜果制》,景印文渊阁四库全书（第八一七册）,台湾商务印书馆1986年版,第183页。

④ （清）顾仲撰,邱庞同注释:《养小录》卷下《鱼之属》,中国商业出版社1984年版,第76页。酒发鱼:大鲫鱼,净,去鳞、眼、肠、腮及鬐尾。勿见生水,以清酒脚洗,用布抹干里面,以布扎箬头,细细搜抹净。用神曲、红曲、胡椒、茴香、川椒、干姜诸末各一两拌炒,盐二两,装入鱼腹。入罐,上下加料一层,包好泥封,腊月造,下灯节后开,又番一转入,好酒浸满,泥封。至四月方熟,可用,可留一二年。

⑤ （明）刘宇:《安老怀幼书》卷2,四库全书存目全书（子部·医家类）,齐鲁书社1995年版,第78页。芭蕉脯,蕉根有两种,一种粘者为糯蕉,可食。取作手大片,灰汁煮令熟,去灰汁,又以清水煮,易水令灰味尽,取压干,乃以盐、酱、芜荑、椒、干姜、熟油、胡椒等杂物研,沺一两宿出,焙干,略搥令软,食之全类肥肉之味。

⑥ （明）邝璠著,石声汉、康成懿校注:《便民图纂》卷15《制造类上》,农业出版社1959年版,第236页。

⑦ （清）张璐著,赵小青、裴晓峰校注:《本经逢原》卷3《味部·胡椒》,中国中医药出版社1996年版,第173页。

除医药、饮食领域外，胡椒还广泛应用于文房之中。其一，冬日磨墨之良品。据《本经逢原》载，用胡椒"严冬泡水磨墨，则砚不冰，胜于皂水，火酒伤笔易秃也"①。其二，制作印泥之重要原料。印泥作为我国特有的文房之宝，是明代各衙门机构及文人雅士的必备之物。其主要制作方法为："麻油二斤，牙皂角三个，蓖麻仁半斤，去壳取仁捣烂，花椒四十粒，取色不变，藤黄一钱，取不落色，明矾五分，取其发亮，黄柏五分，助色，黄蜡五分，白蜡五分，胡椒三十五粒，辰砂二两，二红二两，水花朱四两。右件先将麻油同麻子熬数滚，再下皂角、花椒熬至滴水成珠，方下蜡、矾等物，取起去渣，用蕲艾为骨，加三朱，拌红为度。"②这一将胡椒应用于印泥制作的方法，是明人在前代"印色方"的基础上研制而成的，其原料虽多，却较易获取，且制作流程较为简单，因此应用十分广泛。

白豆蔻，为姜科植物白豆蔻和爪哇白豆蔻的成熟果实。从生长特性来看，白豆蔻"形如芭蕉，叶似杜若，长八九尺，冬夏不凋，花浅黄色，子作朵如葡萄。其子初出，微青，熟则变白，七月采。"③采摘后的成熟果实，用时需去外皮。从药用功能来看，白豆蔻味辛，性温，可化湿行气、温中止呕、开胃消食，主治湿阻气滞、脾胃不和、脘腹胀满、不思饮食、湿温初起、胸闷不饥、胃寒呕吐、食积不消。④ 明代以前，医者虽对白豆蔻的药性有所了解，但因输入数量过少，其入药的记录并不多见。明以后，伴随着进口量的大增，白豆蔻入药的记载逐渐增多。其不仅可以单味入药，还是诸多良方的必备药材之一，如解酒妙方"八仙散"⑤即以白豆蔻为主要原料调制而成。此外，明人

---

① （清）张璐著，赵小青、裴晓峰校注：《本经逢原》卷3《味部·胡椒》，中国中医药出版社1996年版，第173页。

② （明）高濂：《遵生八笺》卷15《燕闲清赏笺中卷》，巴蜀书社1988年版，第540页。

③ （唐）段成式撰，方南生点校：《酉阳杂俎》前集卷18《木篇》，中华书局1981年版，第179页。

④ 国家中医药管理局《中华本草》编委会：《中华本草》（精选本·下册），上海科学技术出版社1998年版，第2261页。

⑤ （明）宋诩：《竹屿山房杂部》卷6《养生部六·食药制》，景印文渊阁四库全书（第八一七册），台湾商务印书馆1986年版，第204页。八仙散：干葛纹细嫩有粉，白豆蔻仁去皮壳，缩砂仁实者，丁香大者，以上各半两，甘草粉者一分，百药煎一分，木瓜盐窨加倍用，烧盐一两。右件八味共细剉，人不能饮酒者，只抄一钱细嚼温酒下，能饮酒不醉，亦治酒病。

还时常饮用白豆蔻熟水和白豆蔻酒，除冷气，和脾胃，消谷食，以达到养生保健的目的。制作白豆蔻熟水，只需将"白豆蔻壳捡净，投沸汤瓶中，密封片时"，即可用，且"每次用七个足矣"。① 白豆蔻仁酒的制作方法与此类似，不同的是，白豆蔻仁需碾成碎屑，瓮中注入沸腊酒，后用竹箸层层密封即可。② 从上述配制方法上看，二者所需原料及制作流程皆十分简单，很大程度上已表明白豆蔻熟水及白豆蔻仁酒已成为当时家庭常备。

此外，白豆蔻还广泛应用于饮食领域。其一，甜品制作常备原料。据《竹屿山房杂部》记载，颇受时人欢迎的"宜入糖物"、"衣梅"、"马脑糕"等甜品的制作皆需加入白豆蔻。③ 其二，香茶制作主要配料。如著名的"经进龙麝香茶"④，即以白豆蔻、白檀末、百药煎、寒水石、麝香、沉香、片脑、甘草末为配料，加入上等高茶煎焙而成；利于保存且方便携带的"香茶饼子"⑤，亦是将白豆蔻仁、白檀香、缩砂仁、沉香、片脑、麝香等香药，加入孩儿茶和六安芽茶中制作而成。其三，菜肴烹饪重要作料。为使食物更加美味，明人在烹制、腌制食物时常加入白豆蔻、官桂、茴香等作料，如常见菜品"豆豉"⑥的制作即以白豆蔻为主要作料之一。

肉豆蔻，为肉豆蔻科植物肉豆蔻的种仁，又名肉果或豆蔻，包在种仁外面的假种皮为肉豆蔻衣，俗称"玉果花"，其功用与肉豆蔻相似，皆可作为药

---

① （元）佚名：《居家必用事类全集》卷巳集《熟水类》，明刻本。

② （明）宋诩：《竹屿山房杂部》卷1《养生部一·酒制》，景印文渊阁四库全书（第八一七册），台湾商务印书馆1986年版，第122页。

③ （明）宋诩：《竹屿山房杂部》卷2《养生部二·糖缠制》、卷2《养生部二·糖剂制》、卷20《尊生部八·面部》，景印文渊阁四库全书（第八一七册），台湾商务印书馆1986年版，第144、145、318页。

④ （宋）陈敬：《陈氏香谱》卷4《香茶》，清文渊阁四库全书本。

⑤ （明）高濂：《遵生八笺》卷13《饮馔服食笺下》，巴蜀书社1988年版，第754页。

⑥ （清）顾仲撰，邱庞同注释：《养小录》卷上《酱之属》，中国商业出版社1984年版，第19页。豆豉：大青豆一斗，浸一宿，煮熟，用面五升缠豆，摊席上晾干，楮叶盖好，发中黄勃，淘净，苦瓜皮十斤，去内白一层，切丁，盐腌榨干，飞盐五斤，杏仁四两，煮七次，去皮尖，若京师甜杏仁止泡一次，生姜五斤，刮去皮，切丝，花椒半斤，去梗目，薄荷、香菜、紫苏三味不拘，俱切碎，陈皮半斤，去白，切丝，大茴香、砂仁各二两，白豆蔻一两，官桂五钱，合瓜豆拌匀，装罐用。好酒、好酱油对和，加入约八九分满，包好，数日开看，如淡加酱油，如咸加酒。泥封晒，伏制秋成美味。

材及调味品使用。从生物学特性上看，肉豆蔻"树如中国之柏，高至十丈，枝干条枚蕃衍，敷广蔽四五十人。春季花开，采而晒干，今豆蔻花是也。其实如榧子，去其壳，取其肉，以灰藏之，可以耐久"①。从药性上看，肉豆蔻性温，味辛、微苦，具有温中行气、涩肠止泻的功效，主治脾胃虚寒、久泻不止、脘腹胀痛、食少呕吐、宿食不消等症。同时，肉豆蔻亦是治疗脚气、疟疾、伤寒等病的重要药材之一。如肉豆蔻与人参、陈橘皮、木香、桂、槟榔、赤芍药、柴胡、枳壳、厚朴、高良姜、吴茱萸共研为末，制成"肉豆蔻"②丸，可治久患脚气；与草豆蔻、厚朴、甘草、生姜共煎，"治瘴疟神效"③；与木香、青橘皮、槟榔共捣为末，"炼蜜为丸，如小豆大，每服空心温酒下二十丸，渐加至三十丸"，可"治伤寒后遍身红肿"。④ 因肉豆蔻"辛温性滞"⑤，用量不宜过大，过量易引起中毒，出现头晕、瞳孔放大、惊厥等症状，同时湿热泻痢及阴虚火旺者禁用。

在饮食方面，肉豆蔻既可用于腌制食物，又是制作酒曲的重要原料。如"造鹿醢法"，肉豆蔻即是主要配料之一，其制作方法如下："鹿肉八斤去筋膜，细切如泥。酒曲一斤，小豆曲一斤，红豆、川椒六两净，荜拨、良姜、茴香、甘草各炙二两，桂心半两，芜荑末一斤，肉豆蔻二两，葱白切作末二升半。右为细末，同鹿肉和拌，用糯酒调匀，稀稠得所，小口缸盛，密封之。三五日一搅匀，则易似，复密之，曝于庭院，置暖处，百日可食，视稀稠加酒曲。"⑥常用的"白曲方"的配制，亦需加入肉豆蔻，即："丁香、木香、藿香、白檀、细辛、官桂、缩砂、肉豆蔻、荜拨、胡椒、当归、苍术、川芎、白芷、桂花头、良姜、干生姜、附子、天南星、乌头、红豆各三两，白术、人参各八两，吴茱萸、陈皮、防风、甘草各一两，粳米一石一斗，糯米一石一斗，白面五十斤，杏仁、麦蘖一斗五升，

① （宋）赵汝适著，杨博文校释：《诸蕃志校释》，中华书局2000年版，第182页。
② （明）朱橚：《普济方》卷245《脚气门》，清文渊阁四库全书本。
③ （明）李中梓著，邹高祈点校：《医宗必读》卷7《疟疾》，人民卫生出版社1996年版，第406页。
④ （明）朱橚：《普济方》卷144《伤寒门》，清文渊阁四库全书本。
⑤ （清）张璐著，赵小青、裴晓峰校注：《本经逢原》卷2《芳草部·肉豆蔻》，中国中医药出版社1996年版，第64页。
⑥ （明）刘基：《多能鄙事》卷1《饮食类》，明嘉靖四十二年范惟一刻本。

蓼子三称,此曲伏日制造,系三十石糯米物料。"①从上述配方可见,白豆蔻的用量虽不大,却为腌制食物、配制酒曲不可或缺的重要原料。

苏木,原名苏枋,又名苏方木,为豆科实属植物苏木的干燥心材。"树似庵罗,叶若榆叶而无涩,抽条长丈许,花黄,子生青熟黑。"②其木去皮晒干后,既可入药,又是优良的天然染料。从药用方面看,苏木味甘、咸,性平,可活血祛瘀、消肿定痛,主治妇人血滞经闭、痛经,产后瘀阻心腹痛,产后血晕,痈肿,跌扑损伤,破伤风等症。③ 据《本草纲目》记载,产后血晕,可用"苏方木三两,水五升,煎取二升,分再服";"产后气喘面黑欲死,乃血入肺也,用苏木二两,水两碗,煮一碗,入人参末一两服,随时加减,神效不可言耳";破伤风病,"苏方木为散三钱,酒服立效";脚气肿痛,用"苏方木鹭鸶藤等分细剉,入定粉少许,水二斗,煎一斗五升,先熏后洗"。④ 此外,苏木还常与其他药材相和,用于治疗伤寒、痧症等各类疾病。例如,"苏木与赤芍、橘红、黄芩(炒)、黄连炒、甘草各五分,水煎服",可治伤寒;⑤苏木与白蒺藜、红花、玄胡索、桃仁、独活、五灵脂、降香、姜黄、赤芍药、大黄、乌药、山棱、蓬术、陈皮、青皮、皂角刺、香附等17味药共研细末,温酒服下,可治"痧毒血瘀成块坚硬突起不移者"。⑥

作为优良的天然染料,苏木既可为食物调色增味,又可为丝绢、棉麻等

---

① (明)宋诩:《竹屿山房杂部》卷16《尊生部四·曲部》,景印文渊阁四库全书(第八一七册),台湾商务印书馆1986年版,第306页。

② (宋)唐慎微著,郭君双、金秀梅、赵益梅校注:《证类本草》卷14《木部下品总九十九种》,中国医药科技出版社2011年版,第460页。

③ 国家中医药管理局《中华本草》编委会:《中华本草》(精选本·上册),上海科学技术出版社1998年版,第837页。

④ (明)李时珍:《本草纲目》卷35《木部·苏方木》,人民卫生出版社1979年版,第2045—2046页。

⑤ (明)孙一奎撰,凌天翼点校:《赤水玄珠》卷22,"苏木汤"条,人民卫生出版社1936年版,第854页。

⑥ (清)郭志邃:《痧胀玉衡书》卷下《玉衡备用要方》,清康熙刻本。苏木散,治痧毒血瘀成块坚硬突起不移者。苏木二两,白蒺藜(捣去刺)、红花、玄胡索、桃仁(去皮、尖)各一两,独活三钱,五灵脂七钱,降香、姜黄、赤芍药各六钱,大黄五钱,乌药、山棱、蓬术、陈皮、青皮、皂角刺、香附(酒炒)各四钱,共为细末,每服二钱,温酒下。

布帛染色，还可为纸张、竹木诸物上色，同时亦是造墨的重要原料，其身影在日常生活中随处可见。在烹调时，若使食物色红，可加适量苏木，《多能鄙事》《竹屿山房杂部》《养小录》中有诸多此类食谱，例如红蚕豆的烹饪，"白梅一个，先安锅底，次将淘净蚕豆入锅，豆中作窝下椒盐、茴香于内，用苏木煎水，入白矾少许，沿锅四边浇下，平豆为度。烧熟，盐不泛而豆红。"①在为布帛上色时，苏木不仅可使布帛呈现绯红，还可根据用量的增减、所加辅料的不同、熬汁时间的长短，使布帛拥有深浅不同的红色与褐色，其具体染色方法，《居家必用事类全集》庚集《染作类》与《多能鄙事》卷4《染色法》中有详细记载，兹不赘述。此外，苏木亦是制作文房用品之必备，造墨、作笺纸、点书灯皆需苏木。如著名的"李廷珪造墨法"②，苏木为不可或缺的配料；制作笺纸常用的"煎颜色水法"③亦是以苏木为主要原料；文人夜间读书所用的"点书灯"④亦需苏木煎灯芯，不致损目。

综上可见，明清时期，中国进口香药主要有芳香型、药用型和日用型三类，然而每一类型之间并无绝对界限，诸多香药具有双重，甚至多重功用，且

---

① （清）顾仲撰，邱庞同注释：《养小录》卷上《酱之属》，中国商业出版社1984年版，第20页。

② （明）宋诩：《竹屿山房杂部》卷7《燕间部一·文房事宜》，景印文渊阁四库全书（第八一七册），台湾商务印书馆1986年版，第211—212页。李廷珪造墨法：麻油十三斤，今用桐油，以苏木一两半、黄连二两半、杏仁二两搥碎同煎，油变色滤过，再以生油七斤和之，入盏烧烟，扫下，每烟四两半用，黄连半两、苏木四两，各搥碎，水二盏同煎，五七沸，色变熟绢滤去滓。别用沉香一钱半，前药汁四两半，再煎滤次，用片脑五分、麝香一钱、轻粉一钱半，又以药汁半合研滤，将余药水入黄明胶一两二分同熬，不住搅令化醒，又内沉香、脑、麝水搅匀，乘热倾烟内就无风处和匀，杵透候光可照人范之，干则复蒸，以滑石为末，洒墨上癑灰中，五七日候干，水磨洗刷，明收造墨，春夏胶多，秋冬胶少。

③ （明）宋诩：《竹屿山房杂部》卷7《燕间部一·文房事宜》，景印文渊阁四库全书（第八一七册），台湾商务印书馆1986年版，第212页。煎颜色水法：肉红用苏木，加紫草少许，同水煎，汁红用苏木八两槌碎，沸汤八碗浸三二时，煎浓加白矾滤黄，用槐花半升炒令焦黄色，同水三碗煎数沸，候浓加白矾半两滤粉青，用靛花一斤淘洁研细，其余颜色惟此三色，浓淡轻重调合。

④ （明）邝璠著，石声汉、康成懿校注：《便民图纂》卷16《制造类下》，农业出版社1959年版，第245页。点书灯：用麻油烓灯，不损目。每一斤入桐油二两，则不燥又辟鼠耗。若菜油每斤入桐油三两，以盐少许置盏中，亦可省油，以生姜擦盏，不生滓晕，以苏木煎灯心，晒干，烓之无烬。

每种香药的功用,并非在传入之初即被时人所了解,而是经历了一个漫长的不断探索与发现的过程。总体来看,中国人对香药特性的认识及对香药功用的发掘,主要通过域外传入和本土探究两种途径。不少香药在输入中国之初,其在本土的应用方法也一并传入,其中体现最为明显的当属宋元之际各种回回药方和医书的传入,并由此带动了中国传统中医从以汤药为主的单一剂型向丸散、膏酊、汤药多元剂型的转化。然而,也有部分香药在其本土的应用形式,因输入数量有限及风俗习惯差异,在传入中国后发生了较大程度的衍变。据佛教经典《摩诃僧祇律》记载,胡椒在印度为僧侣饮食常备,而传入中国之后因数量有限,主要作为治病疗疾的贵重药品,直至明中叶才得以在饮食领域普及开来。又如,东南亚各国常以片脑、沉、檀等香药涂体,而这些香药在中国却多以焚熏、药用的形式加以利用。除域外传入外,香药的多元功用更多时候是被一代又一代的医者们通过不断研究实验慢慢发现的,每种香药的功能及应用领域随着时间推移呈现不断扩大的趋势,历代本草书籍及各类医方的记录无疑成为验证这一观点的有力证据。值得注意的是,诸多香药的多元功用被中国人发现后,其新的使用方法又常常被带至其原产国,并被当地人所接受。由此可见,香药多元功用的发现历程,不仅仅是新知识的创造与传递,而且体现了不同文明间的融合与互动。

第二章　香药贸易的历史回溯

早在汉唐时期,香药已开始跨越海洋进入中国,以开放贸易著称的宋元两朝更是将香药作为舶货的代名词,明清统治者虽多次颁布禁海令,但香药贸易数量与前代相比却有增无减。考虑到历史的连续性和继发性,在探讨明清香药的贸易与影响之前,有必要对中国古代不同时期的香药贸易概况做以简要回顾,以期形成一幅整体的历史图景,并为后面的研究做好必要的铺垫。

第一节　海陆并进时代的香药贸易

汉唐之际,中国西北内陆贸易异常繁盛,并开辟了横贯东西的"丝绸之路",与此同时,中国东南海上交通也已开启,越来越多的人开始扬帆出海,逐步建立起与海外诸国的贸易联系。早在西汉时期,中国已开始了与印度、东南亚的海上贸易交通。据《汉书·地理志》记载:

> 自日南障塞、徐闻、合浦船行可五月,有都元国;又船行可四月,有邑卢没国;又船行可二十余日,有谌离国;步行可十余日,有夫甘都卢国。自夫甘都卢国船行可二月余,有黄支国,民俗略与珠崖相类。其州广大,户口多,多异物,自武帝以来皆献见。有译长,属黄门,与应募者俱入海市明珠、璧流离、奇石异物,赍黄金杂缯而往。所至国皆禀食为耦,蛮夷贾船,转送致之。亦利交易,剽杀人。又苦逢风波溺死,不者数

年来还，大珠至围二寸以下。平帝元始中，王莽辅政，欲耀威德，厚遗黄支王，令遣使献生犀牛。自黄支船行可八月，到皮宗；船行可二月，到日南、象林界云。黄支之南，有已程不国，汉之译使自此还矣。①

　　此段文字记述了西汉时期初步开通的南洋航路的交通状况，关于沿途所经国家或部族的具体位置，中外学者虽经反复考证，仍多有异议。不过，就本书探讨的问题来看，只要采纳普遍的观点即可。目前，夫干国即缅甸的蒲甘，黄支国即印度康契普腊姆，已不程国即斯里兰卡，中外学者认识基本一致。② 而其他地名的确切位置，至今仍有争议，但大多数学者较为认可韩振华先生的观点，即都元国位于今越南南圻。邑卢没国即泰国的华富里，谌离在暹罗湾头的佛统，皮宗指苏门答腊岛。③ 通过对这些地名的大致确认，我们可以发现，早在西汉时期，中国已通过海路与东南亚和印度建立了贸易关系。从贸易的性质来看，主要由官方主持，任命隶属少府机构的黄门中官为译长，但允许招募普通民众应征参与。从贸易的物品来看，中国使团带去的为黄金、丝绸，换回的为明珠、琉璃等奇珍异物，而在这些珍奇异物中是否包含香药，我们尚无法准确考证。

　　东汉时期，中国和印度之间的海上交通虽存在诸多障碍，但仍大致保持畅通。和帝时，印度曾多次派遣使者来朝，但多走西北陆上通道。此后，西域动乱，陆上交通断绝，印度人开始从海路来华，桓帝"延熹二年（159 年）、四年频从日南徼外来献"④，其所献贡物很有可能包含本土出产的胡椒。延熹九年（166 年），大秦国王安敦，"遣使自日南徼外献象牙、犀角、瑇瑁，始乃一通焉"。⑤ 其所带贡物中并不包含香药。由此可见，两汉时期，中国与印

---

　　① 《汉书》卷 28 下《地理志》。

　　② 参见［日］藤田丰八：《中国南海古代交通丛考》，何健民译，商务印书馆 1936 年版；第 87、108、114 页；张星烺编著：《中西交通史料汇编》（第六册），中华书局 1979 年版，第 39—40 页。

　　③ 韩振华：《公元前二世纪至公元一世纪间中国与印度东南亚的海上交通——汉书地理志粤地条末段考释》，《厦门大学学报（社会科学版）》1957 年第 2 期。

　　④ 《后汉书》卷 88《西域传》。

　　⑤ 《后汉书》卷 88《西域传》。

度、东南亚、罗马之间的海上通道虽已开启，但仍无确凿证据表明香药已通过海路进入中国，即使有部分传入，数量和品种也极少。

魏晋南北朝时期，中国虽处于四分五裂状态，但与南海诸国的海上贸易却取得了较大发展，地处江南的东吴政权，与后来的东晋和南朝，为扩充自己的实力，拓展新的贸易通道，皆积极建立与海外各国的联系。大约在黄武五年（226年）至黄龙三年（231年）之间，"吴孙权遣宣化从事朱应、中郎康泰使诸国"①，以了解南海诸国的风俗、土产及贸易情况，为开辟新的贸易航道、扩大南海贸易做准备。官方在经略海外贸易上的积极主动，不仅带动了民间海外贸易的发展，也在很大程度上推动了来华朝贡国家及朝贡次数的增多。据《宋书》卷97《夷蛮》记载，两晋时期南海贸易，可谓"舟舶继路，商使交属"，足见民间浮海贸易者之多。南北朝时期，商人出海贸易的规模进一步扩大，"商舶远届，委输南州，故交广富实，牣积王府"。② 在外国使者来华朝贡方面，无论朝贡国家，还是朝贡频率较之汉代皆有大幅增加。"其中如赤乌六年（243年），扶南王范旃遣使献乐人及方物；泰始四年（268年），扶南、临邑各遣使来献；太康六年（285年），扶南等十国来献；太康七年（286年），扶南等二十一国遣使来献，等等。"③东晋时期因"通中国者盖尟"，故未被史官载入历史。至南北朝时期，"及宋、齐至者有十余国，始为之传，自梁革运，其奉正朔，修贡职，航海岁至，踰于前代矣"。④

随着来华使团的增多，其所贡献物品的记载也由笼统渐趋详细。魏晋时期，扶南、林邑等国使者曾数次来献，史书对其所携带贡品并无过多介绍，仅以"方物"记之。但通过对该国物产的分析，我们仍能推测出其所带贡品大致包含何物。据《梁书》卷54《诸邑·海南》记载，林邑国，"出瑇瑁、贝齿、吉贝、沉木香。……沉木者，土人斫断之，积以岁年，朽烂而心节独在，置水中则沉，故名曰沉香。次不沉不浮者，曰笺香"；扶南国，"出金、银、铜、

① （唐）杜佑：《通典》卷188《南蛮下》。
② （梁）萧子显：《南齐书》卷58《东南夷》，中华书局1972年版，第1022页。
③ 李金明、廖大珂：《中国古代海外贸易史》，广西人民出版社1995年版，第15页。
④ （唐）姚思廉：《梁书》卷54《诸邑·海南》，中华书局1973年版，第783页。

锡、沉木香、象牙、孔翠、五色鹦鹉"。① 作为重要香药品种之一的沉香,皆为林邑、扶南两国重要土产,因此可以推测两国向中国贡献方物中极有可能包含沉香,《肘后备急方》、《南方草木状》、《大有妙经》等史籍中关于沉香已运用于中国社会的记载,为这一推测提供了有力佐证。

南北朝时期,南海诸国入华朝贡的次数进一步增多,其所贡方物的记载也更为详细,或以"香药"概括之,或明确记载何种香药。如梁天监十七年(518年),干陁利国"遣长史毗员跋摩奉表,献金芙蓉,杂香药等";普通三年(522年),婆利国国王频伽,"复遣使珠智献白鹦鹉、青虫、兜鍪、瑠璃器、古贝、螺杯,杂香药等数十种";中大通元年(529年)五月,盘盘国,"累遣使贡牙像及塔,并献沉、檀等香数十种。六年八月,复使送菩提国真舍利及画塔,并献菩提树叶、詹糖等香";中大通二年(530年),丹丹国,"奉送牙像及塔各二躯,并献火齐珠、古贝杂香药等。大同元年(535年),复遣使献金银、瑠璃、杂宝、香药等物"。② 不足 20 年间,南海诸国赴梁进献香药就达 6 次之多,其进贡香药包含沉香、檀香、詹糖香等至少数十种。频繁的香药入贡,很大程度上刺激了统治者们对香药的热衷,并由此引发了社会上层焚香、熏衣风气的盛行。三国时期,曹丕曾派遣使臣向东吴孙权求索香药,据《江表传》记载:"魏文帝遣使于吴,求雀头香。"③这一记载不仅反映了曹丕对香药的热衷,同时,曹丕向孙权寻求香药的行为,也说明了雀头香的输入渠道并非西北内陆,而是通过东南海上航路。除曹丕外,魏晋诸多贵族皆以香为尚,正如东晋葛洪在《抱朴子·内篇》中所云:"人鼻无不乐香,故流黄郁金,芝兰苏合,玄胆素胶,江离揭车,春蕙秋兰,价同琼瑶。"④郁金、苏合等香的价格虽极为昂贵,却仍难以抵挡社会上层对香药的崇尚与迷恋,不少人纷纷研究香药的品性、性状,并开始调制合香,范晔曾在其所撰《合香方》的序文

---

① (唐)姚思廉:《梁书》卷 54《诸邑·海南》,中华书局 1973 年版,第 784、787 页。

② (唐)姚思廉:《梁书》卷 54《诸邑·海南》,中华书局 1973 年版,第 793—796 页。

③ (宋)李昉等撰:《太平御览》卷 981《香部一·雀头》,中华书局 1998 年版,第 4346 页。

④ (晋)葛洪:《抱朴子·内篇》卷 12《辨问》,中华书局 1985 年版,第 209 页。

中指出："麝本多忌，过分必害，沉实易和，盈斤无伤。零藿燥虚，詹糖粘湿。甘松苏合，安息郁金，捺多和罗之属。并被于外国，无取于中土。"①《合香方》的内容虽早已散佚，其具体香方我们已无从可考，但其序文中的寥寥数语，足以显示时人对香药特性已有相当了解。

除朝贡和民间贸易外，中印之间的宗教交流是香药输入的另一重要途径。印度地处中国西南方向，其土出产胡椒、荜茇、檀香等多种香药，香药在古印度人的生活中占据十分重要的地位，是他们宗教祭祀、饮食调味、治病疗疾、防治暑热的必备之物。魏晋南北朝时期，佛教成为沟通中印关系的重要桥梁，伴随着佛教的传入，其用香习俗一并传入。赤乌十年（247年），天竺康僧会赴东吴传扬佛法，孙权以为荒诞，谓曰："若能得舍利，当为造塔，如其虚妄，国有常刑。"康僧会以"铜瓶加几烧香礼"之法，终让舍利现于瓶中，孙权大服，乃遵其诸言，即在江左为其建造佛教塔寺。② 至南北朝时期，佛教在中国得到迅速发展，上至帝王，下至百姓，莫不崇信佛法，"佛道自后汉明帝，法始东流，自此以来，其教稍广，自帝王至于民庶，莫不归心。……元嘉十二年（435年），丹阳尹萧摹之奏曰：'佛法被于中国，已历四代，形像塔寺，所在千数'"。③ 得知中土佛法广布后，诸国各以"梁朝圣主至德至仁、信重三宝、佛法兴显"，纷纷来朝进献香药等物。如，天监初，天竺国王屈多遣长史竺罗达，"奉献琉璃、唾壶、杂香、吉贝等物。"④天监十八年（519年），扶南王"复遣使送天竺旃檀瑞像、婆罗树叶，并献火齐珠、郁金、苏合等香"。⑤ 除各国进献外，来往中印两国间的僧侣在学习、弘扬佛法的同时，亦将部分香药带入中国。如前文提到的康僧会之所以能在东吴施"铜瓶加几烧香礼"，其必然从本国携带有香药入华。同时，赴印度学习佛法的僧侣在归国时亦很有可能带回一定数量的香药。因印度僧人有使用胡椒、荜茇等

---

① （宋）陈敬：《陈氏香谱》卷4《序·合香序》，清文渊阁四库全书本。
② （南北朝）释僧佑：《出三藏记集》卷13《康僧会传第四》，中华书局1995年版，第92—96页。
③ （梁）沈约：《宋书》卷97《夷蛮》，中华书局1974年版，第2386页。
④ （唐）姚思廉：《梁书》卷54《诸邑·海南》，中华书局1973年版，第799页。
⑤ （唐）姚思廉：《梁书》卷54《诸邑·海南》，中华书局1973年版，第790页。

香药的习惯,据《摩诃僧祇律》记载:胡椒与荜茇等药,常被"受病比丘终身服"①,且"胡椒荜拨粥"②为僧人日常所食之物,远赴印度学习佛法的法显等人,自然对上述情况不会陌生,学成归国后携带一定数量的胡椒、荜茇自在情理之中。

隋唐五代时期,海外贸易迅速发展,自唐初开始与陆上"丝绸之路"呈并驾齐驱之势。唐中叶,西北地区战乱频繁,商路被阻,陆上贸易日渐萎缩,而海外贸易却获得显著增长,并逐渐超越陆上贸易。这一时期,海上贸易之所以迅速发展,不仅与前代的积累、航海技术的进步密不可分,而且与统治者推行的一系列较为开明的对外开放政策有很大关系。长期以来,沿海居民在与海洋的频繁接触中,对海洋的认识不断深入,海上航行从借助自然逐步转向依靠工具,风帆与牵星板的运用使海上航行从漫无边际到方向明确,造船技术的进步、航海技术的提高及海洋知识的完善,为远洋航行提供了技术保障。在政策上,唐立国之初,统治者为稳定政治、繁荣经济,即形成了一套"九州岛殷富,四夷自服"的对外政策,与四方诸国和平共处,大力欢迎并努力吸引海外商人来华贸易。为防止地方官对外商滥征商税、敲诈勒索,统治者屡次颁布敕令,予以规范。如太和八年(834年)二月,唐文宗下诏:"南海蕃舶,本以慕化而来,固在接以恩仁,使其感悦。如闻比年,长吏多务征求,嗟怨之声,达于殊俗。况朕方宝勤俭,岂爱遐琛?深虑远人未安,率税尤重,思有矜恤,以示绥怀。其岭南、福建及扬州蕃客,宜委节度观察常加存问。使除舶脚、收市、进奉外,任其来往通流,自为交易,不得重加率税。"③此外,统治者还给予海外商人诸多优惠,"据说当时外国商船入港后,皇帝如欲购买宫廷的御用物品,则派所信任的宦官为宫市使,对所需的货物,以高于民间市价两倍的价格购买,因此阿拉伯商人俱热望把货物卖给宫

---

① (晋)佛陀跋陀罗、法显:《摩诃僧祇律》卷3《明四波罗夷法之三》,大正新修大藏经本。

② (晋)佛陀跋陀罗、法显:《摩诃僧祇律》卷29《明杂诵跋渠法之七》,大正新修大藏经本。

③ (宋)王钦若:《册府元龟》卷170《来远》。

廷。"①当时旅居中国的阿拉伯商人苏莱曼的记录验证了桑原骘藏的这一观点，苏莱曼在其游记中写道："货物之为中国国王所买，都照最高的行市给价，而且立刻开发现钱；中国国王对于商人们，是从来不肯待错的。"②五代时期，南方各政权为巩固各自势力，充实财政，纷纷开展与海外诸国的贸易往来。王审知治闽时，开辟甘棠港，招徕海中蛮夷商贾；王延彬任泉州刺史时，屡发"蛮舶"赴海外贸易；南汉统治者，充分利用广州市舶之利，积极发展海外贸易。在上述诸因素的共同作用下，海外贸易得以大力发展，通过海路输入中国的香药，无论数量上，还是种类上，都远远超出前代。从来源看，这一时期，通过海路输入中国的香药主要来自阿拉伯和南海诸国。

唐代以来，中国与阿拉伯国家间的贸易关系日益密切。自唐永徽以后，阿拉伯国家屡来朝贡，仅《宋史》卷490《外国六·大食》所记，大食国来华进献方物次数就达23次，且所献方物中，香药占有较大比重。中唐以前，中国与阿拉伯间的贸易联系，有西北内陆和东南海上两条孔道，自天宝十载（751年）恒罗斯之战后，唐朝对外贸易通道逐渐从中亚内陆向东南海上转移。与此同时，阿拉伯帝国的阿巴斯王朝也正处于鼎盛发展时期，大力推动海外贸易，并开始通过底格里斯河与中国发生贸易联系，广州与大食间的海上航道，即"广州通夷海道"③成为同时期世界上最长的远洋航线。

畅通的海上航道，保证了大批阿拉伯香药源源不断地输入中国。这一时期，输入中国的阿拉伯香药主要有乳香、龙涎、木香、丁香、肉豆蔻、安息香、芦荟、没药、血竭、阿魏、腽肭脐、蔷薇水等。广州作为当时中国与阿拉伯间的主要贸易港，一时间香药、珍宝荟萃。韩愈在《送郑尚书序》一文中对

① ［日］桑原骘藏：《唐宋贸易港研究》，杨链译，商务印书馆1935年版，第124页。

② ［阿拉伯］苏莱曼：《苏莱曼东游记》，刘半农、刘小蕙译，中华书局1937年版，第33页。

③ "广州通夷海道"的具体航线见《新唐书》卷43下《地理志》。该航线主要分为四段，从广州起航，穿过马六甲海峡至印度南部，又沿印度南部西岸北上，再沿海岸线西行至波斯湾，最后抵达巴格达。沿途历经九十多个国家和地区，全程一万四千公里，是当时世界上最长的远洋航线。

当时广州港的情形有如下描述："外国之货日至,珠、香、象、犀、玳瑁、奇物,溢于中国,不可胜用。"①《唐大和上东征传》一书记载了鉴真一行到达广州时的情形,"江中有婆罗门、波斯、昆仑等舶,不知其数,并载香药、珍宝,积载如山。"②源源不断的香药船停泊于广州港,使其成为当时世界上最大的香药市场之一。此外,扬州也是当时重要的香药集散地,美国学者谢弗认为,"扬州的香料贸易则仅次于广州。"③伴随着香药的大量输入,大批阿拉伯商人亦随之而来,他们多以经营香药为业,或贩卖香药,或开设药铺。五代时期著名词人兼《海药本草》作者李珣的祖先即为波斯人,其家以世代售卖香药为业,弟弟李玹为当时有名的香药商人。据《茅亭客话》卷2记载:"李四郎,名玹,字廷仪。其先波斯国人,随僖宗入蜀,授率府率。兄珣有诗名,预宾贡焉。玹举止温雅,颇有节行,以鬻香药为业。"④唐人郑曙曾记录有阿拉伯商人在中国开设药铺的事例,"段子天宝五载行过魏都,舍于逆旅,逆旅有客焉,自驾一驴,市药数十斤,皆养生辟谷之物也。而其药有难求未备者,日日于市邸谒胡商觅之"。⑤《太平广记》中所载事迹虽有道听途说之嫌,无从可考,但其所述故事中反映的时代大背景却为我们提供了重要的历史信息,因此,书中所载天宝年间有胡商在长安城中开设香药铺的事情较为可信。

除阿拉伯地区外,南海诸国是当时中国从海外进口香药的又一重要来源。南海诸国出产的香药主要通过官方朝贡贸易及民间商舶贩运两种途径进入中国。朝贡贸易方面,通过对《隋书》、《唐会要》、《册府元龟》、《旧唐书》等史籍的翻检发现,隋唐两代,明确记录有南海诸国进献香药的史料仅

①　(唐)韩愈:《韩昌黎全集》卷21《序三·送郑尚书序》,中国书店1935年版,第300页。

②　[日]真人开元:《唐大和上东征传》,汪向荣校注,中华书局2000年版,第74页。

③　[美]谢弗:《唐代的外来文明》,吴玉贵译,中国社会科学出版社1995年版,第346页。

④　(宋)黄休复:《茅亭客话》卷2,"李四郎"条,清光绪琳琅秘室丛书本。

⑤　(宋)李昉:《太平广记》卷28《神仙·郗鉴》,上海古籍出版社1995年版,第172页。

有 6 条。事实上,南海诸国进贡香药的次数要远远超过 6 次,许多史料只是很笼统地说"遣使献方物",并未详细说明是哪些方物。① 但是,我们通过对朝贡国物产的梳理,仍能大致了解其所进献方物的种类。如林邑国土产沉香、蓬莱香、生金、银、铁、朱砂、珠、贝、犀、象、翠羽、车渠、盐、漆、木绵、吉贝之属;真腊国土产象牙、暂速细香、粗熟香、黄蜡、翠毛、笃耨脑、笃耨瓢、番油、姜皮、金颜香、苏木、生丝、绵布等物;室利佛逝地土产瑇瑁、脑子、沉速暂香、粗熟香、降真香、丁香、檀香、豆蔻,外有真珠、乳香、蔷薇水、栀子花、腽肭脐、没药、芦荟、阿魏、木香、苏合油、象牙、珊瑚树、猫儿睛、琥珀、番布、番剑等。② 显而易见,香药皆为这些国家的重要物产。由此我们可以判断,以出产香药著称的南海诸国,其进献方物自然少不了出自本国又深受中国皇帝及士大夫阶层喜欢的名贵香药。

在民间贸易方面,南海诸国的香药主要通过马来商人、波斯人和阿拉伯商贾贩运至中国。早在 6 世纪上半叶,印度尼西亚群岛的马来商人就已经垄断了东南亚地区与中国的海上香药贸易,而这项贸易之所以能够维持且迅速发展,正是因为当时中国市场十分欢迎印度尼西亚出产的树脂、安息香,以及来自苏门答腊岛的龙脑香。③《旧唐书》卷 150《韦坚传》中曾提到南海国家商舶所载商品,"南海郡船,即玳瑁、珍珠、象牙、沉香"。8 世纪初,大批波斯商人已经习惯于从锡兰至东南亚采购香药,然后贩运到中国南方口岸进行贸易,据《唐大和上东征传》记载,当时的广州港泊靠着大量的波斯商船。宝历元年(825 年)九月,波斯商人李苏沙曾向唐敬宗"进沉香亭子材"④。萨珊波斯王朝被推翻后,阿拉伯人得以自由开展海外贸易,自 7 世纪开始频繁往来于室利佛逝王国管辖下的各港埠贸易。公元 762 年(宝应元年),阿巴斯王朝迁都巴格达后,"阿拉伯人对东南亚及中国的海上贸易

① 温翠芳:《汉唐时代南海诸国香药入华史》,《贵州社会科学》2013 年第 3 期。

② (宋)赵汝适著,杨博文校释:《诸蕃志校释》,中华书局 2000 年版,第 1、19、35 页。

③ O.W.Wolters, *Early Indonesian Commerce:A Study of the Origins of Srivijaya*, Ithaca, New York, Cornell University Press, 1967, pp.83,150–153.

④ 《旧唐书》卷 17 上《敬宗》。

逐渐进入高潮,商人们可以从底格里斯河起航直接进入波斯湾,穿越印度洋后经马六甲海峡前往苏门答腊、爪哇、印支半岛和中国,越来越多的阿拉伯穆斯林商人从此开始在东南亚和中国南方沿海的主要贸易港埠寓居"。①这些辗转于室利佛逝、马六甲、爪哇等地的商人,将东南亚出产的大量香药贩运至中国沿海港口,以赚取高额利润。

综上可见,从西汉至五代的一千余年间,中国海外贸易取得了巨大发展,其贸易区域从中南半岛、印度等地逐步扩展至波斯湾沿岸和印度尼西亚群岛;贸易对象从越南人、印度人扩大至马来人、波斯人和阿拉伯人;海洋贸易在对外贸易中的地位经历了从补充陆地到海陆并进,并最终超越陆上贸易的历程。然而有一点不变的是,香药始终是这一时期海外贸易的主要商品之一,并在种类和数量上呈现逐渐递增的趋势。从总体上看,这一时期的香药输入数量虽较为有限,其使用人群也仅限于皇室成员、达官显贵和佛教僧人,但因其在宗教祭祀、焚香熏衣和治病疗疾方面的显著功效,以及物以稀为贵理念的驱使,人们对香药特性的认知逐渐深入,并出现了像《南方草木状》、《合香方》、《海药本草》等研究香药的专门类书籍。

第二节 海洋开放时代的香药贸易

宋元时期中国古代海外贸易取得了极大发展,无论从贸易规模,还是贸易范围来看,都进入了一个空前繁荣、开放的新阶段。这一时期海外贸易之所以发展迅速,不仅离不开社会经济的发展、航海技术的提高等客观因素的推动,而且与统治者积极、开放的对外态度和贸易政策密不可分,同时,有利的国际形势也为海外贸易的发展提供了有力保障。

宋代以后,中国经济重心南移东倾,东南沿海经济起飞,商品经济活跃,成为海外贸易发展的内在驱动力。美国学者斯塔夫里阿诺斯在《全球通

---

① 钱江:《波斯人、阿拉伯商贾、室利佛逝帝国与印度尼西亚 Belitung 海底沉船:对唐代海外贸易的观察和讨论》,《国家航海》2011 年第 1 期。

史》一书中对宋元时期高度发展的经济文化做了如下描述："中世纪时期，中国则突飞猛进，仍是世界上最富饶、人口最多，在许多方面最先进的国家"，并指出这些因素使"海港而不是古老陆地的陆地，首次成为中国同外界联系的主要媒介"。①《岭外代答》、《诸蕃志》和《岛夷志略》等书中关于海外国家的描述，验证了斯塔夫里阿诺斯的这一说法。

同时，宋元时期中国的造船和航海技术取得了显著进步，并居世界领先水平。在船只载重量方面，据《梦粱录》卷12《江海船舰》记载，宋代"海商之舰大小不等，大者五千料，可载五六百人；中者二千料至一千料，亦可载二三百人；余者谓之钻风，大小八橹或六橹，每船可载百余人"。五千料约合今三百吨，足见其载重量之大。元代海船，无论船只大小，还是船上设备，相较两宋时期，皆有较大提高。14世纪来华的摩洛哥旅行家伊本·白图泰在其游记中对中国海船的类型、规模曾描述道："中国船只共分三类：大的称作艟克，复数是朱努克；中者为艚，小者为舸舸姆。大船有十帆，至少是三帆……每一大船役使千人：其中海员六百，战士四百，包括弓箭射手和持盾战士，以及发射石油弹战士。随从每一大船有小船三艘，半大者，三分之一大者，四分之一大者。"大船"船上造有甲板四层，内有房舱、官舱和商人舱。官舱内的住室附有厕所，并有门锁……水手们则携带眷属子女，并在木槽内种植蔬菜鲜姜。"②足见当时造船技术之高。此外，宋代船只还设置了水密隔舱技术，使船体结构更加稳固，且增强了抗沉性。在航海技术方面，指南针的运用可谓最大创新与进步。宋代以前的航海完全依靠星宿和地表目标确定方位，指南针的运用弥补了这一不足，使远洋航行中辨认方位的准确度大大提高，满足了全天候航行的需要，且不再受阴晦天气之束缚。《诸蕃志》卷下曰：深海之中"渺茫无际，天水一色，舟舶来往，惟以指南针为则，昼夜守视唯谨，毫厘之差，生死系焉"③。指南针在航海中的运用，有效提高了

---

① ［美］斯塔夫里阿诺斯：《全球通史：1500年以前的世界》，吴象婴、梁赤民译，上海社会科学院出版社1988年版，第429、438页。
② ［摩洛哥］伊本·白图泰：《伊本·白图泰游记》，马金鹏译，宁夏人民出版社2000年版，第486页。
③ （宋）赵汝适著，杨博文校释：《诸蕃志校释》，中华书局2000年版，第216页。

远洋航行的效率,极大保障了航行的安全。

在贸易政策方面,宋元统治者积极鼓励发展海外贸易,并实行了一系列的有效管理措施。两宋历代统治者都把市舶贸易视作增加国家收入的重要来源,而采取积极的海外贸易政策,甚至派员直接去海外招商。如宋太宗雍熙四年(987年),"遣内侍赍敕书、金帛,分四纲,各往海南诸蕃国,勾招进奉,博买香药、犀牙、真珠、龙脑。每纲赍空名诏书三道,于所至处赐之。"①以招引南海诸国商人来华贸易。"南宋因只有半壁江山,政府收入更有赖于海外贸易,宋高宗赵构对此有清醒的认识,据《宋会要》记载,赵构分别于绍兴七年(1137年)、绍兴十六年(1146年)发布鼓励市舶贸易的谕令。《宋史·食货志》还记孝宗隆兴六年(1168年)下诏对招诱外商有成绩者给予官爵奖励,而蔡景芳就因招诱舶舟有功补承信郎,大食商人蒲啰辛以所贩乳香值30万缗亦补承信郎。"②

元代统治者突破了宋代"市舶之利,以资国用"的原则,更加强调内外互通有无,提出"以损中国无用之货,易远方难制之物"的方针,以达"天子不自有,凡诸蕃辅之"的目的。③ 在管理海外贸易方面,宋元统治者还推行了一系列有效措施,并力图通过系统严密的市舶条例将海外贸易控制在国家手中。宋代在唐代市舶使的基础上进一步完善市舶制度,先后在广州、明州(今浙江宁波)、杭州、泉州等地设立市舶司,"掌蕃货海舶征榷之事,以来远人,通远物"④。具体言之,主要负责管理舶商、征收舶税和收买舶货。元代统治者在对外贸易的管理上大体继承了宋代的政策,在泉州、庆元(今浙江宁波)、广州等重要港口设置市舶提举司,并置海外诸蕃宣慰使与市舶使负责管理。此外,为了更大程度地垄断贸易利润,至元二十二年(1285年)正月,时任中书右丞的卢世荣奏请,"于泉、杭二州立市舶都转运司,造船给本,令人商贩。官有其利七,商有其三。禁私泛海者,拘其先所蓄宝货,官买

---

① 《宋会要辑稿》职官四四。
② 张国刚、吴莉苇:《中西文化关系史》,高等教育出版社2006年版,第231页。
③ (明)佚名:《江浙行省兴复海道漕运记》,清借月山房汇钞本。
④ 《宋史》卷167《职官志七》。

之。匿者许告，没其财，半给告者"。① 该奏请得到了元世祖的赞同，下令"从速施行"，此所谓官本船贸易的由来。官本船贸易，即国家出资，由民间海商或船主负责经营，而后利润分成，这一政策的推行将民间贸易更大范围地纳入官方体系，较大程度上推动了海外贸易的发展。至元三十年（1293年），元统治者在唐宋市舶条法的基础上，制定了"市舶则法二十三条"，并于延祐元年（1314年）修订为二十二条。② 市舶则法的制定与实施，亦是元统治者加强对海外贸易规范与控制的又一举措。

在国际形势方面，宋元时期与中国进行海外贸易的国家基本上都处在一个经济、文化的上升发展时期，正如马克思所说："不断扩大的生产需要不断扩大的市场"，而中国对香药的大量需求恰为这些国家提供了广阔的销售市场。两宋时期，中国最大的贸易伙伴，阿拉伯国家在遭受欧洲十字军两百余年焚烧杀掠后，陷入极端贫困的境地，为了"弥补财政上的困难，锐意发展商业"，"阿拉伯人来华贸易的甚多，而贸易的物品多以香药为主"。③ 此外，周边的印度、东南亚、日本、朝鲜等国家和地区的经济日益发展，交换需求和交换能力日益增强，皆在积极拓展海外贸易。

元代的海外贸易范围与两宋相比进一步扩大，东至朝鲜、日本，南至东南亚，西南通印度半岛和阿拉伯地区，甚至远至非洲和地中海各国。汪大渊《岛夷志略》中涉及的国家和地区达二百二十余个，目前虽不能确定元朝与这些国家皆已通商贸易，但仅确定的史实已足以显示元代海外贸易范围之广。元朝除继续保持与阿拉伯等国的海外贸易外，与东南亚地区的贸易发展尤为迅速。如与元朝相邻的交趾，虽规定"不得至其官场，恐中国人窥见其国虚实"，然则民间"偷贩之舟"往来不已；④真腊不仅与元朝互遣使者，且民间贸易十分活跃，唐人及唐货在此地颇受欢迎；⑤地处苏门答腊岛上的

① 《元史》卷 205《奸臣·卢世荣》。

② 参见《元典章》卷 22《户部八·市舶》；《通制条格》卷 18《关市·市舶》。

③ 林天蔚：《宋代香药贸易史稿》，中国学社 1960 年版，第 3 页。

④ （元）汪大渊著，苏继廎校释：《岛夷志略校释》，中华书局 1981 年版，第 51 页。

⑤ （元）周达观著，夏鼐校注：《真腊风土记校注》，中华书局 1981 年版，第 146—148 页。

龙牙门,不仅与泉州相互贸易,且已有中国人在此居住;①爪哇国虽在元初与中国发生过战争,曾"暂禁两湖、广东、福建航海者"②,但很快重新修好,据《爪哇史颂》记载,"在满者伯夷港口,来自中国等国商人络绎不绝,运来各种各样的货物进行交易"。③ 与中国有着悠久贸易传统的渤泥,"尤敬爱唐人"赴本地交易。④ 可见,宋元时期,印度、东南亚、阿拉伯等国家和地区皆以一种积极的态度与中国互通有无,发展海外贸易。

在社会经济的发展、航海技术的进步、贸易政策的开放、海外诸国的需求等因素的共同作用下,宋元时期的海外贸易呈现出前所未有的兴盛局面。就输入品方面而言,最大宗且对中国社会影响最大的非香药莫属,1974年于泉州后渚港发掘的宋代沉船为这一结论提供了实物证据。据考古学家发现,该沉船应为南宋时期的一艘远洋货船,在返航时遭遇意外沉没。船舱出土的遗物十分丰富,"有香料木、药物、木牌(签)、铜钱、陶瓷器、竹木藤器等,以香料木、药物为最多",香料木主要包括降真香、檀香、沉香等多种,"重量(未经完全脱水)达4700多斤","胡椒次之",此外还有乳香、龙涎等香药。⑤ 从出土的船舱遗物看,香药为该船进口的最大宗商品。

宋元时期,有关香药的输入情况,史料记载颇多。北宋时期,由于统治者采取怀柔远夷的政策,即"厚其委积而不计其贡输,假之荣名而不责以烦缛,来则不拒,去则不追,边围相接,时有侵轶,命将致讨,服则舍之,不黩以武"⑥,海外诸国皆纷纷来贡,其中香药为最主要贡品之一。例如,北宋立国之初,三佛齐国王、安南都护丁连、交趾将军赵子爱即纷纷遣使来贡乳香、蔷

---

① (元)汪大渊著,苏继庼校释:《岛夷志略校释》,中华书局1981年版,第213—214页。

② 《元史》卷210《爪哇传》。

③ Dr.Th.Pigeaud, *Java in the Fourteenth Century*, *Vol. II*, *The Hague - Mart inns*, Nijhoff,1960,pp.18,98.转引自李金明、廖大珂:《中国古代海外贸易史》,广西人民出版社1995年版,第170页。

④ (元)汪大渊著,苏继庼校释:《岛夷志略校释》,中华书局1981年版,第148页。

⑤ 泉州湾宋代海船发掘报告编写组:《泉州湾宋代海船发掘简报》,《文物》1975年第10期。

⑥ 《宋史》卷480《夏国上》。

薇水等香药；①淳化四年（993 年），大食国来进"象牙五十株，乳香千八百斤，宾铁七百斤，红丝吉贝一段，五色杂花蕃锦四段，白越诺二段，都爹一琉璃瓶，无名异一块，蔷薇水百瓶。"②天禧二年（1018 年）正月，"三佛齐贡龙涎一块三十六斤，真珠一百一十三两，珊瑚一株二百四十两，犀角八株，梅花脑版三片，梅花脑二百两，琉璃三十九事，金刚钻三十九个，猫儿眼指环、青玛瑙指环、大真珠指环共一十三事，腽肭脐二十八两，番布二十六丈，大食糖四琉璃瓶，大食枣十六琉璃瓶，蔷薇水一百六十八斤，宾铁长剑九张，乳香八万一千六百八十斤，象牙八十七株共四千六十五斤，苏合油二百七十八斤，木香一百一十七斤，丁香三十斤，血竭一百五十八斤，阿魏一百二十七斤，肉豆蔻二千六百七十四斤，榭椒一万七百五十斤，檀香一万九千九百三十五斤，笺香三百六十四斤。"③绍兴二十五年（1155 年）十一月十四日，占城"贡附子沉香一百五十斤，沉香三百九十斤，沉香头二块一十二斤，上笺香三千六百九十斤，中笺香一百二十斤，笺香头块四百八十斤，笺香头二百三十九斤，澳香三百斤，上速香三千四百五十斤，中速香一千四百四十斤，象牙一百六十八株，犀二十株，玳瑁六十斤，暂香一百二十斤，细割香一百八十斤，翠毛三百六十只，蕃油一十灯，乌里香五万五千二十斤。"④从上述几例可见，两宋时期，海外诸国所进贡方物中香药所占比重最高，且数量较大，种类颇多，主要包括乳香、沉香、檀香、丁香、木香、速香、笺香、乌里香、龙涎香、苏合油、蔷薇水、胡椒、豆蔻、血竭、阿魏、腽肭脐等。然而，两宋时期，海外诸国进奉香药次数远不止此。据刘静敏统计，"安南朝贡四次，交趾六次，占城高达二十八次。注辇（含一次撒殿），蒲端三次，三麻兰一次。三佛齐十次，渤泥两次，阇婆与丹流眉各一次"，"来自阿拉伯半岛的大食，也是重要的香药输入国，宋代便有十一次进贡记录"，此外，"天竺与非洲东岸的层檀也来朝

①　参见《宋史》卷 489《外国五·三佛齐》；《宋会要辑稿》蕃夷四；《宋会要辑稿》蕃夷七。
②　《宋史》卷 490《外国六·大食》。
③　《宋会要辑稿》蕃夷四。
④　《宋会要辑稿》蕃夷四。

贡香药各一次"。① 从朝贡区域来看,东南亚地区最多,大食次之。

两宋时期,通过朝贡渠道,大量香药输入中国,且尤以北宋时期为多。然而,相较之下,通过商舶贩运香药的数量远远超出朝贡贸易。宋代,从事商舶贸易的主要有海外商人和本国商人,本国商人主要有绅商、舶商和散商,沿海地区泛海之商,"江淮闽浙,处处有之",且贸易总量很大。据《中书备对》卷3下《大礼赏赐》记载,熙宁十年(1077年),"明、杭、广州市舶司博到乳香,计三十五万四千四百四十九斤。"②又据《宋会要辑稿·蕃夷四》记载,绍兴二十五年(1155年),仅从占城输入泉州的沉香就达63334斤。一年之中,仅宁波、杭州、广州三地市舶司博买乳香一种就达三十多万斤,从占城一国输往泉州的沉香亦达六万多斤,足见商舶贸易之繁盛。香药贸易之所以如此繁盛一方面因市场需求旺盛,另一方面因丰厚利润的驱使。两宋时期,皇室权贵以用香为尚,文人爱香成风,整个社会对香药需求殷切。不少商人皆浮海贩运,以追求高额利润。如泉州杨客,为海贾十余年,致货二万万;③淳熙十五年(1188年),王元懋从占城归帆,所载"货物、沉香、真珠、脑麝价值数十万缗"④。又据《鹤林玉露》记载,"一老卒浮海贩运,逾岁而归,以美女、绫锦、奇玩易得珠、犀、香药、骏马,获利几十倍"。⑤

鉴于香药贸易的利润可观,太平兴国初年,官方即开始对香药实行禁榷制度,"京师设榷易院,乃诏蕃国香药、宝货至广州、交趾、泉州、两浙,非出官库者,不得私相市易"。⑥ 太平兴国七年(983年)十二月,因"在京及诸州府人民或少药物食用","止禁榷广南、漳泉等州","其在京并诸处即依旧官场出卖及许人兴贩",其中禁榷的香药仅有乳香一种,其他皆解榷通行。⑦

---

① 刘静敏:《宋代〈香谱〉之研究》,文史哲出版社2007年版,第124页。

② (宋)毕仲衍撰,马玉臣辑校:《〈中书备对〉辑佚校注》,河南大学出版社2007年版,第226页。

③ (宋)洪迈:《夷坚志》丁志卷6,"泉州杨客"条。

④ (宋)洪迈:《夷坚三志》己卷,"王元懋巨恶"条。

⑤ (宋)罗大经撰,王瑞来点校:《鹤林玉露》丙编卷2,"老卒回易"条,中华书局1983年版,第269页。

⑥ 《宋会要辑稿》职官四四。

⑦ 《宋会要辑稿》职官四四。

此后，禁榷香药种类虽有所变化，但因"乳香一色，客算尤广"，两宋朝廷始终维持对其专卖权。专卖之外，宋廷还对香药进行抽解和博买。抽解类似今天的进口关税，即"凡舶至，帅漕与市舶监官莅阅其货而征之，谓之抽解"。博买即为市舶司对进口货物的收购，进口货物抵港后应先交存于市舶司，等候抽解博买，随后才可进入市场交易。两宋时期，抽解和博买的比例时有变化，起初为"十先征其一"；淳化二年（991 年）则十抽其二，博买优良商品的一半，其余不博买；建炎元年（1127 年），细色十分抽一后又博买四分，粗色十分抽二又博买四分；绍兴十四年（1147 年）抽解比例高达十取其四，十七年（1150 年）又降至一分。① 南宋中后期，抽解和博买比例又趋上升，但一般而言多为十抽其一。

官方禁榷、博买所得香药除用于宫廷消费外，其余则售于民间。太平兴国二年（977 年），设置榷易局，"大出官库香药、宝货，稍增其价，许商人入金帛买之"②。大中祥符二年（1009 年），"招香药榷易院自今并入榷货务一处勾当"，榷货务"掌受商人便钱给券及入中茶盐，出卖香药象货之类"。③ 庆历八年（1048 年）十二月，行四税法，"以茶、香、盐、见钱者为四税，延边用之，茶、盐、香药为三税，近里州军用之。议者谓四税见钱之法，皆不可常守，必视边计之厚薄，与物价之高下，以时而变通之，乃可也"④。香药用于入中之法，以支付商人运往军队的粮草之价，很大程度上解决了西北延边庞大的军费开支，缓解了宋朝的财政困难。宋代官库囤积的香药除发售地方和用于入中外，还有部分向辽、金、夏及高丽、日本等国转口。

香药的大量输入，对宋朝经济产生了重大影响。仅通过售卖香药，宋政府每年就有大量岁入。榷易局设立当年，官府通过售卖香药、宝货，得钱"三十万贯"，"自是遂有增羡，卒至五十万贯"。⑤ 熙宁九年（1076 年）至元丰元年（1078 年），明、杭、广三司出卖乳香得钱共计"八十九万四千七百一

---

① 参见《宋会要辑稿》职官四四；《文献通考》卷 26《市舶互市》。
② 《续资治通鉴长编》卷 18，起太平兴国二年正月尽是年十二月。
③ 《宋会要辑稿》食货五五。
④ （宋）范镇撰，汝沛点校：《东斋纪事》卷 1，中华书局 1980 年版，第 6 页。
⑤ 《续资治通鉴长编》卷 18，起太平兴国二年正月尽是年十二月。

十九贯三百五文",其中,"熙宁九年,三十二万七千六百六贯一百四十七文","熙宁十年,三十一万三千三百七十四贯二百四文","元丰元年,二十五万三千七百三十八贯九百五十四文"。① 建炎四年(1130年)五月十五日至绍兴元年(1131年)七月,"收到茶、盐、香钱六百八万九千余贯"②,若以1/10折算,一年的香药钱约六十八万九百余贯。绍兴二十九年(1159年),"正月四日至今年正月三日终,计收茶、盐、乳香等钱二千四百一十八万八千三百九贯六百二十文"。③ 从香药收入所占宋代财政岁入比例看,"北宋初年太平兴国中,香药岁入为全国岁入之3.1%。到了南宋建炎四年仅香钱便为全国岁入的6.8%,绍兴年间香矾钱收入占全国岁入13%,绍兴二十九年仅乳香钱一项便高达岁入的24%,几乎为全国岁入的四分之一,这是宋代最高的记录。孝宗以后,全国岁入逐渐增加,若以绍兴二十九年乳香钱推估,所占比例便不及十分之一"。④ 上述数据虽仅为推估,并非十分精确,但若与官府售卖香药所得收入的一组组数据结合起来分析,足以显示香药收入对宋代经济的巨大影响,尤其为南渡之初的经济恢复与政权稳固奠定了重要基础。

元代的海外贸易政策基本因袭宋代,立国之初便立即着手组织海外贸易,同时以一种积极、开放的心态对待海外朝贡使团及往来商舶。至元十四年(1277年),当元军取得浙、闽等地后,便在泉州、庆元、上海、澉浦(今属浙江海盐)四地设立市舶司;次年,忽必烈通过福建行省向外诏谕:"诚能慕义来朝,朕将宠礼之;其往来互市,各从所欲。"⑤由于元统治者的积极提倡,海外诸国纷纷与元朝建立朝贡关系,来朝使者"府无虚日,史不绝书"⑥。仅据史籍记载,元世祖至元十六年(1279年)至至元三十一年(1294年)的十五

---

① （宋）毕仲衍撰,马玉臣辑校:《〈中书备对〉辑佚校注》,河南大学出版社2007年版,第226—227页。

② 《宋会要辑稿》食货五五。榷易中盐、茶、香所占比例约为盐八,茶、香各一。详见《建炎以来系年要录》卷104,绍兴六年(1136年)八月,"诏榷货三务,岁收及一千三百万缗,许推赏,大率盐钱居十分之八,茶居其一,香矾又居其一"。

③ 《宋会要辑稿》食货五五。

④ 刘静敏:《宋代〈香谱〉之研究》,文史哲出版社2007年版,第147页。

⑤ 《元史》卷10《世祖纪》。

⑥ （明）黄淮、杨士奇:《历代名臣奏议》卷195《戒佚欲》,台湾学生书局1985年版,第2739页。

年里,海外朝贡达九十余次,入贡国二十余个。据不完全统计,有元一代海外国家入贡的有:高丽44次,安南36次,缅与骠20次,占城16次,马八儿13次,爪哇11次,西域诸王11次,暹罗12次,八百媳妇7次,俱兰5次,真腊4次,苏木达4次,木罗夷4次,南巫里3次,苏木都拉3次,木速蛮2次,拂郎2次,信合纳贴普2次,龙牙门、占塔奴因、别里剌、大力、马兰丹、那旺、丁呵儿、来来、急兰亦带、没剌予、须门那、押洛恩、速龙探、奔奚里、僧急里、吊吉尔、女人、宾丹、马法、马答、毯阳各1次。① 根据《诸蕃志》和《岛夷志略》对海外诸国土产的介绍,上述朝贡国家和地区除高丽外,大部分为香药出产国或邻近香药出产地,其在朝贡时携带深受元朝欢迎的香药自在情理之中。如至元十二年(1275年),八罗孛以"名药来献"②,至大二年(1309年),占城国王"遣其弟扎剌奴等来贡白面象、伽兰木"③,等等。此外,元统治者为获取更多的珍奇异物、香料药材,官方常以使臣贸易、官本船贸易等多种形式大规模介入海外贸易。

相较于官方贸易,民间的海外贸易更为活跃。广州、泉州等港海舶频至,香药充溢。时人对广州港的繁盛有如下描述:"海外大蛮夷岁时蕃舶金、珠、犀象、香药、杂产之富,充溢耳目,抽赋帑藏,盖不下巨万计。"④泉州港作为当时国内最大的海外贸易港,其繁盛程度更是可见一斑,时人吴澄曾说:"泉,七闽之都会也。番货远物,异宝珍玩之所渊薮,殊方别域、富商巨贾之所窟宅,号为天下最。其民往往机巧趋利,能喻于义者鲜矣。而近年为尤甚,盖非自初而然也。"⑤在海外贸易的众多舶货中,香药占据极大比重,且种类繁多。陈高华、吴泰通过对宋元志书中的相关记载进行统计,得出"广州的方志登录'舶货'不过七十余种",其中香药已有近四十种,占整个进口品的一半以上。⑥万明根据《四明续志》统计登陆宁波的"舶货"共223

---

① 李金明、廖大珂:《中国古代海外贸易史》,广西人民出版社1995年版,第180页。
② 《元史》卷131《亦里迷失传》。
③ 《元史》卷23《武宗纪》。
④ (元)吴莱:《渊颖集》卷9《南海山水人物古迹记》,上海古籍出版社1987年版,第168页。
⑤ (元)吴澄:《吴文正公集》卷16《送姜曼卿赴泉州路录事序》,明成化刻本。
⑥ 陈高华、吴泰:《宋元时期的海外贸易》,天津人民出版社1981年版,第47—48页。

种,其中香药达七十余种。① 史籍中虽未留下泉州港进口货物种类的记载,但仅从自宋代即以经营香药贸易为业的蒲氏家族的贸易情况来看,作为当时最大海外贸易港的泉州,输入的香药种类和数量并不低于广州、宁波二港。可见,香药已成为当时海外贸易中最重要的进口商品,故时人常以"香药"作为"舶货"的代名词。

通过上述分析可见,宋元时期可谓中国古代海外贸易发展空前开放与繁荣的时代,统治者推行了一系列积极开放的政策,鼓励海外贸易的发展,使官方贸易与民间贸易并行不悖、共同发展。其间,统治者为保证国家在海外贸易中的利益,对进口货物实行禁榷、博买和抽解,但此举对民间海外贸易的发展并未造成太大负面影响,相反却为其合法化与规范化提供了保证。在繁盛的海舶贸易之中,无论从数量还是种类上看,香药都可谓宋元时期中国从海外进口的最主要货物,其输入历程不仅体现了中国与海外诸国政治、经济联系的日益紧密,而且在很大程度上折射了海洋文明对中国社会的渗透与影响。作为舶货代名词的香药的大量输入,不但引发了宋元士人崇香、尚香、爱香、用香风气的盛行,更为重要的是,其在医学领域的运用,带动了传统中医从以汤药为主的单一剂型向丸散、膏酊、汤药多元剂型的转化,为时人及后世健康做出了积极贡献。然而,由于香药进口数量有限,加之价格昂贵,其使用人群仍局限于社会上层,并未真正进入寻常百姓之家。

第三节　多国竞逐时代的香药贸易

明朝代元而立,但并未因袭其积极开放、官方与民间齐头并进的海外贸易政策。明初以贡舶取代商舶,大力发展朝贡贸易,将民间海外贸易纳入非法范畴。洪武四年(1371 年),明太祖诏令严禁沿海人民私自出海,此后海禁政策时断时续,一直延续至清。然而,在一系列海禁法令和诏谕限制之

_____

① 参见万明:《明初"贡市"新证——以〈敬止录〉引〈皇明永乐志〉佚文外国物品清单为中心》,《明史研究论丛》(第七辑)。

下,民间私人海外贸易从未彻底禁绝,华商甚至一度操亚洲海域贸易之权柄,即使在葡、荷、英等西洋新势力东渐之时,中国海商仍能与之分庭抗礼,掌握着极强的经济实力。

明朝建立之初,明太祖宣布"不征"政策,遣使出访安南、高丽、占城等国,积极建立与海外诸国的联系,这一政策得到了各国积极响应,安南、占城、爪哇等国纷纷遣使朝贡,一时间,"海外诸蕃与中国往来,使臣不绝,商贾便之,近者安南、占城、真腊、暹罗、爪哇、大琉球、三佛齐、渤尼、彭亨、百花、苏门答剌、西洋、邦哈剌等,凡三十国。"①其朝贡物品除象牙、犀角、珍珠、宝石、孔雀、鹤顶等珍奇异物外,基本为沉香、檀香、降香、胡椒、苏木等各类香药。例如洪武五年(1372 年),爪哇国贡使所带贡品主要有胡椒、荜茇、苏木、黄蜡、乌爹泥、金刚子、乌木、番红花、蔷薇露、奇南香、檀香、麻藤香、速香、降香、木香、乳香、龙脑、血竭、肉豆蔻、藤竭、阿魏、芦荟、没药、大枫子、丁皮、番木鳖子、闷虫药、碗石、荜澄茄、乌香、宝石、珍珠、锡、西洋铁、铁枪、折铁刀、苾布、油红布、孔雀、火鸡、鹦鹉、玳瑁、孔雀尾、翠毛、鹤顶、犀角、象牙、龟筒、黄熟香、安息香。洪武六年(1373 年),真腊国进贡方物主要有象、象牙、胡椒、黄蜡、犀角、苏木、黄花木、土降香、宝石、孔雀翎。② 各国之所以将香药作为主要贡品,一是由于香药为本国或邻国土产,获取方便,二是由于香药深受中国统治者欢迎,三是由于明统治者允许贡使携带方物,官设牙行与民贸易,朝贡本身即是贸易的过程,香药贸易能获得高额利润。

相对于笼络四夷、怀柔远人的对外政策,明太祖对内却严令禁止沿海商民出海贸易,③即位不久便屡颁禁令,规定"片板不许入海"。洪武四年

---

① 《明太祖实录》卷 254,洪武三十年八月丙午。

② 参见徐溥等撰,李东阳重修:《明会典》卷 97《礼部·朝贡》。

③ 明朝初年,朱元璋对海外贸易并无特别限制,而且他也认识到海外贸易的重要性。他曾在《命中书西河等处中粮》敕文中提到南海贸易对边境军需的极大作用,"尝闻凡有中国者,利尽南海,以今观之,若放通海道,纳诸番之微贡,从其商市舶之所,官得其入,取合古征,则可比十州之旷税。朕新定华夏,边戍劳民,西蕃之地,中盐所得之供甚薄。迩来三佛齐胡椒已至四十余万,即今在仓椒又有百余万数,可轻定价钱,出榜令好利者往西河及梅川两处中粮,可免腹里之民转运艰辛,若果可行,作急为之"。(引自:陈仁锡:《皇明世法录》卷 12 下《太祖高皇帝圣制》。)洪武四年,明朝开始了前所未有的海禁。

(1371 年)十二月,明太祖下诏,"禁濒海民不得私自出海"①;十四年(1381年)十月,又宣布"禁濒海民私通海外诸国"②;二十三年(1390 年)十月,诏户部"严申交通外番之禁"③;三十年(1397 年)四月,再申海禁,令"人民无得擅出海,与外国互市"④。除禁止沿海民众出海贸易外,明廷还禁止民间使用番香、番货,且不许贩鬻。洪武二十七年(1394 年)正月,"禁民间用番香、番货。先是,上以海外诸夷多诈,绝其往来,唯琉球、真腊、暹罗许入贡。而缘海之人,往往私下诸番,贸易香货,因诱蛮夷为盗。命礼部严禁绝之,敢有私下诸番互市者,必置之重法。凡番香、番货,皆不许贩鬻。其见有者,限以三月销尽。民间祷祀,止用松柏枫桃诸香,违者罪之。其两广所产香木,听土人自用,亦不许越岭货卖。盖虑其杂市番香,故并及之。"⑤建文三年(1401 年)十一月,礼部出台禁约,重申禁止夹带番香贩卖。诏令曰:"沿海军民私自下番,诱引蛮夷为盗,有伤良民。不问官员军民之家,但系番货、番香等物,不许存留贩卖,其见有者,限三个月销尽。三个月外,仍前存留贩卖者,处予重罪。"⑥明廷之所以在不到三十年的时间里三番五次颁布禁海令,显然所颁禁令未能得以有效执行,虽有严刑峻法予以威慑,沿海商民仍犯险通番贸易,尤其是远赴东南亚诸国贩运香药回国。为了从源头上阻止沿海之民出海贩运,明廷于洪武二十七年(1394年)诏令禁止民间使用番香、番货,并不许留存贩卖,就连两广所产香木,也禁止贩运岭北,以避免番香杂入广香流入市场。然而,这一禁令同样未能奏效,民间贩运、使用番香之状况,仍难以禁绝,致使建文三年礼部再次颁布禁约。明廷特意颁布诏令禁止民间贩卖、使用番香,其目的在于通过切断消费源头的方法,阻止商民出海通番贸易,此举虽然收效甚微,却在一定程度上反映了香药在私运番货中所占比例之大,以及香药在民间的

---

① 《明太祖实录》卷 70,洪武四年十二月丙戌。

② 《明太祖实录》卷 139,洪武十四年十月己巳。

③ 《明太祖实录》卷 250,洪武二十三年十月乙酉。

④ 《明太祖实录》卷 252,洪武三十年四月乙酉。

⑤ 《明太祖实录》卷 231,洪武二十七年正月甲寅。

⑥ (清)阮元:(道光)《广东通志》卷 187《前事略七·明一》,清道光二年刻本。

受欢迎程度。

明成祖即位后，在继承明太祖海外贸易政策的基础上，进一步拓展与南海诸国的关系，并重建朝贡体制及南海国际新秩序，使明朝与西洋国家的关系大有改观。① 建文四年（1402 年），明成祖"遣使以即位诏谕安南、暹罗、爪哇、琉球、日本、西洋、苏门答剌、占城诸国"，并对各国朝贡与贸易做出明确指示："太祖高皇帝时，诸番国遣使来朝，一皆遇之以诚。其以土物来市易者，悉听其便。或有不知避忌而误干宪条，皆宽宥之，以怀远人。今四海一家，正当广示无外，诸国有输诚来贡者听。尔其谕之，使明知朕意。"②由此可见，明成祖即位之初即已解除洪武十六年（1383 年）以来对日本和爪哇的绝贡行动，继续推行朝贡贸易政策。同时，他还改善了一些配套措施，使明太祖的理念更有效益地落实下来。③ 永乐元年（1403 年）六月，明成祖"分遣给事中杨春等十二人为正副使，颁诏安南、暹罗诸国，仍赐其王彩币"④，八月，又分遣使者"往赐朝鲜、安南、占城、暹罗、琉球、真腊、爪哇、西洋、苏门答剌诸番国王绒绵、织金、文绮、纱罗有差"⑤，十月，"遣内官尹庆等赍诏往谕满剌、柯枝诸国，赐其国王罗销、金帐幔及伞并金织、文绮、彩绢有差"。⑥ 明成祖大批遣使海外，特别是盛产香药的西洋诸国，以实际行动昭示友好，积极重建与海外国家的政治、经济往来。与此同时，明成祖还重新恢复明初市舶司制度，以示诚意，"海外番国，朝贡之使，附带物货前来交易者，须有官专至之。遂命吏部依洪武初制，于浙江、福建、广东设市舶提举

---

① 洪武十六年（1383 年）以后，因受三佛齐事件的影响，正常入贡的海外国家仅高丽、琉球、安南、暹罗和占城五国。面对这一情况，明太祖不但没有放宽贸易限制，相反却推行朝贡贸易一体化，导致明朝在南海诸国的贸易地位一落千丈。至洪武末年，海外诸蕃的朝贡与贸易几乎停摆，胡椒、苏木等香药供应匮乏。因此，重新建立与南海诸国的联系迫在眉睫。

② 《明太宗实录》卷 12 上，洪武三十五年九月丁亥。

③ 郑永常：《来自海洋的挑战：明代海贸政策演变研究》，台北稻乡出版社 2004 年版，第 58 页。

④ 《明太宗实录》卷 21，永乐元年六月戊午。

⑤ 《明太祖实录》卷 22，永乐元年八月癸丑。

⑥ 《明太祖实录》卷 24，永乐元年十月丁巳。

司。"①明廷的一系列积极行动,收到了良好回应,爪哇、暹罗、苏门答剌诸国纷纷遣使来贡。

永乐三年(1405 年)六月,明成祖"命和及其侪王景弘等通使西洋","将士卒二万七千余人,多赍金币。造大舶,修四十四丈、广十丈八者六十二。自苏州刘家河泛海至福建,复自福建五虎门扬帆。首达占城,以次遍历诸番国,宣天子诏,因给赐其君长,不服则以武慑之。"②至此,中国古代航海史上浩浩荡荡、空前绝后的壮举由此揭开序幕,中国古代海洋发展事业达至巅峰。自永乐三年(1405 年)至宣德八年(1433 年),郑和率领其船队七下西洋,历时二十八年之久,遍及亚非五十余国。③ 关于郑和下西洋的动因及评价,学界众说纷纭,褒贬不一,兹不赘述,但郑和等人七次出使西洋带回大量香药则是不争的事实。黄省曾在《西洋朝贡典录》的序言中写道:"是岁太宗皇帝入缵丕绪,将长驱远驾,通道于乖蛮革夷。乃大赍西洋,贸采琛异。……由是月明之珠,鸦鹘之石,沉南龙速之香,麟狮孔翠之奇,梅脑薇露之珍,珊瑚瑶琨之美,皆充舶而归。"④郑和出使西洋除带回沉南龙速、梅脑薇露等珍贵香品外,其所运载的最大宗货物为胡椒和苏木。自永乐五年(1407 年)九月郑和一行第一次归来后,明廷便开始以胡椒、苏木赏赐军士、折钞支俸,这种现象一直持续到成化七年(1471 年),因京库胡椒、苏木不足才停止,而此时距离郑和下西洋结束已近四十年,足见当时运回胡椒、苏木数量之大。此外,郑和在出使途中,每到一处,皆宣布诏书,向各国君主颁赐印绶、冠带,以此招徕各国派遣使者到明朝朝贡,"自是蛮邦绝域,前代所不宾者,亦皆奉表献琛,接踵中国。或躬率妻孥,梯航数万里,面谒阙庭。殊方

---

① 《明太宗实录》卷 22,永乐元年八月丁巳。

② (清)张廷玉等:《明史》卷 304《宦官一·郑和》,中华书局 1974 年版,第 7766—7767 页。

③ 关于郑和下西洋所经国家和地区,冯承钧、朱偰、方豪、杨国桢等先生皆有考述。详见:冯承钧:《中国南洋交通史》,商务印书馆 1937 年版,第 92—103 页;朱偰:《郑和七下西洋所历地名考》,第四十二卷第十二号,1946 年;方豪:《中西交通史》,上海人民出版社 2008 年版,第 426—444 页;杨国桢、陈支平:《明史新编》,人民出版社 1993 年版,第 72—74 页。

④ 黄省曾著,谢方校注:《西洋朝贡典录校注》,中华书局 2000 年版,自序。

珍异之宝,麒麟、狮、犀、天马、神鹿、白象、火鸡诸奇畜,咸充廷实。天子顾而乐之,益泛海通使不绝"。① 此段文字在记述各国进献贡品中虽未提到香药,但并不表明香药不包含在其中,正德《大明会典》卷97《朝贡·礼部》及万历《大明会典》卷105《礼部·东南夷上》、卷105《礼部·东南夷下》详细记录了各国携带的贡品种类,其中香药比重最大。

明成祖虽以"宣德化,柔远人"的宽大、开放政策对待海外各国,但在对民间海外贸易的控制上,丝毫没有放松,即位之初便颁布诏书,重申通番禁令,"沿海军民人等,近年以来,往往私自交通外国,今后不许,所司一遵洪武事例禁治。"②永乐二年(1404年)正月,"下令禁民间海船,原有海船悉改为平头船,所在有司防其出入。"③以釜底抽薪之法,从源头上切断沿海商民与海外国家的联系。至此,永乐一朝未再颁布禁海法令,但这并非说明海禁政策就此放宽,相反正是禁海令得以有效实施的体现。

明仁宗继位以后,一改永乐年间积极招徕的态度,对海外诸国的贡期开始限制,并逐渐减少赏赐,降低招待规格,明宣宗甚至明确提出"来者不拒,去者不追"的政策,其保守色彩大为加重。自此以后,朝贡贸易逐渐衰落,出现"诸番国远者尤未朝贡"④的局面,而郑和下西洋也在此后的三年,即宣德八年(1433年)戛然而止。至明中叶以后,朝贡制度虽继续存在,但基本形同虚设。据《明孝宗实录》记载,"自弘治元年(1488年)以来,番舶自广州入贡者,惟占城、暹罗各一次"。⑤ 与此同时,海禁政策虽继续执行,沿海各港往来的私人船舶却络绎不绝。

宣德以后,明王朝对海外交往的态度不仅日趋保守,致使官方朝贡贸易日益衰落,而且对私人出海贸易的限制并未放松,并屡次重申禁令。正统十四年(1449年)六月,刑部重申禁止"濒海居民私通外夷,贸易番货,漏泄事

---

① 佚名:《明史稿·郑和传》,南京图书馆藏。转引自万明:《中国融入世界的步履——明与清前期海外政策比较研究》,社会科学文献出版社2000年版,第135页。

② 《明太宗实录》卷10上,洪武三十五年七月壬午。

③ 《明太宗实录》卷27,永乐二年正月辛酉。

④ (清)张廷玉等:《明史》卷304《宦官一·郑和》,中华书局1974年版,第7768页。

⑤ 《明孝宗实录》卷73,弘治六年三月丁丑。

情,及引海贼劫掠边地者,正犯极刑,家人戍边,知情故纵者罪同"①;弘治七年(1494年)九月,"准旧例私通番货之禁"②;弘治十三年(1498年),明廷再次颁布禁海法令,明确规定:"官民人等擅造二桅以上违式大船,将带违禁货物下海入番买卖、潜通海贼、同谋结聚及为向导劫掠良民者,正犯处以极刑,全家发边远充军;若止将大船雇与下海之人,分取番货,及虽不曾造有大船,而纠通下海之人,接买番货,或探听番货到来,私买贩卖,若苏木胡椒至一千斤以上者,俱问发边卫充军,番货入官;若小民撑使小船于海边近处捕取鱼虾,采打柴木者,巡捕官兵不许扰害。"③

然而,明王朝颁布的一系列禁海令,并未收到太大效果,相反民间海外贸易大有愈禁愈盛之势,以至于出现"片板不许下海,艨艟巨舰反蔽江而来;存货不许入番,子女玉帛恒满载而归"④的现象。为此,明王朝于嘉靖四年(1525年)再次扩大海禁范围,"严督兵备、备倭等官,将沿海军民私造双桅大船尽行拆卸,如有仍前撑驾者即便擒拿,检有松杉板木枝圆藤蔑等物,计其贯数,并硫黄五十斤以上,俱比照收买,贩卖苏木、胡椒至一千斤以上,不分首从,并将接买牙行及寄顿之人,俱问发边卫充军,船货入官。其把守之人,并该管里老、官旗通同故纵,及知情不举者,亦比照军民人等私出外境钓豹、捕鹿等项,故纵隐蔽例,俱发烟瘴地面"。⑤ 明王朝的这次禁令可谓史无前例,所造大船悉被拆毁,即使连造船所用木材也一并收买入官,同时对贩卖胡椒、苏木过量者及相关人员予以严惩。这一法令的颁布,不仅显示了明廷禁海决心之大,同时也反映了当时私人海外贸易的潜滋暗长,尤其是胡椒、苏木输入的泛滥。

民间私人海外贸易之所以屡禁不止,一是由于巨额利润的诱惑。沿海商民出海贩运,虽冒着遭受海洋风涛及官方搜捕的双重风险,但高额的利润

① 《明英宗实录》卷179,正统十四年六月壬申。
② 《明孝宗实录》卷92,弘治七年九月己亥。
③ 申时行:《大明会典》卷132《兵部十五·各镇通例》。
④ 谢杰:《虔台倭纂》卷上《倭原二》,载郑振铎辑《玄览堂丛书》(第六册),广陵书社2010年版,第7页。
⑤ 申时行:《大明会典》卷132《兵部十五·各镇通例》。

仍然吸引着诸多海商违禁私出。例如，100 斤的胡椒在苏门答剌值银 1 两，运到明朝给价 20 两，①差价高达 20 倍。二是由于海禁政策本身的不合理。海洋历来是沿海人民生存的根基，明王朝实行海禁，无疑阻断了他们的生存之路，与其坐以待毙，他们宁愿选择违禁出海。三是由于地方官府在执行上的变通。长期以来，明王朝推行的朝贡贸易政策对地方来说无疑是一种负担，接待外国贡使、修理贡船等维持朝贡的巨额费用往往使地方无力承担，朝贡贸易越繁盛成本就越高。"与此形成鲜明对照的是，被官方视为非法的商舶贸易，通过抽分则可以为官府提供滚滚财源，贸易越红火，官府获得的利益可能就越大。商舶贸易对地方当局的吸引力，远远大于朝贡贸易。因此，官方对商舶贸易往往睁一眼闭一眼，从而给商舶贸易的发展留下相当的发展空间。"②

自明初海禁政策推行以来，开海的呼声一直存在，尤其是嘉靖二十八年（1549 年）走马溪事件之后，闽、粤、浙三省纷纷上奏请宽海禁，开海呼声一浪高过一浪。隆庆元年（1567 年），明廷同意福建巡抚涂泽民开海之请，漳、泉之民"准贩东西二洋"③，隆庆六年（1572 年），漳州府开始对出入月港的商船征税，并制定"商税则例"④，规定进口商品的税额，其中征税商品中香药占据大半，主要包括胡椒、苏木、檀香、沉香、丁香、奇南香、片脑、没药等，⑤万历十七年（1589 年）、四十三年（1615 年）制定的货物陆饷抽税则例

① 马欢著，冯承钧校注：《瀛涯胜览校注》，中华书局 1955 年版，第 27 页。

② 李庆新：《明代海外贸易制度》，社会科学文献出版社 2007 年版，第 164 页。

③ 张燮著，谢方点校：《东西洋考》卷 7《饷税考》，中华书局 2000 年版，第 131 页。

④ （明）罗青霄：《漳州府志》卷 5《赋役志》，厦门大学出版社 2010 年版，第 190 页。《商税则例》具体条文如下：隆庆六年，本府知府罗青霄建议，方今百姓困苦，一应钱粮，取办里甲，欲复税课司，官设立巡栏，抽取商民船只货物及海船装载番货，一体抽盘；呈详抚按，行分守道，参政阴覆议，官与巡栏俱不必设。但于南门桥柳营江设立公馆，轮委府佐一员督率盘抽，仍委柳营江巡检及府卫首领县佐更立哨船，听海防同知督委海澄县官兵，抽盘海船装载胡椒、苏木、象牙等货；及商人买货回桥，俱照赣州桥税事例，酌量抽取，其民间日用盐米鱼菜之类不必既抽。候一、二年税课有余，奏请定夺。转呈详允，定立税银则例，刊刻告示，各处张贴，一体遵照施行。

⑤ （明）罗青霄：《漳州府志》卷 5《赋役志》，厦门大学出版社 2010 年版，第 190—191 页。

中,香药同样占有极大比重。① 自隆庆开海以后,香药始终作为主要征税对象的事实,无疑说明了香药在私人海外贸易中的重要地位及在晚明的良好市场。

经历了郑和下西洋时期中华海洋文明的巅峰之后,明朝官方势力逐渐从海洋退缩,继续厉行海禁政策,直到隆庆年间才开放月港,将其作为民间海外贸易的唯一合法孔道。与此同时,西欧国家正值航海热潮,积极向海外拓展。关于西欧殖民者东来的原因,有人曾不无讽刺地说:"如果寻找基督徒与香料是欧洲人来到亚洲的动机,那么香料却是使他们留在亚洲的原因。"②1511 年(正德六年),葡萄牙占领当时东南亚的贸易中心满剌加,此后便开始积极搜集有关中国的情报,企图早日打开中国大门。1514 年(正德九年),若尔热·阿尔瓦雷斯作为历史记载的首位葡萄牙人登陆广州屯门。据最早提及此次访问的意大利人安德雷·科萨里在 1515 年(正德十年)1 月 6 日写给朱利安奥·德·梅迪奇公爵的信中写道:"中国商人也越过大海湾航行至马六甲,以获取香料……将香料运到中国去,所获得的利润与载往葡萄牙所获的利润同样多,因为中国是一个处于寒带的国家,人们大量使用香料。从马六甲前往中国的航程是向北航行五百里格。"③科萨里信中所写中国是一个寒带国家的描述虽不准确(或许是因为中国的冬天比马六甲冷得多,科萨里才会如此描述),但却透露了三条极其重要的信息。一是中国此时虽处于禁海时期,仍有不少商船远赴马六甲交易;二是中国商人到马六甲贸易的主要目的之一是获取香药;三是向中国贩运香药能获取巨额利润。科萨里带回的这一信息,进一步激发了积极追求财富的葡萄牙人远赴中国贸易的决心。1517 年(正德十二年)8 月 15 日,费尔南·佩雷斯·德·安德拉德率领一支由八艘商船组成的舰队,满载胡椒等物,抵达广东屯门,试图建立与中国的商贸关系。此行虽然并不顺利,中葡未能达成任

---

① 张燮著,谢方点校:《东西洋考》卷 7《饷税考》,中华书局 2000 年版,第 141—146 页。

② Philip Curtin, *Cross-cultural Trade in World History*, London, 1984, p.139.

③ 张天泽:《中葡早期通商史》,姚楠、钱江译,中华书局香港分局 1988 年版,第 39 页。

何商业协议,但至少实现了中葡直接通商,为此后扩大贸易提供了机会。此后,开始陆续有葡萄牙商船满载胡椒、苏木等香药在闽浙沿海从事非法走私贸易,且得到了"中国各阶层渴望与他们交易的人极大的同情和支持"①。葡萄牙商人虽在嘉靖二十七年至二十八年(1548—1549)在闽浙沿海接连受到朱纨的沉重打击,但很快又在广州外海的上川岛、浪白澳一带寻找到新的据点,经过多方运筹与交涉,1557 年(嘉靖三十六年)葡萄牙人正式赁居澳门,此后澳门的经济地位迅速提高,成为中外贸易的重要中转站。

西班牙人紧随葡萄牙人的脚步来到中国沿海,希望建立商业据点,打开中国市场,但其寻求商业特权的要求屡遭失败,加之葡萄牙人与荷兰人的从中阻挠和对抗,最终无功而返。荷兰人来到东方的时间较葡、西两国稍晚,1598 年(万历二十六年),22 艘荷兰商船绕过好望角抵达东南亚,并开始进行亚洲区间贸易筹划,至此东亚海域贸易又多了一位积极参与者和有力竞争者,亚洲的香药贸易格局开始面临前所未有的挑战。

1601 年(万历二十九年),荷兰商船抵达澳门,请求通商中国,并屡屡申明"不敢为寇,欲通贡而已"②,但并未取得实质性的进展。相对于在中国所遇的挫折,荷兰人在东南亚的扩张似乎顺利很多。1602 年荷兰东印度公司成立,1603 年万丹商站建立,1605 年成功控制香料群岛,1610 年开始以安汶作为荷兰东印度公司的总部,1619 年占领雅加达,并将其改名为巴达维亚,由此开启其一步步垄断东南亚香药贸易的进程。自首次通商中国失败后,荷兰船只仍继续前来中国沿海寻求贸易机会,并企图占领澎湖作为贸易基地,但经过数轮小规模战争和谈判后,荷兰人于 1624 年(天启四年)8 月 26 日撤出澎湖,退往台湾。荷兰人迁往台湾后,快速在此增兵建港筑城,始终没有放弃与中国进行贸易的愿望。经过一系列冲突之后,1628 年(崇祯元年)10 月 1 日,荷兰人与郑芝龙签订三年贸易协定,自此荷兰人与福建沿海的实质性贸易逐步展开,直到 1662 年被郑成功逐出台湾为止。这一时

① [英]C.R.博舍克编注:《十六世纪中国南部行纪》,何高济译,中华书局 1990版,导言,第 5 页。
② 张燮著,谢方点校:《东西洋考》卷 6《外纪考》,中华书局 2000 年版,第 127 页。

期,中国海商跨越台湾海峡,从据守大员的荷兰人手中购得了胡椒、苏木、豆蔻、檀香等大量香药。

伴随着西欧殖民者的东来,中国海商在东亚海域的贸易优势始终长期保持,每年季风到来之际,往来于亚洲各港口的中国商船络绎不绝,明末的郑氏海商集团更是盛极一时,直到18世纪末,欧洲人在东亚海域的贸易仍居于次要地位。英国史学家霍尔曾说:"无论在哪里,只要竞争公平,亚洲人——阿拉伯人、波斯人、印度人和中国人——总可以维持他们的地位。只有在能够诉诸武力的地方,例如香料群岛,荷兰人才能胜过亚洲商人;但是,甚至在这种情况下,荷兰人也无法把亚洲商人从这个范围赶走,而只得与他们达成妥协办法。"[1]华商之所能长期掌控东亚海域的贸易优势,张彬村先生将其总结为以下四点原因:欧亚两洲不平衡的市场需求、中国市场的封闭性、华人在东亚水域的散居网,以及大规模经营的不经济。不平衡的市场需求决定欧洲必须倚赖亚洲和中国的生产;中国市场的封闭性使中国海商长期享受这个市场的独占利润;华人的散居网为中国海商制造了外部经济;欧洲人大规模的经营因受制于当时的商业结构而不能发挥效率。[2] 进入19世纪后,亚洲海域贸易格局骤变,中国海商在东亚海域的上述贸易优势从此不复存在。

清朝建立后,沿袭了明代朝贡贸易和海禁相结合的政策。顺治年间,统治者曾屡颁敕谕,宣布建立与周边国家的朝贡关系,由于清初社会动荡,周边国家大多采取一段时间的观望态度后,才陆续来华修贡。在民间海外贸易方面,清廷对私人海外贸易的控制虽有所放松,但海禁政策仍在执行。顺治四年(1647年)七月,清朝"以广东近海,凡系漂洋私船,照旧严禁"[3],顺治十年(1653年)三月的《户部题本》记载:"自我朝鼎革以来,沿海一带,俱

---

① [英]D.G.E.霍尔(D.G.E.Hall):《东南亚史》(上册),中山大学东南亚历史研究所译,商务印书馆1982年版,第387页。

② 张彬村:《十六至十八世纪华人在东亚水域的贸易优势》,载张炎宪主编:《中国海洋发展史论文集》第三辑,台北"中央研究院"中山人文社会科学研究所2002年版,第364页。

③ 《清世宗实录》卷33,顺治四年七月甲子。

有严禁,一板不得下海开洋。"①随着东南沿海抗清力量的不断增长,清政府感到统治受到的威胁愈来愈大,为断绝郑成功等反清势力与大陆的联系,清廷决定严申海禁,于顺治十二年(1655年)正式出台禁海政策,明确规定:"海船除给有执照,许令出洋外,若官民人等擅造两桅以上大船,将违禁货物出洋贩往番国,并潜通海贼,同谋结聚,及为向导,劫掠良民;或造成大船卖与番国,或将大船赁与出洋之人,分取番人货物者,皆交刑部分别治罪。至单桅小船,准民人领给执照,于沿海附近处捕鱼取薪,管汛官兵不许扰累。"②同年又宣布,"今后凡有商民船只私自下海,将粮食、货物等项与逆贼贸易者,不论官民,俱奏闻处斩,货物入官,本犯家产尽给告发之人"③,以阻断沿海人民与抗清力量的联系。顺治十三年(1656年)六月十六日,清廷敕谕浙江、福建、广东、江南、山东、天津各地督抚,颁布更为全面的禁海令,④试图以加强陆地防守和全面封锁沿海地区的方法,以此打击削弱抗清力量。在颁布禁海令的同时,清廷还于顺治十八年(1661年)、康熙十一年(1672年)、康熙十七年(1678年)三次发布迁海令,明末清初蓬勃发展的民间海外贸易受到巨大打击,几近陷入停顿。

康熙二十三年(1684年),清廷在统一台湾后,对开海贸易之利有了比较清醒的认识,决定实行开海政策。为了便于管理海事,分别于闽、粤、浙、

---

① 《明清史料》乙编(第二本),台北"中央研究院"历史语言研究所1999年版,第142页。

② 《钦定大清会典事例》卷629《兵部·兵律·关津》,清光绪石印本。

③ 《钦定大清会典事例》卷76《刑部·兵律·关津》,清光绪石印本

④ 禁海令的具体内容如下:皇帝敕谕浙江、福建、广东、江南、山东、天津各督抚,海逆郑成功等窜伏海隅,至今尚未剿灭,必有奸人暗通线索,贪图厚利,贸易往来,资以粮物。若不立法严禁,海氛何由廓清?自今以后,严禁商民船只私自出海,有将一切粮食货物等项与逆贼贸易者,或地方官察出,或被人告发,即将贸易之人,不论官民,俱行奏闻正法,货物入官,本犯家产尽给告发之人,其该管地方文武各官不行盘诘擒缉,俱革职,从重治罪。地方保甲通同容隐不行举首,皆论死。凡沿海地方,大小贼船可容湾泊登岸口子,各该督抚镇俱严饬防守各官,相度形势,设法拦阻,或筑土坝,或树木栅,处处严防,如仍前防守怠玩,致有疏虞,其专汛各官即以军法从事,该督抚镇一并议罪。引自《清世宗实录》卷102,顺治十三年六月癸巳。

江设立四海关,负责"海上出入船载货贸易征税"①之事,允许各国洋船前来贸易,沿海商民出海贸易则归地方官府和防守海口官员负责。在《粤海关志》卷9《则例二》规定的商品税额中,香药虽仍被列入其中,但已不再像明代那样占据进口税额的一半以上,仅与纸札、颜料、珍玩一起被归入杂货类。值得一提的是,曾经作为药材进口的鸦片,至清代其主要用途开始发生质的改变,被越来越多的人作为毒品吸食。清廷早在雍正七年(1729 年)就开始禁止鸦片,乾隆、嘉庆朝亦都曾重申禁令,到了道光朝虽全力禁烟,但已无法阻挡鸦片走私贸易泛滥之势。

在与海外各国的关系上,清朝秉承前朝,重建与海外各国的朝贡体制,所不同的是,葡萄牙、英国等西方国家也开始作为非正式朝贡国被清廷列入朝贡范畴。暹罗、安南等传统的朝贡国进献的贡品仍以本国出产的香药为主,而西方国家的贡品则主要为鼻烟壶、玻璃灯、地球仪、大小火枪等西洋物品。② 西方国家之所以愿意加入朝贡国行列,主要是希望通过此途径获得清廷给予的贸易方便与特权,以此打开自由通商中国的大门。

从海外贸易政策上看,除清前期的海禁政策比较严格外,有清一代的其余大部分时间则较为开放。康熙二十三年(1684 年)开海后,中国商船前往东南亚贸易多从厦门出海,贸易范围遍及"噶喇吧、三宝垅、实力、马辰、赤仔、暹罗、柔佛、六坤、宋居胜、丁家卢、宿雾、苏禄、柬埔、安南、吕宋诸国"③,东南亚地区的商船也纷纷前往厦门贸易,例如乾隆四十六年至四十八年(1781—1783),连续有吕宋商人运载苏木、燕窝、槟榔、乌木等物赴厦门贸易。④ 除东南亚地区外,西欧各国也积极参与到与中国的贸易之中,其输入中国的商品主要有"香料、药材、鱼翅、紫檀、黑铅、棉花、沙藤、檀香、苏合香、乳香、没药、西谷米、丁香、降香、胡椒、藤子、白藤、黄蜡、哔叽缎、哆啰呢、羽毛布、自鸣钟、小玻璃器皿、玻璃镜、哆啰绒哔叽、银元、珊瑚、玛瑙、洋参等

---

① 《清圣祖实录》卷 116,康熙二十三年九月丁丑。
② 参见《钦定大清会典事例》卷 503《礼部·朝贡·贡物》。
③ (清)周凯:《(道光)厦门志》卷 5《船政·洋船》,清道光十九年刊本。
④ (清)周凯:《(道光)厦门志》卷 5《船政·番船》,清道光十九年刊本。

数十种"，①出产于东南亚的香药占据较大比重。

　　明清时期的海外贸易政策，与宋元相比虽显得更为保守和内收，但香药贸易的数量却远远超出宋元时期。首先，从官方贸易来看，朝贡的次数和规模大大增加，且其携带的贡品多以香药为主，此外，长达28年的郑和下西洋之旅亦带回大量香药；其次，从民间贸易来看，明清统治者虽对私人海外贸易多加限制，禁海法令频出，但私人海外贸易的发展并未就此停滞，相反在政策夹缝中生存的民间海商却一步步成长起来，其势力纵横东亚海域，运载香药的中国商船络绎不绝，即使面对西方殖民者的竞争，也能够长期保持贸易优势。其三，受到利润驱使的葡萄牙、荷兰等西方国家也开始加入到贩运东南亚香药赴中国贸易的行列。此外，明清时期香药贸易的种类与宋元相比亦发生了较大变化，胡椒、苏木、豆蔻等日用型香药取代沉香、乳香、檀香等芳香型香药成为输入的重点。多渠道的大量输入，加之日用型香药输入数量的急剧增加，使香药在明中叶以后开始真正进入寻常百姓之家，并逐步完成其从奢侈品到日用品的身份转变，并在悄无声息中彰显了海洋对陆地的辐射与影响。

---

① 黄启臣：《清代前期海外贸易的发展》，《历史研究》1986年第4期。

第三章　香药的时空调度

自 15 世纪开始,在海洋为纽带的联结下,全球市场逐渐形成,世界各国的物质文化交流逐步加强。作为东方帝国的明清王朝在怀柔远夷、俯瞰四国、广赠器物、广播文化的同时,亦在万邦来朝的氛围中通过多元途径进口了大量域外香药。香药跨越时空进入中国的航程,不仅详细记录了东亚海域贸易网络的构建与扩充,而且生动呈现了中国、东南亚、西欧彼此间政治、经济、文化的交流与互动。

第一节　香药的贸易航线

明清时期,大批香药乘风破浪、跨越万里航程源源不断地输入中国,完成其从出产地到异域的时空调度。在以帆船为主要运输工具的时代,贸易商所选择的航道主要受到以下三个因素的影响。第一是航行条件,诸如季风、海洋地形(沙洲、礁石之类),以及洋流(如黑潮);第二是靠泊港的位置,一个港口会被航海贸易家选定前往停靠,那是因为该港口可提供集中商品、分销商品的服务,或者是可以避风以便等待季风的转换,或是该地可提供新鲜饮水乃至于新鲜食物的补给;第三是在地政权的态度。① 关于香药商们

---

① 陈国栋:《东亚海域一千年:历史上的海洋中国与对外贸易》,山东画报出版社2006 年版,第 4 页。

使用的贸易航线及需要注意事项，时人留下的针路及海图中有丰富记载，且明清两代有所不同。

一、明代的贸易航线

明前期，由于统治者厉行海禁政策，严格限制私人海外贸易，官方的朝贡贸易及郑和下西洋成为香药输入的主要途径。各朝贡国因所处地域不同，所选择的航路各不相同，鉴于史料及篇幅所限，我们无法一一描述其具体航线。关于郑和下西洋所经航路，明人茅元仪编辑的《武备志》卷240中附有"郑和航海图"，共24页，向达先生对其进行重新整理刊印，并对所涉地名逐一考证，且使用现代制图法绘制出一幅郑和航海地图，简明扼要地展示了郑和宝船的航行路线及所到国家和地区，①兹不赘述。

民间海外贸易方面，有明一代，统治者虽严格限制私人海外贸易，但沿海民众仍然能够冲破重重阻碍，远赴海外各国从事贸易。因其所从事的贸易多为走私性质，沿海商民往往从走马溪、古雷、大担、旧浯屿、海门、浯州、金门、崇武、湄洲、旧南日、海潭、慈澳、官塘、白犬、北茭、三沙、吕磕、苍山、官澳、五澳、梅岭、安海等这些不被官府注意的小港出海，但出海后的具体航线因史料缺乏，难以探明。隆庆开海以后，漳、泉商民"准贩东西二洋"，私人海外贸易开始合法化，以闽南商人为代表的中国海商频繁活跃在东亚海域，记录其航程的史料也日渐增多。兹选取张燮所撰《东西洋考》卷9《舟师考》、漳州火长使用的《顺风相送》、藏于英国牛津大学鲍德林图书馆的《明代东西洋航海图》三种保存完整，且较具代表性的航路资料进行逐一分析。

张燮所撰《东西洋考》刊行于万历四十五年（1617年），卷9《舟师考》详细记载了晚明从漳州月港出发的商船远赴东西洋的具体航线：

> 内港水程：海澄港口（旧名月港）——圭屿（屹立海中，为漳之镇）
> ——中左所（一名厦门，二更船至担门，东西洋出担门分路矣。）

---

① 参见向达校注：《郑和航海图》，中华书局2000年版。

西洋针路：镇海卫太武山——→大小柑橘屿——→南澳坪山（南澳是漳潮接连处）——→大星尖（属广州东莞县，其内为大鹏所）——→东姜山——→弓鞋山——→南亭门——→乌猪山——→七州山七州洋——→黎母山（在琼州定安县南四百里）——→海宝山——→交阯东京

又从七州洋——→铜鼓山——→独珠山——→交阯洋——→广南

又从交阯洋——→清华港

又从交阯洋——→顺化港

又从交阯洋——→外罗山——→提夷马陵桥——→新州港（国朝为新安府）——→新州交杯屿——→羊屿——→烟筒山——→灵山——→伽南貌山——→占城国——→占城国罗湾头——→赤坎山——→鹤顶山（洋中有玳瑁洲）——→柯任山——→毛蟹州——→柬埔寨

又从赤坎山——→昆仑山——→小昆仑——→真屿——→大横山——→小横山——→笔架山——→黎头山——→圭头浅——→竹屿——→暹罗

又从昆仑山——→吉兰丹（即大泥港口）——→大泥国

又从昆仑山——→六坤（暹罗属国也，其地与大泥相连）

又从昆仑山——→斗屿——→彭亨国——→地盘山——→东西竺——→柔佛国——→罗汉屿——→龙牙门——→吉里问山——→昆宋屿——→箭屿——→五屿——→麻六甲

又从东西竺——→长腰屿——→独石门——→铁钉屿——→鳄鱼屿——→丁机宜（爪哇属国）

又从长腰屿——→龙雅山——→馒头屿——→詹卑（三佛齐人称其国王为詹卑，其国即为爪哇所破，故王徙居于此，因以名地。）——→七屿——→彭家山——→旧港（即三佛齐故都也）

又从彭家山——→进峡门——→三麦屿——→都麻横港口——→览邦港口——→锡兰山港口——→下港（即古阇婆，在南海中者也。亦名社婆，至元始称爪哇，今下港正彼国一巨镇耳，舶人亦名顺塔，再进入为咖留吧。）

又从满剌加国五屿（分路入苏门答剌）——→绵花屿——→鸡骨屿——→双屿——→单屿——→亚路——→巴禄头——→急水湾——→亚齐国

又从玳瑁洲——→东西董——→失力大山——→马鞍屿——→塔林屿
——→吉宁马哪山——→勿里洞山——→吉里问大山——→保老岸山——→椒
山——→思吉港饶洞（即苏吉丹国，政与爪哇王国相近，而吉力石为
之主。）

又从保老山——→吉力石港——→双银塔——→磨里山——→郎木山——→
重迦罗（舶人讹呼"高螺"）——→火山——→大急水——→髻屿——→大小云
螺——→苏律山——→池闷（即吉里地问，是诸国最远处也。）

又从吉宁马礁——→吧哩马阁——→三密港——→龟屿——→单戎世力山
——→美哑柔港口——→文郎马神国

东洋针路：太武山——→澎湖屿——→虎头山——→沙马头澳——→笔架
山——→大港——→哪哦山——→密雁港（南是淡水港）

又从密雁港——→六藐山——→郎梅屿——→麻里荖屿（用丁午，五更，
取苏安山及玳瑁港。）——→玳瑁港——→表山——→里银中邦——→头巾礁
——→吕宋国——→猫里务国

又从吕宋（取猪未山，入磨荖央港。）

又从吕宋（过文武楼，沿山至龙隐大山，为以宁港。）——→以宁港
（山尾十更，西边取里摆翰至高药港。）

又从以宁港——→汉泽山——→海山（用单巳针，五更，取呐哗哗，其
内为沙瑶。）

又从汉泽山（用丙午针，二十更，取交溢，一名班溢。）——→交溢
——→魍根礁老港——→绍山——→千子智港——→绍武淡水港（此处大山凡
四，进入即美洛居，舶人称米六合。）

又从交溢——→犀角屿——→苏禄国

又从吕蓬——→芒烟山——→磨叶洋——→小烟山——→七峰山——→巴荖
圆——→罗卜山——→圣山——→昆仑山——→长腰屿——→鲤鱼塘——→文莱国
——→东番①

----

① 张燮著，谢方点校：《东西洋考》卷9《舟师考》，中华书局2000年版，第171—
185页。

从上述资料可见,从海澄出发的商船所到之地主要包括东京(今越南河内)、广南、占城、顺化、柬埔寨、暹罗、吉兰丹、大泥、彭亨、柔佛、麻六甲、丁机宜、占碑、旧港、下港、亚齐、苏吉丹、吉里地问、文郎马神、澎湖、密雁港、吕宋、猫里务、以宁港、海山、苏禄、文莱等,其中西洋针路所到国家和地区基本为香药产地,远赴这些地区和国家贸易的商船在回程时自会购买大量香药,所以说《东西洋考》卷7《舟师考》中所记"西洋针路"一定程度上体现了晚明从事香药贩运的海商们的大致航行路线。但因《东西洋考》为张燮应海澄县令陶镕和漳州府督饷别驾王起宗之请所写,其本人又出生于地方名士之家,且曾中过举人,故整书是站在官方立场而撰,文中所记录的"东西洋是明朝官方开海限定与许可贸易的范围",只能部分地反映"当时明朝人海洋意识中的东西洋概念","东西洋范围的认定与东西洋针路,都只是明朝官方开海限定与许可贸易的范围,并非晚明人海洋意识中对东西洋的整体认识。"①长期以来在海禁政策夹缝中成长起来的民间海商们,即使海禁政策解除,他们也未必能够完全遵循官方规定的贸易航线,所以说《东西洋考》中所记航线与海商出海所走实际航路又并非完全一致。

《顺风相送》约成书于16世纪晚期,其真正作者虽已无法考证,但可基本确定为明代漳州普通航海者所作,②且内容都是由那些长年出入于惊涛骇浪的火长们在实践中积累的经验汇聚而成,因此书中记载的各类针路最能体现海商们真正的航行路线。其中从国内出发的针路主要包括:自

---

①　万明:《晚明海洋意识的重构——"东矿西珍"与白银货币化研究》,《中国高校社会科学》2013年第4期。

②　《顺风相送》原藏于英国牛津大学鲍德林图书馆,向达先生于1935年同《指南正法》一起抄录回国,并将二者一同命名为《两种海道针经》,于1961年由中华书局首次刊印。由于原本未记录作者及成书年代,故长期以来中外学术界对相关问题均持各种不同意见。陈佳荣先生在《〈顺风相送〉作者及完成年代新考》一文中对前代主要看法进行了汇总,兹不赘述,同时提出了自己的见解。作者认为,《顺风相送》全书应完成于1593年左右,为明代漳州人所作。(参见陈佳荣:《〈顺风相送〉作者及完成年代新考》,载林立群主编《跨越海洋——"海上丝绸之路与世界文明进程"国际学术论坛文选(2011·中国·宁波)》,浙江大学出版社2012年版,第343—358页。)此后,《国家航海》第三辑又刊出张荣、刘文杰所撰《〈顺风相送〉校勘及编成年代小考》一文,作者认为该书的编成时间应在隆庆至万历初的16世纪中叶,为火长而作。

福建月港门户浯屿、太武出发的往西洋针路有 7 条,即浯屿——柬埔寨;
浯屿——大泥(今马来西亚 Patani)、吉兰丹(今马来西亚 Kota Baru);太
武——彭坊(今马来西亚彭亨州北 Peken);浯屿——杜板(今印度尼西亚
东爪哇厨闽 Tuban);浯屿——杜蛮(即杜板)、饶潼(地与杜板相连);太
武、浯屿——诸葛担篮(今印度尼西亚加里曼丹岛苏加丹那 Soekedana);
太武、浯屿——苧维。东洋针路 3 条:太武——吕宋(今菲律宾马尼拉);
浯屿——麻里吕(今菲律宾马尼拉北部的 Marilao);太武——琉球(今日
本冲绳县那霸)。另有自福州五虎门出发经太武、浯屿往西洋针路 2 条,
即五虎门——太武山、浯屿——交趾鸡唱门(今越南海防市南海口);五虎
门——太武山——暹罗港(今泰国曼谷港)。① 从广东南亭门(今广东东
莞县)出发的西洋针路 1 条,即南亭门——昆仑山——吉里闷山——磨六
甲(即马六甲)。② 上述航线所经之地,基本覆盖了东南亚地区的主要贸
易港及香料产地,远赴这些地区贸易的海商们在购买回程货物时,自然首
选利润率极高且购买方便的香药。我们甚至可以反向推测,购买香药的
方便与否是他们选择航线的要素之一。同时,需要注意的是,海商们从
国内出发的港口不仅仅是官方规定的漳州月港,还包括广东的南亭门
等地,一定程度上说明了晚明时期海商们并未严格遵循官方的规制出
海贸易,在航线的选择上亦非完全按照官方的规定而行。此外,该书还
使用大量篇幅记载了东西洋各国海港间的往回针路,如从苧盘至旧港、
顺塔、丁机宜、文莱,赤坎至柬埔寨、旧港、顺塔,柬埔寨至大泥、暹罗、马
军,暹罗至大泥、彭亨、马六甲,万丹至池汶、神马,马六甲至暹罗、亚齐间
的往回针路,且这些地区多为当时重要的香药贸易港,这也在很大程度上
说明了晚明时期有不少华商开始往来于东西洋各国间从事香药的贩运与
贸易。

---

① 参见杨国桢:《十六世纪东南中国与东亚贸易网络》,《江海学刊》2002 年第
4 期。
② 《顺风相送》,载向达校注《两种海道针经》,中华书局 2000 年版,第 55—56
页。

《明代东西洋航海图》①现存于英国牛津大学鲍德林图书馆,原由英国律师约翰·塞尔登收藏,因此在国外又称作《塞尔登地图》(The Selden Map of China)②,据考证该图约绘制于晚明,出自闽南海商之手。从绘制区域看,该图北起西伯利亚,南至今印度尼西亚爪哇岛和马鲁古群岛,东达北部的日本列岛和南部的菲律宾群岛,西抵缅甸和南印度。从绘制手法看,该图一改中国古代的制图传统,在绘制时"有意识地将中国明朝疆域的华北、华中部分变形、压缩,而将整幅地图描绘的重点放在了华南,以及海外的日本列岛、琉球群岛、台湾、菲律宾群岛、印支半岛、马来半岛、印尼群岛、南亚次大陆等福建商船贸易活动的海域",并"以黑线准确地画出从福建沿海延伸而出的东、西洋航路","地图的中心及描绘细节被置于华南沿海、东亚及东南亚诸贸易港埠和岛屿",③从而形成一幅自福建漳泉出发至东西洋各国的贸易网络图。

该图共绘制有中国帆船经常航行的 18 条东西洋航路,具体包括:东洋航路 6 条,即漳泉往琉球航路、漳泉往长崎航路、漳泉往吕宋航路、潮州往吕宋航路、吕宋往苏禄航路、吕宋往文莱航路;西洋航路 12 条,即漳泉经占城、柬埔寨往咬留吧航路,漳泉经占城、柬埔寨往满喇咖航路,漳泉经占城、柬埔寨往暹罗航路,漳泉经占城、柬埔寨往大泥、吉兰丹航路,漳泉经占城、柬埔

---

① 关于该图的名称及绘制年代,目前学界并未形成共识,钱江认为,应命名为《明代东西洋航海图》,其绘制年代应该在 16 世纪末至 17 世纪初之间;陈佳荣则将其命名为《明末疆里及漳泉航海交通图》,并认为其编绘年代约在 1624 年;郭育生、刘义杰将其简单称作《东西洋航海图》,同时指出该图的制作不会早于明嘉靖末的 1566 年,也不会晚至明万历中叶的 1602 年;龚缨晏则将其称作《明末彩绘东西洋航海图》,并推断该图可能绘制于 1610—1620 年。(参见:钱江:《一幅新近发现的明朝中叶彩绘航海图》,《海交史研究》2011 年第 1 期;陈佳荣:《〈明末疆里及漳泉航海通交图〉编绘时间、特色及海外交通地名略析》,《海交史研究》2011 年第 2 期;郭育生、刘义杰:《〈东西洋航海图〉成图时间初探》,《海交史研究》2011 年第 2 期;龚缨晏:《国外新近发现的一幅明代航海图》,《历史研究》2012 年第 3 期。)在命名上,为了简明,本文采用钱江先生的观点;在绘制年代上,因本文的探讨内容并不要求该图绘制的精确年代,综合各方观点来看,该图绘制于晚明时期应当没有问题,故本文将其笼统界定在晚明。

② 参见[加]卜正民:《塞尔登先生的中国地图:香料贸易、佚失海图与南中国海》,黄中宪译,联经出版事业股份有限公司 2015 年版。

③ 钱江:《一幅新近发现的明朝中叶彩绘航海图》,《海交史研究》2011 年第 1 期。

寨往旧港及万丹航路,满喇咖往池汶航路,满喇咖往马神航路,满喇咖沿马来半岛西岸北上缅甸南部航路,万丹绕行苏门答腊岛南岸航路,咬留吧经马六甲海峡往阿齐航路,咬留吧往万丹航路,阿齐出印度洋往印度傍伽喇、古里航路。① 上述 18 条航路中,有 8 条从漳泉出发,1 条从潮州出发,其他 9 条为东南亚各国间的航线,从国内港口出发的航线与东南亚各国间的航线平分秋色,且国内出发港的漳州、泉州、潮州皆为闽南语系范围,足见月港开放后的晚明,闽南海商在东亚海域的贸易网络之广。

从该图重点标注的交通地名来看,盛产香药的文莱、马辰(又称文郎马神)、傍伽虱(即望加锡)、援丹(班达群岛)、唵汶(安汶)、万老高(另译摩鹿加,即马鲁古群岛)、池汶、咬留吧(巴达维亚)、顺塔(又称万丹)、旧港、占碑、丁机宜、苏木达(亚齐)、乌丁礁林(柔佛)、彭坊(彭亨)、吉礁(吉打)、马六甲、东京(今越南河内)、新安、顺化、广南、占城、柬埔寨、大泥、暹罗、古里国、忽鲁谟斯(霍尔木兹)、佐法儿、阿丹国(亚丁)皆包括在内,地图的绘制者之所以重点标注出香药的出产地及主要贸易港,很大程度上说明了这些地区在当时已为闽南海商的重要贸易之地,香药作为重要媒介构建起了以闽南海商为代表的中国海商在东南亚、南亚及西亚地区的贸易网络。

除本国海商在东亚海域从事香药贩运外,明中叶以后,东来的葡萄牙人、荷兰人也开始参与到这项获利丰厚的贸易中来。然而,葡萄牙人所走的贸易航线并非从东南亚的香药产地直达中国沿海港口,而是满载货物从里斯本出发,沿途销售,并在果阿、科钦、马六甲、摩鹿加群岛等地购买不同品种的香药后,再航往澳门销售。葡萄牙历史学家徐萨斯曾对这项贸易的航程有如下描述:"一支(葡萄牙)王家船队每年从里斯本起航,通常满载着羊毛织品、大红布料、水晶和玻璃制品,英国造的时钟,佛兰得造的产品,还有葡萄牙出产的酒。船队用这些产品在各个停靠的港口换取其他产品,船队由果阿去柯钦,以便购买香料和宝石,再从那里驶向满刺加,购买其他品种的香料,再从巽他群岛购买檀香木。然后,船队在澳门将货物卖掉,买进丝

---

① 钱江:《一幅新近发现的明朝中叶彩绘航海图》,《海交史研究》2011 年第 1 期。

绸,再将这些连同剩余的货物一起在日本卖掉,换取金银锭。这是一种能使所投资本成 2 倍或 3 倍增长的投机买卖。船队在澳门逗留数月后,从澳门带着金、丝绸、麝香、珍珠、象牙和木雕艺术品、漆器、瓷器回国。"①由此可见,澳门无疑是连接这项国际贸易网络的核心枢纽,而香药则是支撑这一贸易的最重要商品。与葡萄牙人不同的是,荷兰人并未建立始自欧洲的复杂贸易链条,而是通过在亚洲设立的荷兰东印度公司及贸易商站来承担亚洲区间的贸易,荷兰与中国间的贸易主要通过设在台湾的大员商馆进行中转。其主要运输航程大致如此,荷兰商船装载胡椒、苏木、檀香、豆蔻等香药从巴达维亚或占碑等地出发,航往大员,将这些香药存放在大员商馆,等待福建安海、厦门等地的船只前来交易。此外,在管治宽松时,也偶有大员商馆的船只前往福建沿海销售香药。17 世纪 30 年代至 50 年代,大员商馆与福建沿海的香药贸易进入繁盛期。

二、清代的贸易航线

清朝建立后,顺其自然地继承了明朝与海外国家的关系,朝贡贸易持续进行,但规模与明代相比收缩很多,有清一代,与清朝正式建立朝贡关系的仅朝鲜、琉球、暹罗、安南、苏禄、南掌(老挝)、缅甸七国,且朝鲜、安南、缅甸及南掌四国皆通过陆路来贡,唯琉球、暹罗、苏禄三国通过海路前来。在私人海外贸易方面,康熙二十三年(1684 年),清廷正式停止禁海,允许商民出海贸易,次年,议政王大臣等言:"今海内一统,寰宇宁谧,满汉人民相同一体,令出洋贸易,以彰富庶之治,得旨开海贸易。"②然而,自康熙五十六年(1717 年)后的十年间,清廷一度对出洋船只严加限制,至雍正五年(1727 年),南洋禁海令才宣布废除,海外贸易进入一个全新的发展阶段,中国商船得以自由前往南洋贩运香药回国贸易,尤以闽、粤两省最多。

据成书于 18 世纪初的《指南正法》记载,中国沿海至南洋的针路主要有 9 条,分别为:泉州──→澎湖──→邦仔系兰(即冯嘉施兰,属吕宋),浯屿

---

① 徐萨斯:《历史上的澳门》,黄鸿钊、李保平译,澳门基金会 2000 年版,第 40 页。
② 《清文献通考》卷 33《市籴考》。

──→澎湖──→圭屿(在吕宋港口)，大担──→南澳彭──→交趾鸡叫门，大担
──→南澳彭──→七洲洋──→柬埔寨，大担──→南澳彭──→昆仑──→暹罗，浯
屿──→昆仑──→东西竹──→咬留吧(巴达维亚)，太武──→南澳──→吉兰丹
──→大泥，浯屿──→昆仑──→龙牙门──→麻六甲，太武──→昆仑──→东西竹
──→咬留吧；南洋各国间的针路4条，即高药山(在苏禄附近)──→三宝颜
(位于菲律宾棉兰老岛西部的大商埠)──→万老膏(摩鹿加群岛)，文武楼
──→五屿──→文莱，双口(即吕宋港)──→柬埔寨，咬留吧──→旧港──→彭
亨港──→吉兰丹港──→暹罗。同时，每条航线基本都有回针。① 康熙二十
三年(1684年)开海之后，商人出海贸易的港口不再局限于晚明的月港一
口，然而《指南正法》中所记中国航往南洋的9条针路皆从福建沿海出发，
由此推断该书的撰写者很有可能是闽南海商。其商船所经之地除吕宋外，
其他南洋地区皆为著名香药产地或重要香药贸易港，可以说《指南正法》中
所记针路很大程度上呈现了闽南海商的香药贸易之路。

雍正七年(1729年)，出洋禁令解除后，广东海商与南洋各国的香药贸
易进入高潮期。据《海录》等书记载，清代广州通南洋的航路主要有3条：
"第一条，出珠江口，经长沙门(即东沙群岛和中沙群岛之间的海面)，抵菲
律宾群岛和加里曼丹岛。第二条，出珠江口万山群岛，经琼州、安南至昆仑
岛，再南行三、四日至马来半岛彭亨港外的地盆山。这条称为内沟线。第三
条，称外沟线，出万山群岛后，穿西沙群岛和中沙群岛中间海面，再越过南沙
群岛西海面，抵地盆山与内沟道合并。第二条内沟线中经印度支那地区，第
二、三条都可到达暹罗、缅甸、马来半岛和印度尼西亚群岛。"②从这3条航
线所经之地可见，广东海商与闽南海商在南洋各国的贸易区域大致相同，主
要集中在吕宋、暹罗、彭亨、爪哇等东南亚地区。

《指南正法》《海录》等书较为详细地记载了清前期闽粤海商的香药贸

① 《顺风相送》，载向达校注《两种海道针经》，中华书局2000年版，第152—
194页。

② 余思伟：《清代前期广州与东南亚的贸易关系》，《中山大学学报(哲学社会科学
版)》1983年第2期。

易航线,而收藏于耶鲁大学图书馆的《清代东西洋航海图》①则清晰描绘了清中叶中国海商的航行范围及港口沿岸形貌,为中国海商航行的重要导引凭据。该部海图共 122 幅,涵盖范围从北部的朝鲜、日本,到南部的中南半岛和马来半岛。其南部航线主要经过以下地区:

北太武──→南澳──→甲子澜(汕尾东南的甲子港)──→南澳气(东沙群岛一带)──→弓鞋山(珠江口外鞋洲)──→鲁万(伶仃洋外老万山)──→乌猪(上川岛东岸外乌猪洲)──→七州(海南岛东北岸外)──→铜鼓(海南岛东岸)──→大州(海南岛东南岸外大洲岛)──→崖州大山(海南岛南岸)──→万里长沙、石塘(西沙、南沙群岛一带)──→尖笔罗(即占不劳,越南的 Champa 岛)──→外罗(越南中部海岸外的 Re 岛)──→新州(原占城国都,在越南安仁北面的 Cha Ban 废址)──→大佛(即大佛灵山,越南的 Cap Varella 一带)──→烟筒(越南中部海岸 Xuan Dai 岬一带)──→校杯(越南归仁港东面 Phuong Mai 一带的海角)──→假□□(越南东岸 Ben Hoi 湾一带)──→罗湾头(越南 Phan Rang 南面的 Padaran 角,一作 Ga Na 角)──→占城大山(在越南南岸 Phan Rang 的一带)──→赤坎山(在越南南岸 Ke Ga 角附近,一说在 Phan Thiet 一带)──→覆鼎(在越南东南部的 Cap Saint Jacques 附近)──→鹤顶(或专指覆鼎三山之一的 Nui Vung Tau)──→大昆仑(越南东南岸外 Condore 岛)──→真簇(又作真慈、真糍、真薯、真屿、大真屿,指中南半岛南岸外

①　该图为清代中国民间人士佚名所编绘,原用作国内外航海之指南,在鸦片战争期间,于 1841 年被英国海军军官从一艘中国商船上搜掠而得,此后辗转流落至美国,原图存于耶鲁大学斯德林纪念图书馆。1974 年,台湾留美学者李弘祺发现此图,并撰文予以介绍,称该图为《中国古航海图》,此后,陈国栋、郑永常、丁一、汤熙勇等学者亦参与讨论。因论者增加,该图的名称也逐渐增多,诸如《中国古航海图》、《中国古航海图集》、《十九世纪中国航海图》、《东亚海岸山形水势图》、《清代唐船航海图》、《耶鲁藏清代航海图》,等等。(参见钱江、陈佳荣:《牛津藏〈明代东西洋航海图〉姐妹作──耶鲁藏〈清代东南洋航海图〉推介》,《海交史研究》2013 年第 2 期。)本文采用钱江、陈佳荣两位先生对此图的命名法。《耶鲁藏〈清代东南洋航海图〉推介》一文附录了该图的全部篇幅(共 122 幅),对笔者的研究提供了极大便利,在此对钱江、陈佳荣两位先生深表感谢。

的 Obi 岛,或称快岛、薯岛)——→假荙(又作假懋、假糍、假薯、假屿、小真屿,指中南半岛南岸外的假奥比,即 Fausse Obi 岛,或称最岛)——→大横(或指柬埔寨的土珠岛,即 Poulo Panjang;一说为泰国的 Ko Kut)——→小横(或指柬埔寨的 Wai 岛;一说为泰国三个小岛:Ko Rang、Ko Kradat、Ko Hmak)——→笔架山(在 Bangkok 湾内,或即 Khram 岛;一说指 Kao Haad Yao)——→龟山(即 Sam Roi Yot 三礼育山)——→陈公屿(在 Bangkok 湾内的 Lan 岛)——→犁头山(或即泰国芭提雅附近的 Bang La Mung)——→竹竿屿(在泰国曼谷湾,或指 Sichang 岛,或指湄南河口的 Paknam)——→望高山(又作望高西、彭坊西、彭亨西,或指龙仔厝即 Samut Sakhon,一说 Bang Plasoi)——→万佛税(一说华人称望高西即 Bang Plasoi 为万佛岁)①

从上述航线可见,清中叶直至鸦片战争期间②,华商在中国南部海域航行的范围主要集中在中南半岛的越南、柬埔寨和泰国,最远仅至马来半岛的彭亨,其活动范围相对于清前期收缩很多。这一现象无疑说明,在葡、西、荷、英、法、美等西方殖民者疯狂争夺的亚洲海域,缺乏国家强力支持、组织松散的中国海商,已难以继续保持其传统优势,加之中国国内市场的有限开放,西方人得以前来中国贸易,华商独占中国市场的局面彻底打破。在内部优势丧失,外部竞争激烈的双重压力下,中国海商在东亚海域的势力逐渐衰退。伴随着这种衰退与收缩,清中叶中国海商从南洋地区贩运回国的香药种类和数量也随之锐减,苏门答腊、爪哇、马鲁古群岛等香药重要出产地已难以再现中国商舶络绎不绝的情形,华商的香药贸易范围仅收缩至离中国较近的中南半岛一隅。

清朝建立之初,葡萄牙、西班牙、荷兰、英国等西方国家为了寻求与中国

① 钱江、陈佳荣:《牛津藏〈明代东西洋航海图〉姐妹作——耶鲁藏〈清代东南洋航海图〉推介》,《海交史研究》2013 年第 2 期。

② 据耶鲁大学图书馆档案记录,该套地图为鸦片战争期间,英国战舰"皇家先驱者号"上的一名海军军官在一艘中国商船上搜查而来的物品,由此我们可以判断,该册地图应为当时船上水手的航行指南。

的通商互市,纷纷积极寻求与清廷建立友好关系,清廷则将其看作前来朝贡之国,给予优待礼遇及丰厚赏赐,但对于其扩大通商的要求,基本未予准行。康熙二十三年(1684 年),清廷宣布开海,随后设立闽、粤、浙、江四海关,负责掌管对外贸易,西方各国商船纷纷来华贸易。随着广州开放及粤海关的设立,澳门作为贸易重要中转站的地位受到极大挑战,葡萄牙在中国的贸易优势受到来自英国和荷兰的激烈竞争,明中叶以后建立起来的香药贸易链也受到英国东印度公司港脚贸易的排挤,中葡贸易日益衰落和萧条。而西班牙与中国的贸易长期以来都以马尼拉为据点,以白银转运为主,较少涉及香药。荷兰人自 1662 年(康熙元年)撤离台湾后,开始将贸易的重点从香药、丝绸和瓷器转向茶叶。总体来看,这一时期,英国在亚洲海域的贸易地位急速上升,英国东印度公司在印度、东印度群岛和中国之间建立起被称作港脚贸易的三角贸易,港脚船运到中国的货物极为丰富,但香药依然是重要货品之一。一般而言,"孟买的港脚船在每年五月初出航,九月底到达广东,载运的货物有棉花、宝石、象牙、胡椒、檀香木和鱼翅,在途经马六甲时,以布匹换取胡椒、锡和木材,然后运至广州,返航时满载茶叶、丝绸、瓷器、樟脑、冰糖、水银和柚木而归。"[①]值得注意的是,从印度运来的大批鸦片已逐渐失去其原有的香药身份,转而变成流毒天下的违禁品,并最终成为中国社会自 1840 年(道光二十年)开始发生翻天覆地变化的导火索。

通过上述分析可见,在以朝贡贸易和郑和下西洋占据海外贸易主导地位的明前期,香药输入中国的路线基本与官方的航海路线相吻合。明中叶以后,私人海外贸易逐渐兴起,加之葡萄牙、荷兰、英国等西方国家的涉足,输入中国的香药贸易网络日益复杂多元,且每一阶段呈现出不同特征。自隆庆开海至明代终结,出洋贩运香药的中国商船多从福建沿海的漳泉两地出发,远涉东西洋各国,以闽南海商为代表的中国海商执东亚海域贸易之牛耳。与此同时,葡萄牙以澳门为基地构建的香药贸易网络,以及荷兰人以大

---

①　C.G.F.Simkin,*The Traditional Trade of Asia*,*London*,Oxford University Press,1968.p.246.

员商馆为据点的香药销售,皆呈现繁荣之状。进入清代以后,粤海商势力逐渐崛起,与闽海商形成平分秋色之势,闽、粤沿海港口共同构建起连接南洋的香药贸易网。自清中叶开始,面对西方国家的激烈竞争,中国海商在东亚海域的香药贸易网络日渐收缩,英国东印度公司控制下的港脚贸易迅速崛起,商品贸易种类也由传统的香药、丝绸和瓷器为主导,转变成鸦片、棉花和茶叶为主体。

第二节　香药的输入途径

明清时期,统治者虽屡次颁布禁海令,对沿海商民出海贸易多加限制,但香药贸易的规模与前代相比有增无减。在官方朝贡贸易、郑和下西洋、民间海外贸易、西人转运等多种途径的共同作用下,中南半岛、马来半岛、爪哇岛、马鲁古群岛等地出产的香药源源不断地输入中国。

一、官方贸易

明朝立国之初,明太祖即积极推行与海外诸国的睦邻友好关系。自洪武二年(1369 年)开始,明廷连续向占城、安南、真腊、暹罗、苏门答剌、爪哇等国派遣使者,颁发敕书,赏赐金银、丝绸等大量贵重物品,试图建立以大明王朝为中心的四夷咸服、万邦来朝的朝贡体系。明王朝的这一措施,得到了海外诸国的积极响应,各国纷纷派遣使者来华朝贡。据《明史·太祖纪》统计,洪武年间,通过海路前来朝贡的国家有 15 个,朝贡次数达 116 次。[1] 至永乐时期(1402—1424),随着郑和下西洋的进行,朝贡贸易更趋繁盛,"自是蛮邦绝域,前代所不宾者,亦皆奉表献琛,接踵中国,或躬率妻孥,梯航数万里,面谒阙庭"[2],通过海路入华的朝贡国家增至 40

---

[1]　（清）张廷玉等:《明史》卷 2《本纪第二·太祖二》,中华书局 1974 年版,第 22—37 页。

[2]　（清）佚名:《明史稿·郑和传》,南京图书馆藏,载郑鹤生、郑一钧编:《郑和下西洋资料汇编》(下),齐鲁书社 1989 年版,第 220 页。

个,朝贡次数高达 255 次。① 这些前来朝贡的国家,除朝鲜、日本、琉球外,其余国家大部分为香药出产国,其朝贡方物也多以香药为主。洪武、永乐两朝,海外各国朝贡物品详见表 5。

表 5　明前期海外各国贡品表②

国名	贡　品
朝鲜	金银器皿、各色苎布、白细花席、人参、豹皮、獭皮、黄毛笔、白绵纸、种马
日本	马、盔、铠、剑、腰刀、枪、涂金妆彩屏风、酒金橱子、酒金文台、酒金手箱、描金粉匣、描金笔匣、抹金铜提铫、酒金木桃角盎、贴金扇、玛瑙、水晶数珠、硫黄、苏木、牛皮
琉球	马、硫黄、苏木、胡椒、螺壳、海巴、刀、生红铜、锡、牛皮、折子扇、磨刀石、玛瑙、乌木、降香、木香
安南	金银器皿、熏衣香、降真香、沉香、速香、木香、黑线香、白绢、犀角、象牙、折扇
占城	象、象牙、犀、犀角、孔雀、孔雀尾、橘皮抹身香、龙脑、熏衣香、金银香、奇南香、土降香、檀香、柏木、烧碎香、花梨木、乌木、苏木、花藤香、芜蔓番纱、红印花布、油红绵布、白绵布、乌绵布、圆壁花布、花红边缦、杂色缦、番花手巾、番花手帕、兜罗绵被、洗白布泥
真腊	象、象牙、苏木、胡椒、黄蜡、犀角、乌木、黄花木、土降香、宝石、孔雀翎
暹罗	象、象牙、犀角、孔雀尾、翠毛、龟筒、六足龟、宝石、珊瑚、金戒指、片脑、米脑、糖脑、脑油、脑柴、檀香、速香、安息香、黄熟香、降真香、罗斛香、乳香、树香、木香、乌香、丁香、阿魏、蔷薇水、丁皮、碗石、紫梗、藤竭、藤黄、硫黄、没药、乌爹泥、肉豆蔻、胡椒、白豆蔻、荜拔、苏木、乌木、大枫子、芯布、油红布、白缠头布、红撒哈剌布、红地绞节智布、红杜花头布、红边白暗花布、乍连花布、乌边葱白暗花布、细棋子花布、织人像花纹打布、西洋布、织花红丝打布、剪绒丝杂色红花被面、织杂丝打布、红花丝手巾、织人像杂色红文丝缦
三佛齐	黑熊、火鸡、孔雀、五色鹦鹉、诸香、兜罗绵被、芯布、白獭、龟筒、胡椒、肉豆蔻、番油子、米脑
渤泥	珍珠、宝石、金戒指、金绦环、龙脑、米脑、梅花脑、降香、沉速香、檀香、丁香、肉豆蔻、黄蜡、犀角、玳瑁、龟筒、螺壳、鹤顶、熊皮、孔雀、倒挂鸟、五色鹦鹉、黑小厮、金银八宝器

① (清)张廷玉等:《明史》卷 6《本纪第六·成祖二》、卷 7《本纪第七·成祖三》,中华书局 1974 年版,第 80—103 页。

② 徐溥等撰,李东阳等修:《明会典》卷 97《礼部·朝贡二》、卷 98《礼部·朝贡三》。

续表

国名	贡品
爪哇	胡椒、荜茇、苏木、黄蜡、乌爹泥、金刚子、乌木、番红土、蔷薇露、奇南香、檀香、麻藤香、速香、降香、木香、乳香、龙脑、血竭、肉豆蔻、白豆蔻、藤竭、阿魏、芦荟、没药、大枫子、丁皮、番末鳖子、闷虫药、碗石、荜澄茄、乌香、宝石、珍珠、锡、西洋铁、铁枪、折铁刀、芯布、油红布、孔雀、火鸡、鹦鹉、玳瑁、孔雀尾、翠毛、鹤顶、犀角、象牙、龟筒、黄熟香、安息香
满剌加	番小厮、犀角、象牙、玳瑁、鹤顶、鹦鹉、黑熊、黑猿、白鹿、锁袱、金母鹤顶、金镶戒指、撒哈喇、白芯布、姜黄布、撒都细布、西洋布、花缦、片脑、栀子花、蔷薇露、沉香、乳香、黄速香、金银香、降真香、紫檀香、丁香、乌木、苏木、大枫子、番锡、番盐
苏门答剌	马、犀牛、龙涎、撒哈喇、棱眼、宝石、木香、丁香、降真香、沉速香、胡椒、苏木、锡、水晶、玛瑙、番刀、弓、石青、回回青、硫黄
琐里	马、红撒哈喇、红八者兰布、红番布、凯木里布、白芯布、珠子项串
西洋琐里	黄黑虎、马
百花	白鹿、红猴、龟筒、玳瑁、孔雀、鹦鹉、倒挂鸟、胡椒、香、蜡
彭亨	金水罐、檀香、乳香、速香、片脑、胡椒、象牙
淡巴	芯布、兜罗绵被、沉香、檀香、速香、胡椒
古里	宝石、金系腰、珊瑚珠、琉璃瓶、琉璃碗、拂郎双刃刀、宝铁刀、苏合油、阿思摸达涂儿气、龙涎、栀子花、花毯单伯兰布、芯布、红丝花手巾、番花人马象物手巾、线结花靠枕、木香、乳香、檀香、锡、胡椒
锡兰山	宝石、珊瑚、水晶、金戒指、撒哈喇、象、乳香、木香、树香、土檀香、没药、西洋细布、藤竭、芦荟、硫黄、乌木、胡椒、碗石
婆罗	黑小厮、花蕉布、白蕉布、珍珠、玳瑁壳、降真香、黄蜡
小葛兰	珍珠伞、白绵布、胡椒
阿鲁	象牙、熟脑
榜葛剌	马、马鞍、戗金琉璃器皿、青花白磁、撒哈喇、者抹黑答力布、洗白芯布、糖霜、鹤顶、犀角、翠毛、莺哥、乳香、粗黄、熟香、乌香、麻藤香、乌爹泥、紫胶、藤竭、乌木、苏木、胡椒
苏禄	梅花脑、米脑、竹布、绵布、玳瑁、降香、苏木、胡椒、荜茇、黄蜡、番锡
麻林	麒麟等

通过表5可见,明前期,海外各国的朝贡物品主要包括象牙、犀角、珠宝、织物、器皿、香药、珍奇异兽等,其中香药所占比重最大,且品种丰富多样。除朝鲜和麻林两国外,其余国家的贡品中皆包含香药,即使是距离香药出产地较远的琉球、日本,其朝贡物品除本国物产外,还包括苏木、胡椒、降真等产自东南亚地区的香药。作为香药主产地的东南亚、南亚诸国,所贡香

药品种则更为丰富,且不少国家所贡香药并非全部本国出产,有相当部分是从邻国贸易交换而得。如爪哇"土产苏木、金刚子、白檀香、肉豆蔻、荜拨、班猫、镔铁、龟筒、玳瑁"①,而表5所示贡品清单中的胡椒、蔷薇露、奇楠香、速香、降香、木香、乳香、龙脑、没药、阿魏等香药皆不在本国土产行列。海外诸国纷纷将香药作为主要贡品敬献,很大程度上说明了香药受明统治者欢迎程度之高。同时,各国朝贡香药皆非出自本国的事实,也反映了当时琉球与东南亚国家之间、东南亚各国彼此间已存在海上交流与贸易,而以中国为核心建立起来的朝贡贸易体系又进一步扩大和推动了这种交流与贸易。

　　表5虽清晰展示了明初海外诸国朝贡香药的具体种类,但朝贡的数量仍有待进一步考证。关于明初海外诸国向明朝进贡香药的详细情况,《明实录》《明史》《西洋朝贡典录》《殊域周咨录》等史籍皆有丰富记载。例如,"洪武九年(1376年),暹罗王遣子昭禄群膺奉金叶表文,贡象及胡椒、苏木之属。……十六年,给勘合文册,令如期朝贡。二十年,又贡胡椒万斤,苏木十万斤。"②二十三年,"暹罗斛国遣其臣思利檀剌儿思谛等,奉表贡苏木、胡椒、降真等物一十七万一千八百八十斤。"③自洪武九年至二十三年(1376—1390)的三次朝贡中,其本土并不出产胡椒的暹罗,却向大明进贡胡椒数万斤,足见胡椒在当时中国的受欢迎程度。其胡椒的出产国,在进行朝贡贸易时,所携带胡椒数量之大更是可以想见。如洪武十五年(1382年),"爪哇国遣僧阿烈阿儿等奉金表贡黑奴男女一百一人、大珠八颗、胡椒七万五千斤。"④除胡椒、苏木等日用型香药外,其他类型香药的进贡数量同样较大,如洪武十六年(1383年),"占城国王阿答阿者遣其臣杨麻加益等,上表贡象牙二百枝,檀香八百斤,没药四百斤,番布六百匹"⑤;洪武二十年

---

①　(明)巩珍著,向达校注:《西洋番国志》,"爪哇国"条,中华书局2000年版,第7页。

②　(明)严从简著,余思黎点校:《殊域周咨录》卷8《暹罗》,中华书局2009年版,第279页。

③　《明太祖实录》卷210,洪武二十三年夏四月甲辰。

④　《明太祖实录》卷141,洪武十五年春正月乙未。

⑤　《明太祖实录》卷152,洪武十六年二月庚子。

（1387 年），真腊"国王遣使贡象五十九只，香六万斤"①。

永乐年间，各国朝贡物品数量，史籍记载大多较为笼统，仅记其种类，而无具体数额。如永乐三年（1405 年），满剌加国王遣使"随庆入朝贡方物"②，有"犀角、象牙、玳瑁、玛瑙珠、鹤顶、金母鹤顶、珊瑚树、珊瑚珠、金镶戒指、鹦鹉、黑熊、黑猿、白鹿、锁服、撒哈剌白苾布、姜黄布、撒都细布、西洋布、花缦、蔷薇露、栀子花、乌爹泥、苏合油、片脑、沈香、乳香、黄速香、金银香、降真香、紫檀香、丁香、树香、木香、没药、阿魏、大枫子、乌木、苏木、番锡、番盐、黑小厮"；永乐四年（1406 年），婆罗国"东王、西王各遣使朝贡，贡物珍珠、玳瑁壳、白焦布、花焦布、降真香、黄蜡、黑小厮"；"小葛兰国于永乐五年，遣使附苏门荅剌等国朝贡，贡物珍珠伞、白绵布、胡椒"。③ 有些时候，即使连贡品种类史籍都以"等"字简单带过，更遑论每种贡品的具体数量了。如位于苏门荅剌西部的南浡里国，成祖时，其"国王常跟同宝船将降真香等物贡于朝廷"④；苏门荅腊巴鲁蒙河河口的阿鲁国，"永乐五年（1407 年），其王速鲁唐忽先遣其臣缦剌哈三等附古里等国来朝并贡物，其贡物有象牙、熟脑等"。⑤ 永乐时期，各国进献贡品的具体数量，我们虽无法探知，但从参与朝贡国家数量和朝贡次数的增加可以推断，海外诸国进贡香药的总量与洪武年间相比定有大幅增长。

永乐三年至宣德八年（1405—1433），郑和船队七次出使西洋，带回大量香药，尤以胡椒、苏木数量最多。由于史料记载所限，我们虽无法确知郑和七次下西洋带回香药的具体数量，但从其船队所经航线、出使期间的活动，以及带回香药的使用情况来看，仍能判断出其所带回香药数量之庞大及产生影响之深远。郑和船队所至国家和地区，大多为香药出产地或沿海贸

---

① 《明太祖实录》卷 183，洪武二十年秋七月丙午。

② （清）张廷玉等：《明史》卷 325《列传第二一三·满剌加》，中华书局 1974 年版，第 8416 页。

③ 申时行：《大明会典》卷 160《礼部六十四一·朝贡二》。

④ （明）马欢著，万明校注：《明抄本〈瀛涯胜览〉校注》，海洋出版社 2005 年版，第 50 页。

⑤ 黄省曾著，谢方校注：《西洋朝贡典录校注》，中华书局 2000 年版，第 64 页。

易港,每到一地,郑和积极建立与该地的朝贡贸易关系,用宝船所载瓷器、丝绢等货物交换当地出产的香药,且每每满舶而归。同时,郑和出使西洋的举动有效扩大了中国与西洋诸国的联系,极大促进了有明一代香药朝贡贸易的繁荣。郑和船队交易回来的香药大多存于南京官库,据载,正统元年(1436年)三月,"敕南京守备太监王景弘等,于官库支胡椒、苏木共三百万斤,委官送至北京交纳,毋得沿途生事扰人"。①下西洋活动结束三年后,官库中还存有胡椒、苏木至少三百万斤,足见郑和船队带回香药数量之多。郑和船队运回的胡椒和苏木,自永乐十二年(1404年)开始用于折钞支付官员俸禄,且一直持续到成化七年(1471年),最终因"京库椒木不足"②宣告停止。此举不仅减轻了政府的财政压力,而且使囤积于官库的大量胡椒、苏木分散至各个家庭,一定程度上扩大和普及了香药在民间的消费。

宣德以后,伴随着郑和下西洋的停止,加之博买香药及回赐的巨大开支,朝贡贸易维持日艰,并呈现日趋衰落之势。从朝贡国家数目来看,洪熙、宣德年间,通过海路来华朝贡的国家有17个,基本回落至洪武时期的水平,景泰以后,朝贡国家仅剩琉球、日本、占城、安南、暹罗、爪哇和满剌加,隆庆至崇祯年间,仅琉球和暹罗两国继续来华朝贡,朝贡贸易基本形同虚设。从各国入华朝贡次数来看,宣德年间(1425—1435)海外诸国朝贡仅46次③,正统时期(1435—1449)50次④,景泰年间(1449—1457)减至19次⑤,此后至明亡,朝贡贸易再无回升。若按每年入贡的平均次数计算,永乐年间每年平均接待入贡使团10.2次,宣德5次,正统3.6次,景泰2.4次,呈逐渐递减趋势。由此可见,明中叶以后,由于朝贡国家和朝贡次数的骤减,通过朝贡贸易输入中国的香药数量亦随之减少。

---

① 《明英宗实录》卷15,正统元年三月甲申。

② 《明宪宗实录》卷99,成化七年冬十月丁丑。

③ (清)张廷玉等:《明史》卷9《本纪第九·宣宗》,中华书局1974年版,第116—125页。

④ (清)张廷玉等:《明史》卷10《本纪第十·英宗前纪》,中华书局1974年版,第128—137页。

⑤ (清)张廷玉等:《明史》卷11《本纪第十一·景帝》,中华书局1974年版,第143—149页。

清朝继承了明朝的朝贡贸易体制,力图重新建立与前朝有朝贡关系的海外国家之间的宗藩关系。然而,自明中叶开始日趋衰落的朝贡贸易已难以复兴,外加西方势力对亚洲的影响与冲击,明初万邦来朝的盛况一去不返。有清一代,与清廷正式建立朝贡关系的仅朝鲜、琉球、暹罗、安南、苏禄、南掌(老挝)、缅甸七国,盛产香药的苏门答剌、爪哇、满剌加、三佛齐、渤泥等国家和地区都已不在朝贡行列,荷兰、葡萄牙、英国等欧洲国家虽作为非正式朝贡国被列入朝贡范畴,但其贡品中所含香药极少。清代海外各国的入华进献贡品如表6所示:

表6　清代海外各国贡品表①

国名	贡 期	贡 品
朝鲜	一年一贡	黄金、白金、苎布、各色绵绸、各色木棉布、龙纹席、花席、鹿皮、水獭皮、豹皮、青黍皮、佩刀、倭剑、大小纸、米、全鳆、八带鱼、大口鱼、海参、海带菜、红蛤、浮椒、白蜜、柏子、银杏、黄栗、柿干
琉球	二年一贡	金饰柄匣佩刀、银饰柄匣佩刀、漆柄大刀、漆杆枪、漆盔甲、金酒瓶、银酒瓶、泥金画屏、泥金扇、泥银扇、画扇、红铜、蕉布、苎布、红花、胡椒、苏木、马、螺壳、硫黄
安南	三年一贡	金花炉、花瓶、银盆、沉香、速香、紫降香、白木香、黑线香、白绢、土绢、细布、犀角、象牙、伽楠珠、玳瑁笔、斑石砚、土墨
暹罗	三年一贡	龙涎香、西洋闪金缎、象牙、犀角、胡椒、藤黄、豆蔻、速香、乌木、大枫子、金银香、苏木、孔雀、龟、冰片、冰片油、蔷薇露、沉香、安息香、紫降香、荜拨、紫梗、桂皮、儿茶皮、樟脑、硫黄、檀香、树胶香、紫胶香、白胶香、龙涎香、织金头白袈裟、桃红袈裟、幼花布、阔幼花布、织金头白幼布、阔红布、花布幔、大荷兰毡、哆罗呢、西洋红布
苏禄	五年一贡	珍珠、玳瑁、花布、金头牙萨、跂踏牙萨、白幼洋布、苏山竹布、燕窝、龙头花刀、夹花标枪、满花番刀、藤席、猿、丁香、龙涎香
南掌	五年一贡	驯象、象牙、夷锦、阿魏
缅甸	十年一贡	毡缎、缅布、驯象、缅石佛像、孔雀屏、红黄檀香、红呢、贝叶缅字经、福字镫、金海螺、银海螺、金镶缅刀、金柄麈尾、黄缎伞、贴金象轿、洋枪、马鞍、象牙、犀角、孔雀、木化石、元猴皮、各色呢、各色花布

---

① 《钦定大清会典事例》卷503《礼部·朝贡·贡物》。

国名	贡期	贡品
荷兰	顺治十三年（1656年）、康熙六年（1667年）、康熙二十四年（1685年）	镶金铁甲、镀金马鞍、镶银剑、鸟铳、铳药袋、镶银千里镜、玻璃镜、琉璃杯、八角大镜、珊瑚、珊瑚珠、琥珀、琥珀珠、哆罗绒、哔叽缎、哔叽纱、西洋布花被面、大毡、毛缨、丁香、番木蔻、五色番花、桂皮、檀香、起花金刀、荷兰绒、大花缎、荷兰五色大花缎、大紫色金缎、红银缎、大珊瑚珠、五色绒毯、五色毛毯、西洋五色花布、西洋白细布、西洋小白布、西洋大白布、玻璃镶灯、荷兰地图、小车、大西洋白小牛、白胡椒、大象牙、琉璃器皿、沉香、蜜蜡金匣、银盘、盛珠银盒、火鸡蛋四个、二眼长枪、二眼马铳、小鸟铳各二把、铁甲一领、白尔善国缎褥、海马角、小马铜狮各铜山、铜炮、照水镜、蔷薇露、自鸣钟、镶金刀剑、利阔剑、雕制夹板船、冰片、肉豆蔻、蔷薇花油、檀香油、桂皮油、葡萄酒
葡萄牙	康熙九年（1670年）、雍正五年（1727年）、乾隆十七年（1752年）	国王画像、金刚石饰金剑、金珀书箱、珊瑚树、珊瑚珠、琥珀珠、伽楠香、哆罗绒、象牙、犀角、乳香、苏合油、丁香、金银乳香、花露、花幔、花毡、宝石素珠、金法琅盒、金镶咖什伦瓶、蜜蜡盒、玛瑙盒、银镶咖什伦盒、蓝石盒、银镀金镶玳瑁盒、银镀金镶云母盒、各品药露、金丝缎、金银丝缎、金花缎、洋缎、大红羽缎、大红哆罗呢、洋制银柄武器、洋刀、长剑、短剑、镀银花火器、自来火长枪、手枪、鼻烟、葛巴依瓦油、圣多默巴尔撒木油、璧露巴尔撒木油、伯肋西里巴尔撒木油、各品衣香、巴斯第里葡萄红露酒、葡萄黄露酒、葡萄酒、咖什伦各色法琅、乌木镶青石卓面、镶黄石卓面、乌木镶各色石花条卓、织成远视画、洋糖、果香饼
伊达里亚国（教皇）	雍正三年（1725年）	福水、绿玻璃凤壶、各色玻璃鼻烟壶、玻璃棋盘、棋子、哩阿期波罗杯、蜜蜡杯、小杯、小瓶、小刀柄、法琅小圆牌、银累丝连座船四轮船、瓶花大小花盘、小花瓶、小漏盘、小铜日晷、水晶满堂红镫、咖什伦鼻烟罐、盖杯、绿石鼻烟盒、带头片、各宝鼻烟壶、玩器、圆球、素珠、实地银花盘、花匣小罐、素鼻烟盒、花砂漏、镶宝石花、线花画、皮画、皮扇面画、绣花纸盘、花纸盘、花石、铁花盆、巴尔萨木油、阿噶达片、番银笔、裹金规矩、镶牙片、玛瑙刀柄、鼻烟壶、珠、各色石鞭头、小石盒、珊瑚珠、香枕囊、火漆石印纽、火漆八包、显微镜、火镜、照字镜、大红羽缎、周天球、鼻烟
英国	乾隆五十八年（1793年）	天文地理音乐大表、地理运转全架、天球、地球、指引月光盈亏、测看天气晴阴、探气架子、运动气法西瓜炮、铜炮、椅子、火镜、玻璃镫、印图、丝毛金线毯、大毡毯、马鞍、凉暖车、成对相连枪、自来火金镶枪、自来火银镶枪、自来火小枪、小火枪、大火枪、钢刀、巧益架子、早晚运动能长人精神、西洋船样、千里眼、各色哆罗呢、羽纱

　　表6与表5相比，有两个显著特征，一是朝贡国家减少，二是贡品种类增多。明前期，除邻近的朝鲜、日本、琉球、占城、安南、真腊、暹罗等国外，位

于印度西海岸的古里、小葛兰、锡兰山，马来半岛的满剌加、彭亨，巽他群岛的苏门答剌、三佛齐、爪哇、百花、婆罗等近20国皆遣使来贡，而这些国家多为香药产地。到了清代，印度西海岸和马来群岛的香药出产国纷纷退出朝贡贸易体系，而荷兰、葡萄牙、英国等西方国家为了通商中国开始遣使朝贡。从贡品种类来看，明前期的贡品基本以香药为主，外加象牙、犀角、珍宝和布匹，各国朝贡物品较为单一。入清以后，各国贡品种类较之明代丰富很多，香药虽依旧出现在各传统朝贡国贡品中，但所占比重有所下降。葡、荷、英等西方国家进献贡品以毡毯、洋布、火枪、铜炮、自鸣钟、葡萄酒、玻璃器皿、天文仪器等西洋物品为主，葡萄牙和荷兰两国贡品中虽包含乳香、檀香、丁香、冰片、苏合油、蔷薇露等香药品种，但所占比重较少。

　　清代，各国朝贡香药不仅在种类和所占贡品比重上，与明代相比有所降低，而且进献数量亦有较大幅度缩减。明代海外诸国动辄进贡胡椒、苏木数万斤的情况，在清代几乎不存在，即使连朝贡香药比重最高的暹罗和安南两国，进贡香药的数量最高也仅数千斤。康熙十二年（1673年），暹罗国王遣使进贡皇帝方物包括："金叶表文一道，译字表文一道，龙亭一座，安奉金叶表文。驯象一只，孔雀四只，六足龟四只，龙涎香一斤，盘石一斤，沉水香二斤，犀角六座，速香三百斤，象牙三百斤，安息香三百斤，白豆蔻三百斤，藤黄三百斤，胡椒三百斤，大枫子三百斤，乌木三百斤，苏木三千斤，胡椒花一百斤，紫梗二百斤，树皮香一百斤，树胶香一百斤，翠鸟毛六百张，孔雀尾十屏，儿茶一百斤，鲛绡布六匹，杂花色大布六匹，缦天四条，红布十匹，红撒哈喇布六匹，印字花布十匹，西洋布十匹，大冰片一斤，中冰片二斤，片油二十瓢，樟脑一百斤，黄檀香一百斤，蔷薇露六十罐，硫黄一百斤"，"皇后方物一样减半，内止少驯象"。① 雍正七年（1729年），因念及暹罗国远隔重洋，路途险远，雍正帝下旨免除部分贡物，诏曰："暹罗国王遣使远来，贡献方物，具见悃诚，朕念该国远隔海洋，赍送不易，欲酌量裁减，以示恩恤远藩之意。但此次贡物，既赍送前来，难以带回，著照往例收纳，其常贡内有速香、安息香、

---

　　① （清）梁廷枏著，骆驿、刘骁校点：《海国四说·粤道贡国说》卷1《暹罗国一》，中华书局1993年版，第178页。

袈裟、布匹等十件,无必须用之处,嗣后将此十件,免其入贡,永著为例,钦此。"遵旨议定,免贡速香、安息香、胡椒、紫梗、红白袈裟、白幼布、幼花布、阔幼花布、花布幔等物。"①与明代相比已大为缩减的香药贡品,经此次下诏酌情裁减后,暹罗国此后进献方物皆循此例,其贡品中香药的品种和数量皆再次缩减。关于安南国进献香药的具体数量,有记录可考的仅一条,乾隆六十年(1795 年)"安南恭进甲寅、丙辰两次例贡方物,象牙二对、犀角四座、土纽六百匹、土绢土布各二百匹、沉香一千斤、速香二千斤"②。从该条记录可见,甲寅、丙辰两次进献沉香、速香的数量虽不算少,但所贡香药也仅此两种,品种较为单一。

相较于暹罗和安南两国,其他诸国向清廷入贡香药的数量则更少。朝鲜、南掌、缅甸、苏禄四国,作为非香药出产国,其朝贡物品多以本国土产为主,偶有进贡香药,数量也极少,如乾隆六十年(1795 年)南掌国进贡"阿魏二十斤"③。加入朝贡范畴的西洋国家,仅葡萄牙和荷兰两国朝贡物品中含有香药,且数量不大。例如,康熙六年(1667 年),荷兰国进献"丁香、白胡椒、大檀香各一箱",二十四年(1685 年),进献"丁香三十石,檀香二十石,冰片三十二斤,肉豆蔻四瓮,丁香油、蔷薇花油、檀香油、桂皮油各一罐"。④"几十斤"、"一箱"、"一罐"等单位的出现,足以显示西洋各国进贡香药数量之少。此外,丁香油、蔷薇花油、檀香油作为贡品进献,很大程度上说明了当时东南亚地区已开始进行香药油的生产和加工,但尚未形成规模。⑤ 自明初开始即加入朝贡体系的琉球,整个明清时期一直维持稳定的朝贡贸易

---

① 《钦定大清会典事例》卷 503《礼部·朝贡·贡物》。
② 《钦定大清会典事例》卷 503《礼部·朝贡·贡物》。
③ 《钦定大清会典事例》卷 503《礼部·朝贡·贡物》。
④ 《钦定大清会典事例》卷 503《礼部·朝贡·贡物》。
⑤ 据当时曾在荷兰东印度公司服役的克里斯托费尔·弗里克回忆,在安汶有专门生产丁香油的磨坊。他在日记中写道:"有一次,我前住安汶,同那儿的一位军士结成了亲密朋友。他在当地约已居住了十九年,在磨坊里当监工,管理几个黑人。最后,我们做了一笔交易。我用奶酪、烟草等物同他交换,换得七瓶丁香油,每瓶约两夸脱。这种交易是秘密进行的,如同在欧洲进行抢劫,我们两人都冒着生命危险。"(引自:[德]克里斯托费尔·弗里克、克里斯托费尔·施魏策尔:《热带猎奇——十七世纪东印度航海记》,姚楠、钱江译,海洋出版社 1986 年版,第 75 页。)弗里克的这一记录,验证了笔者的推断。

关系,因其长期从事中国和东南亚之间的中转贸易,故朝贡物品中常携带有相当数量的香药。后来明统治者考虑到琉球本国物产不丰,所进献贡品多转自交趾、暹罗、柬埔寨等国,万历以后,遂免去玛瑙、乌木、降香、木香、象牙、锡、速香等 10 件,常例仅马匹、螺壳、生硫黄等,①此例一直沿用至清。因此到了清代,琉球国进献贡品中所含香药种类和数量都大大减少,仅剩胡椒、苏木两种,且具体数量亦无记录。

明清时期的朝贡贸易,除正贡之外,还包括互市部分(互市是朝贡贸易的一部分,同时也具有一定的私人贸易性质)②,各国贡使常附带方物来华交易。明清统治者为怀柔远人,宣示德化,对贡使携带的私物常实行税收优惠,甚至不予征税。永乐元年(1403 年)十月甲戌,"西洋剌泥国回回哈只马、哈没奇、剌泥等来朝贡方物,因附载胡椒与民互市,有司请征其税。上曰:'商税者,国家以抑逐末之民,岂以为利。今夷人慕义远来,乃欲侵其利,所得几何,而亏辱大体万万矣!'不听。"③同年,琐里、古里二国各遣使贡马,"诏许其附载胡椒等物皆免税"。④ 对于外国贡使违犯朝贡规制的情况,明统治者也多宽大处理或免于追究。"正统时,巡按福建监察御史郑颙等奏:琉球国通事沈志良、使者阿晋斯古驾船载瓷器等物,往爪哇国买胡椒等

---

① 《历代宝案》(第一册:永乐二十二年至康熙三十五年)卷 21《琉球国中山王尚质为进贡事》,台湾大学 1972 年版,第 704—705 页。康熙五年(1666 年),琉球国中山王尚质为进贡事移咨礼部与福建布政司,谈到"万历旧例":"敝国黑子弹丸,生物既少,凡有物产,俱方物,惟玛瑙、乌木、降香、木香、象牙、锡、速香、檀香、黄熟香拾件,原系交趾、暹罗、柬埔寨土产。查得敝国洪武间,恩拨闽人叁拾陆姓入琉球,商贩交趾、暹罗、柬埔寨等处,因得贸易进贡。万历以后,叁拾陆姓世久凋谢,不谙指南车路,今计及百年矣。缘此无处贸易,难以具贡,遵行已久。惟庆贺、谢恩贰典,例加金银酒海、金银粉匣、帏屏、腰刀、胡椒、苏木、生熟夏布、红铜、泥金扇、折子扇、马鞍等物,其余贰年壹贡,常例方物惟马十四、螺壳三千个、生硫黄贰万斛而已,万历以后原案可稽也。"

② 万明认为,明初的朝贡贸易分为互惠交换和市场交易两部分,大致分为朝贡给赐贸易、各国国王或使团附带而来的商品的贸易、遣使出洋直接进行的国际贸易、民间的私人贸易四种类型。(参见万明:《明代初年中国与东亚关系新审视》,《学术月刊》2009 年第 8 期。)

③ 《明太宗实录》卷 24,永乐元年冬十月甲戌。

④ (明)严从简著,余思黎点校:《殊域周咨录》卷 8《琐里、古里》,中华书局 2009 年版,第 306 页。

物,至东影山遭风桅折,进港修理,妄称进贡。今已拘收人船,前项物货器械发福州府大储库收顿听候。英宗:'远人宜加抚绥,况遇险失所,尤可矜怜,其悉以原收器物给之。听自备物料修船,完日催促起程,回还本国'"。①

清统治者延续了明朝优待贡使之策,并制定了自由宽松的措施,规定"凡外国贡使顺带货物,贡使愿出夫力,带来京城贸易者听,如欲在彼处贸易,该督抚委官监视,毋致滋扰"②,以保障贡使附带方物来华交易的顺利进行。明清统治者对于各国贡使附载方物来华贸易的宽容、礼遇和优待,进一步推动了获利丰厚的互市贸易,使香药输入中国的途径更为丰富多元。以琉球为例,"在正贡之外国王或国王世子附搭苏木、胡椒等到中国进行贸易,是琉球朝贡贸易商品中的一个重要组成部分,其数量相当大,往往是正贡中香药数量的几倍"。③

二、民间贸易

明前期,通过朝贡贸易与郑和下西洋的双重管道,大量香药输入中国,并非以单纯经济目的出发的官方贸易,"在无意间建立了一个跨国的共同市场"④,连接起亚洲区间内的香药贸易网络,为日后民间海外贸易的发展奠定了良好基础。在此期间,民间海外贸易虽未因海禁政策的推行而彻底禁绝,但相较于官方贸易来说,这一时期的民间私人贸易仍属零星的小打小闹,并未形成太大影响。

宣德以后,官方海外贸易日趋衰落,市场上的香药供不应求,贩运香药成为有利可图的事情,为了追求高额利润,沿海商人纷纷犯险出洋,"苏杭及福建、广东等地贩海私船,至占城国、回回国,收买红木、胡椒、番香,船不绝"。⑤ 仅据《明实录》记载,自正统九年(1444 年)至天顺二年(1458

---

① (明)余继登撰,顾思点校:《典故纪闻》卷 11,中华书局 1981 年版,第 198 页。
② 《钦定大清会典事例》卷 503《礼部·朝贡·贡物》。
③ 冯立军:《浅谈明清时期中国与琉球中医药交流》,《历史档案》2007 年第 1 期。
④ [美]彭慕兰、史蒂夫·托皮克:《贸易打造的世界》,黄中宪译,陕西师范大学出版社 2008 年版,第 26 页。
⑤ 崔溥著,葛家振点校:《漂海录——中国行记》,社会科学文献出版社 1992 年版,第 95 页。

年），短短 15 年间，破获且上报皇帝的较大规模的海上走私案例就有 6 起。然而，这 6 起仅是众多海上走私贸易中的个案，他们因被抓获并上报皇帝才被记录下来，那些成功逃脱官府追查的走私者的数量要远远在此之上。这些下海通番贸易者，多为闽粤沿海民众，因海禁政策的推行，沿海民人多无以为生，加之香药贸易高额利润的刺激，滨海之民多三五成伙，纠集成群出洋贸易，所至国家和地区多为爪哇、暹罗、苏门答腊等香药产地。"正统九年（1444 年）二月己亥，广东潮州府民滨海者，纠诱傍郡亡赖五十五人，私下海通货爪哇国"①；景泰四年（1453 年），"月港、海沧诸处民多货番"②。此外，"湖海大姓私造海船，岁出诸番市易"③之况亦频频发生于福建沿海。

至成、弘之际，月港已成为九龙江口海湾地区对外贸易的中心，具有"小苏杭"之称，以漳州海商为先锋的东南海商的足迹遍布东西洋各重要港口，这点从漳州火长使用的题为《顺风相送》的针路手册即可清晰证明。该手册记录有自月港门户浯屿、太武出发的往西洋针路 7 条、东洋针路 3 条，另有自福州五虎门出发经太武、浯屿往西洋针路 2 条。④ 这几条直接航线与中转的局部短途航线相连接，基本覆盖了东南亚地区的主要香药产地，远赴这些地区贸易的海商们在购买回程货物时，自然首选利润率极高且购买方便的香药。我们甚至可以反向推测，购买香药的方便与否是他们选择航线的要素之一。

除沿海商人外，亦有部分内地商人参与到贩运胡椒的行列之中。成化十四年（1478 年），江西饶州商人方敏、方祥、方洪兄弟筹集六百两银，购买景德镇瓷器二千八百余件运往广州贩卖，碰上熟客广东揭阳县商人陈佑、陈荣和海阳县商人吴孟，合谋下海通番。"敏等访南海外洋有私番舡一只出没，为因上司严禁，无人换货，各不合于陈佑、陈荣、吴孟，谋久，雇到广东东

---

① 《明英宗实录》卷 113，正统九年二月己亥。

② （明）何乔远：《闽书》卷 64《文莅志·漳州府》，福建人民出版社 1994 年版，第 1855 页。

③ （明）何乔远：《闽书》卷 48《文莅志》，福建人民出版社 1994 年版，第 1215 页。

④ 杨国桢：《十六世纪东南中国与东亚贸易网络》，《江海学刊》2002 年第 4 期。

莞县陈大英,亦不合,依听将自造违式双桅槽船一只,装载前项瓷器并布货,于本年五月二十日开船,越过缘边官府等处巡检司,远出外洋,换回胡椒一百一十包、黄蜡一包、乌木六条、沉香一百箱、锡二十块。"①在海禁政策严厉执行的情况下,商人们依然敢于犯险涉海交易,足见贩运胡椒、沉香等香药的利润之高。诸多香药在其原产地,价格并不高,但运到中国后,价格升至数倍,甚至几十倍。例如,一百斤的胡椒在苏门答剌值银一两,运到明朝给价二十两,②获利高达二十倍。

鉴于香药贸易的有利可图,一些市舶官员往往利用职务之便,违禁私下进行香药贸易。"嘉靖元年(1522 年),暹罗及占城等夷各海船番货至广东,未行报税,市舶司太监牛荣与家人蒋义山、黄麟等私收买苏木、胡椒并乳香、白蜡等货,装至南京,又匿税盘出,送官南京。据刑部尚书赵鉴等拟问蒋义山等违禁私贩番货例,入官苏木共三十九万九千五百八十九斤、胡椒一万一千七百四十五斤。"③足见其私贩香药数量之大。

面对私人海外贸易的大势所趋,加之嘉靖倭患的巨大冲击,明廷开始反思海禁政策的得失,不少官员,尤其是闽、粤官员纷纷上奏请开海禁。嘉靖四十三年(1564 年),福建巡抚谭纶曾上疏曰:"闽人滨海而居,非往来海中则不得食,自通番禁严而附近海洋鱼贩一切不通,故民贫而盗愈起,宜稍宽其法。"④从沿海人民生计角度考虑,请宽海禁。傅元初则从海外贸易角度论述了开海的好处,其在《论开洋禁疏》中曰:"臣请言开洋之利,外贸可互通有无,大西洋则暹罗、柬埔寨、顺化、哩摩诸国道,其国产苏木、胡椒、犀角、象齿、沉檀、片脑诸货物,是皆我中国所需。……我中国人若往贩大西洋,则以其所产货物相抵。"⑤面对日益高涨的开海呼声,隆庆元年(1567 年),明

① 戴金编:《皇明条法事类纂》卷 20《把持行事》,东京古典研究会昭和四十一年影印本。

② (明)马欢著,万明校注:《明抄本〈瀛涯胜览〉校注》,海洋出版社 2005 年版,第 45 页。

③ (明)严从简著,余思黎点校:《殊域周咨录》卷 8《暹罗》,中华书局 2009 年版,第 283—284 页。

④ 《明世宗实录》卷 538,嘉靖四十三年九月丁未。

⑤ (明)何乔远:《镜山全集》卷 23《请开海事疏》,日本内阁文库藏明崇祯刊本。

廷允许漳泉民人准贩东西二洋。

隆庆初年，月港开放，民间私人海上贸易获得合法管道，沿海商人纷纷出洋贸易，远涉东西洋各国，并一度执东亚海域贸易之牛耳，将东南亚各地的香药源源不断地输入中国。16—18 世纪，安南、占城、北大年、马六甲、巴达维亚等香药出产地或重要贸易港，中国商舶络绎不绝，商贾辐辏。例如，越南南部的重要贸易口岸会安，每到季风时节，广东、福建等地的商人则运来白银、瓷器、茶叶、纸张、硝石等物，与当地居民交换乌木、沉香、麝香、肉桂等土产，开始为期 7 个月的交易季节，时称"长期集市"或"交易会"。① 马来半岛东南的北大年，市场上香药交易繁荣，爪哇的檀香，婆罗洲的龙脑，占城、真腊的伽南香及上等沉香，安汶、文诞的肉豆蔻及丁香，占碑和安陀罗尼的胡椒，皆通过此地中转，华人常常来此购买胡椒、龙脑、黄白檀香等物。② 具有"香料群岛"之称的马鲁古群岛，华商频繁来此购买香药，据《明史》卷 323《美洛居》记载："美洛居，俗讹为米六合，居东海中，颇称饶富。……地有香山，雨后香坠，沿流满地，居民拾取不竭。其酋委积充栋，以待商舶之售。东洋不产丁香，独此地有之，可以辟邪，故华人多市易。"③从 1595 年（万历二十三年）起的三年间，寄居菲律宾的黑袍教团传教士加布里在耶·德·桑·安多尼奥在其 1604 年（万历三十二年）出版的《柬埔寨王国国情纪实》一书中也写道："在摩鹿加群岛中的帝多列岛，中国船只以及东西方各国船只云集，他们是为着购买沉香而来的。"④

隆庆开海以后，海外贸易模式完成了从官方朝贡贸易为主向民间私人海上贸易为主的转变，为了规范日益繁盛的民间海外贸易，万历十七年（1589 年），"中丞周寀议将东西洋贾舶题定额数，岁限船八十有八，给引如

---

① 李庆新：《明代海外贸易制度》，社会科学文献出版社 2007 年版，第 443 页。

② 许云樵：《北大年史》，新加坡南洋编译所 1946 年版，第 38 页。

③ （清）张廷玉等：《明史》卷 323《外国四·美洛居》，中华书局 1974 年版，第 8374 页。

④ San Antonio.Gabriel Quiroga de, *Brevey verdadera Relation de los Successos del Reyno de Camboxa*, Paris, 1934, p.13, 107. 转引自：[日]岩生成一：《论安汶岛初期的华人街》，《南洋问题资料译丛》1963 年第 1 期。

之。以后引数有限,而愿贩者多,增至百一十引矣"。① 达到"引船百余只,货物亿万计"②,此后船引数持续有所增加,至万历二十五年(1597 年),巡抚金学曾又议增加二十引,"东西洋引及鸡笼、淡水、占婆、高址州等处共引一百十七张,请再增二十张,发该道收,则引内国道东西听各商填注,毋容狡猾高下其手",③出洋船引增至 137 张。事实上,当时出洋船只的数目远远超出官方规定的数目。例如,万历五年(1577 年)春,漳州海澄陈宾松的商船往交趾买卖,到顺化地方贸易,其时已有福建来航停泊的船只 13 艘。其时距隆庆开海十年,即使寻至万历十七年(1589 年)的规定,顺化也只有 2 艘,而此年则超多至 13 艘。④ 崇祯十一年(1637 年),中国航往东南亚各地的船只就达 40 艘,前往巴达维亚的 8 艘,前往北大年的 1 艘,前往暹罗的 1 艘,前往柬埔寨的 2 艘,前往广南的 8 艘,前往马尼拉的 20 艘。⑤ 万历、崇祯年间,甚至出现"海舶千计"之说,足见明末民间海外贸易的盛行。而这些出洋船只所到之地大部分为香药产区,他们在回航时载回颇受时人欢迎的各类香药自在情理之中。以胡椒为例,从 1500 年到开禁前的 1559 年,六十年间整个东南亚输往中国的胡椒共 3000 吨,而从开禁后的 1570 年至 1599 年的三十年里,仅从万丹港和北大年输往中国的胡椒量就达 2800 吨。⑥ 此外,苏木的输入量根据安东尼·雷德等人的统计,17 世纪 30 年代,暹罗输往中国的苏木数量每年大约有 2000 吨。⑦ 随着交易量的大增,香药

---

① (明)张燮著,谢方点校:《东西洋考》卷 7《饷税考》,中华书局 2000 年版,第 132 页。

② (明)陈子龙等辑:《明经世文编》卷 400《疏通海禁疏》,中华书局 1962 年版,第 4332 页。

③ 《明神宗实录》卷 316,万历二十五年十一月庚戌。

④ 万明:《晚明海洋意识的重构——"东矿西珍"与白银货币化研究》,《中国高校社会科学》2013 年第 4 期。

⑤ 江树生译注:《热兰遮城日志》(第一册),台南市政府发行 1999 年版,第 296 页。

⑥ Anthony Reid, David Bulbeck, Lay Cheng Tan, Yiqi Wu, *Southeast Asian Exports since the 14th Century Cloves, Pepper, Coffee, and Sugar*, Institute of Southeast Asian, 1998, p.86.

⑦ Anthony Reid, David Bulbeck, Lay Cheng Tan, Yiqi Wu, *Southeast Asian Exports since the 14th Century Cloves, Pepper, Coffee, and Sugar*, Institute of Southeast Asian, 1998.p.6.

的进出口税额也在不断降低。隆庆六年（1572年），每进口一百斤胡椒，需缴纳税钱三钱，每百斤苏木税银一钱；① 万历十七年（1589年），每百斤胡椒税银二钱五分，东洋苏木每百斤税银二分，西洋苏木每百斤税银五分；万历四十三年（1615年），每百斤胡椒税银二钱一分六厘，东洋苏木每百斤税银二分一厘，西洋苏木每百斤税银四分三厘。② 相对较低且不断下降的税额，有效推动了香药的更大规模进口。广大海商贩运回来的大量香药，在国内具有良好的销售市场，即使是进口数量最大的胡椒，"每年若有10条中国式帆船满载而至，也会一售而空"③，足见胡椒在中国社会的应用之广及受欢迎程度。

清初，统治者虽推行了一定时期的海禁政策，但持续时间较短，对民间海外贸易的发展并未造成太大影响，中国海商依旧维持其在东亚海域的贸易优势。至18世纪中叶开始，面对西方殖民者在亚洲范围内的急剧扩张，加之传统优势的丧失，中国海商在亚洲海域的势力逐步走向衰落。在民间海外贸易整体形势不利的情况下，香药贸易至19世纪中叶仍在继续维持。

康熙二十三年（1684年），民间海外贸易得到迅速恢复和发展，沿海商民纷纷贩海出洋贸易，其中赴东南亚地区，从事香药贸易者尤多。据《清圣祖实录》记载，康熙皇帝南巡苏州时，"见船厂问及，咸云每年造船出海贸易者多至千余"，而这些出洋船只"回来者不过十之五六，其余悉卖在海外赍银而归"，④鉴于此，康熙皇帝萌生禁赴南洋贸易之意。次年，即康熙五十六年（1717年），正式颁布赴南洋贸易禁令："凡商船照旧东洋贸易外，其南洋吕宋、噶罗吧等处，不许商船前往贸易，于南澳等地方截住，令广东、福建沿海一带水师各营巡查。违禁者严拿治罪。其外国夹板船照旧准来贸易，令

① （明）罗青霄：《漳州府志》卷5《赋役志》，厦门大学出版社2010年版，第190页。

② （明）张燮著，谢方点校：《东西洋考》卷7《饷税考》，中华书局2000年版，第141、143页。

③ 金国平：《西方澳门史料选萃（15—16世纪）》，广东人民出版社2005年版，第23页。

④ 《清圣祖实录》卷270，康熙五十五年十月壬子。

地方文武官严加防范。嗣后洋船初造时,报明海关监督,地方官亲验印烙,取船户甘结,并将船只丈尺、客商姓名、货物,往某处贸易,填给船单,令沿海口岸文武官照单严查,按月册报督抚存案。"①这一禁令的颁布,严格限制了沿海商民远赴南洋贸易,而南洋地区正是香药的主产区,中国社会消费的香药基本来自这一地区,故南洋海禁很大程度上限制了香药的输入。但因"内地商船,东洋行走犹可"②,船只出洋后航往何处,官方则无从追踪,在此期间,仍有部分商船赴南洋贸易。据荷兰学者包乐史统计,"在南洋海禁的十年间,除 1718—1721 年(康熙五十七年至康熙六十年)期间无中国商船航往巴达维亚外,其他年份均有商船到达。"③南洋贸易禁令推行之后,其弊端迅速凸显出来,解除禁令的呼声持续不断,闽、粤、浙各省地方官员纷纷"以弛禁奏请"④。雍正五年(1727 年),清廷宣布废除南洋禁海令,允许商民前往南洋贸易,民间海外贸易进入一个新的发展时期。

进入 18 世纪以后,面对英国东印度公司主掌的港脚贸易的强大竞争,中国海商在亚洲海域的香药贸易仍然继续维持。据统计,18—19 世纪的一百多年间,有一百余艘中国商船航往重要香药贸易港巴达维亚,而在这期间前来此地的葡萄牙商船仅 40 艘。⑤ 18 世纪中叶前后,会安港贸易进入鼎盛时期,"1740 年(乾隆五年),在广南已逗留 15 年的克弗拉说,每年约有 80艘中国船来此贸易。1749 年(乾隆十四年),法国商人波武尔也看到每年有60 艘中国商船驶进会安港"。⑥ 这些前往会安贸易的中国商人,所购买商品的种类,黎贵惇的《抚边杂录》中记载的作者在 18 世纪 80 年代与一名陈姓广东客商的一段谈话,对此有所涉及:"广南俗称百斤为一谢,槟榔三贯

---

①　《清圣祖实录》卷 271,康熙五十六年正月庚辰。

②　《康熙起居注》,康熙五十六年。

③　Leonard Blusse, *Strange company : Chinese settlers, Mestizo women, and the Dutch in VOC Batavia*. Dordrecht-Holland;Riverton-U.S.A.;Foris Publications,1986.p.123.

④　(清)王之春:《国朝柔远记》卷 4,台湾华文书局 1968 年版,第 208 页。

⑤　Leonard Blusse, *Strange company : Chinese settlers, Mestizo women, and the Dutch in VOC Batavia*. Dordrecht-Holland;Riverton-U.S.A.;Foris Publications,1986.p.123.

⑥　陈希育:《清代中国与东南亚的帆船贸易》,《南洋问题研究》1990 年第 4 期。

一谢,胡椒则十二贯一谢,豆蔻五贯,苏木六贯,砂仁十二贯,乌木六陌,红木即梧山一贯,花梨即梧侧一贯二陌,犀角五百贯,燕巢二百贯,鹿筋十五贯,鱼翅十四贯,干虾六贯,香螺头十二贯,玳瑁一百八十贯,象牙四十贯,菠萝麻十二贯,冰糖四贯,白糖二贯,其滑石、铁粉、海参各次,及土药数百味,不可胜计。至如奇楠香重一斤则值钱一百二十贯,黄金一笏值钱一百八十贯,丝绢一匹则三贯五陌,肉桂、沉香珍味最好,价之高下多少不定。紫檀木有之,不及暹罗为佳。"①这位广州客商在会安购买的商品包括胡椒、豆蔻、苏木、奇楠香、沉香、檀香等多种香药,且香药在其所购货物中占有相当比重。至19世纪初,东南亚地区的香药仍大量输入中国,据克劳福德的记载,19世纪20年代,暹罗每年向中国输出60000担胡椒,16000担紫梗,30000担苏木、1000担象牙,500担小豆蔻。② 由此可见,自18世纪开始至19世纪中叶,中国海商在东亚海域所从事的香药贸易,虽不如明末清初繁盛,但并未被新兴的东印度公司迅速挤下历史舞台,一直穿梭于东亚海域之间往来贩运。

三、西人中转

鉴于中国与东南亚之间香药贸易的有利可图,刚刚进入亚洲市场不久的西方殖民者,便积极投身于这项贸易之中。自成化开始,葡萄牙人就已进入到闽海贸易。据林希元《与翁见愚别驾书》载:"佛朗机之来,皆以其地胡椒、苏木、象牙、苏油、沉、速、檀、乳诸香与边民交易,其价尤平;其日用饮食之资于吾民者,如米面、猪鸡之数,其价皆倍于常,故边民乐与为市。"③葡萄牙人占据马六甲后,马六甲与中国贸易的最大宗商品——胡椒,落入葡人控制,"仅1555年(嘉靖三十四年)的一个月内,经葡人中转,由广州卖出的胡

---

① ［越］黎贵惇:《抚边杂录》卷4,西贡,1967年,页34b-35a。转引自:冯立军:《古代中国与东南亚中医药交流研究》,云南出版集团有限责任公司2010年版,第49—50页。

② John Crawfurd, *Journal of an Embassy from the Governor-General of India to the Courts of Siam and Cochin China*, London, 1828.p.413.

③ (明)林希元:《林次崖文集》卷5《与翁见愚别驾书》,清乾隆十八年陈胪声诒燕堂刻本。

椒就达 40000 斤"①。1557 年（嘉靖三十六年）葡萄牙人正式赁居澳门，并将其迅速发展成中外贸易的重要中转站，东南亚、南亚地区的香药经葡人中转大量运至澳门。每年 5—6 月，葡萄牙大船满载从科钦和马六甲等地换取的胡椒、丁香、肉豆蔻、苏木、檀香、沉香等各类香药，来到澳门。据当时一位长期留居澳门的葡人记录，"从前，他们（葡萄牙商船）是从马六甲到巽他，又从巽他运许多胡椒和药物到中国去，这一来，就不必收购专营权了。但是，若干年以来，不再去巽他了，而是从马六甲直接驶往中国，开进上述澳门港与岛"。② 关于这一时期澳门香药贸易的盛况，清人吴历在《澳中杂咏》中有诗云："小西船到客先闻，就买胡椒闹夕曛；十日纵横拥沙路，担夫黑白一群群。"③

西班牙人紧随葡萄牙人之后来到中国，但其寻求商业特权的要求未能得到满足，加之其在亚洲的势力范围吕宋并非香药主产地，因此西班牙人未能大规模地参与到东南亚与中国的香药贸易中来，偶在运送白银之余附载一定数量的苏木，赴中国沿海交易。

荷兰人来到亚洲的时间虽晚于葡萄牙人和西班牙人，却以后来者居上之势，迅速控制了马六甲、马鲁古群岛、安汶、万丹、巴达维亚等地，而这些地区或为重要贸易港，或为香药产区，控制了这些地区也就等于掌控了东南亚地区相当部分的香药输出。

1602 年（万历三十年），荷兰东印度公司成立，荷兰人的势力开始进入亚洲海域，并屡次前来中国沿海，寻求与中国通商贸易的机会，但因葡萄牙人的阻挠，最终未能成功。1619 年（万历四十八年），荷兰人占领雅加达，并将其更名为巴达维亚，作为荷兰人在亚洲的贸易基地，并逐步垄断香料群岛的贸易。在东南亚地区获得极大成就的荷兰人，试图用武力解决与中国的贸易问题，但其占领澎湖的企图最终失败。1624 年（天启四年）9 月，荷兰

① ［法］裴化行：《天主教 16 世纪在华传教志》，萧浚华译，商务印书馆 1936 年版，第 94 页。
② ［澳门］《文化杂志》编：《十六和十七世纪伊比利亚文学视野里的中国景观》，大象出版社 2003 年版，第 118 页。
③ （清）吴历：《墨井集》卷 3《澳中杂咏》，清宣统元年刻本。

人迁往台湾,开始在大员增兵建港筑城,并很快将其发展成重要的贸易基地,大量的东南亚香药经此中转,到达中国市场。每年的4—7月,荷兰东印度公司船只从巴达维亚、占碑、暹罗等地出航,8月左右抵达大员,其所载货物以胡椒、苏木、檀香、沉香等香药为主,且数量十分庞大。1637年(崇祯十年)大员商馆的业务逐渐步入正轨,从东南亚地区(以巴达维亚为主)开往大员的船只也日渐规律,该年度从巴达维亚开往大员的船只共5艘,从暹罗出航的1艘,从占碑出航的1艘,其所载货物如下:6月14日与16日从巴达维亚出航的快艇Zandvoort和Cleen Bredammme号,载有7369.10荷盾的货物,主要包括"1311.5担红色檀香木、125担长胡椒、194担爪哇的沥青、350捆萝藤"。7月13日从暹罗出航的平底船Rarop号所载货物,"根据账单和送货单,有2250担苏木、586担暹罗铅、30根柚木的木头、200根柚木的木板、8.5担沉香、100罐椰子油、40斤苏合香、105斤暹罗象牙和9根犀角,总值14823.8.12荷盾(6荷盾=1两白银)。"1637年8月10日,从巴达维亚航往大员的大船Egmont号,运给大员商馆的有:"49gingans(gingans,印度一种颜色织物,大部分是棉质的。)、86包乳香、9箱没药、1罐没药、27蓝没药、1箱漆、58篮儿茶、27blasen苏合香、190包木香、1箱木香、11袋木香、13桶木香、3006磅檀香木,总值28526.1.6荷盾。"①从上述三张货物清单可见,从巴达维亚等地开往大员的荷兰东印度公司船只所运货物中,香药所占比重最高,且种类丰富,运载数量较大。

伴随着大员商馆中转地的日益稳固,荷兰东印度公司运往大员商馆的香药逐渐增多,随船的送货单则清晰呈现了这一变化。例如,1639年(崇祯十二年)6—7月,来自巴达维亚的四艘船只运所运货物种类与数量如下:6月13日,从巴达维亚航往大员的第一艘平底船De Rock号,"所载货物总值197,851.3.14荷盾,有1000担胡椒、1000担红色檀香木、53lasten又195gantangs②的爪哇米和19524磅象牙"。随后抵达的Breda号,"运来总

① 江树生译注:《热兰遮城日志》(第一册),台南市政府发行1999年版,第325、336、338页。

② Last,17世纪荷兰联合东印度公司在亚洲用的米的重量单位,1last=20担=2300斤;gantang,米的重量单位,1gantang约为十分之一担,即约三公斤。

值 123,319.10.8 荷盾的货物,有 3000 担胡椒、150lasten 米、24400 磅乳香、4941 磅没药、438 磅红酸模、300 匹交趾的更纱……"还有一些木匠的工具,战争的火药及其他东西。7 月 25 日抵达大员的平底船 De Sonne 号运有下列货物,即 24400 磅檀香木、15511 磅红色檀香木、2042 担又 25 斤散装的胡椒、20000 个 rijcxdaelders(荷兰的硬币,当时币值约为 2.5 荷盾),而同日抵达的平底船 Castercom 号则载有"20000 个 rijcxdaelders、93210 磅铅、200 担檀香木(一共有 711 根)、957.25 担胡椒、80.75 担乳香,也载有一批绳索和锚,以及一些要制作军队衣服所需要的物品、食物、战争用的火药和其他物品。"①从船只的运货总值来看,1639 年每艘船的装载量是 1637 年的数十倍,甚至是几十倍;从所运香药种类来看,1637 年所运香药品种虽较为丰富,但每种数量不多,1639 年运载的香药主要集中在胡椒和檀香木两种,且数量庞大,动辄千担。上述 7 份货物清单中,檀香木的数量几乎与胡椒数量匹敌,然而这仅是巧合,从这一时期航往大员船只运载的各类香药总量来看,胡椒的数量要远远超出檀香木。《热兰遮城日志》中对于运入大员港的胡椒数量,有诸多记录,在此列举数据较为详细的三例:②

1636 年 6 月 25 日,平底船 Schaegen 号 4 月 17 日从巴达维亚出航,所载货物大部分是胡椒和铅,总值约为 64,000 荷盾。

1637 年 8 月 3 日,从占碑来的 Duyve 号运来 2509 担又 40 斤胡椒,及 2383 担又 55 斤占碑的胡椒,125 担又 85 斤由快艇 Bracq 号运回来的巴邻旁(即巨港)的胡椒,加上费用开支总值 45,380.2.4 荷盾。

1638 年 6 月 21 日,平底船 Den Otter 号抵达港外,是 5 月 19 日从巴达维亚出航,作为本季第一班派来的船,经广南前来此地的。……上述平底船所载货物总值为 136,399.4.9 荷盾,有下列货物:1800 担巴邻旁的胡椒、1234 担又 90 斤檀香木……

① 江树生译注:《热兰遮城日志》(第一册),台南市政府发行 1999 年版,第 437、438、444 页。

② 江树生译注:《热兰遮城日志》(第一册),台南市政府发行 1999 年版,第 245、334、397 页。

上述三艘开往大员的船只所运主要货物均为胡椒，且每艘平底船的运载量均在千担以上①，总量更是高达近万担。然而，这一数量仅是这三年从巴达维亚、占碑等地运往大员胡椒总量的一部分，更多商船的运量因记录不详或内容缺失，致使我们无法做出准确统计。由此可见，胡椒是荷兰东印度公司运往大员的最主要商品，且数量十分庞大，而这些胡椒除少部分运往日本外，绝大部分都销往中国市场。

荷兰东印度公司销往中国的香药数量固然庞大，但其仅占当时中国从东南亚进口香药总量的一部分，中国市场上销售的香药大部分来自中国商人直接从东南亚的主要香药贸易港购得。仅 1637 年（崇祯十年）中国航往东南亚各地的船只就达 40 艘，其中前往巴达维亚的 8 艘，前往北大年的 1 艘，前往暹罗的 1 艘，前往柬埔寨的 2 艘，前往广南的 8 艘，前往马尼拉的 20 艘，②但该年从巴达维亚、占碑等东南亚地区航往大员的荷兰东印度公司船只仅 6 艘。而且，中国商船所到达的巴达维亚、北大年、暹罗、广南等地皆为香药主产区，因此这些商船在回航时极有可能携带有颇受时人欢迎的香药，马尼拉虽并非香药的重要产地，但航往该地的中国商船除运回大量白银外，亦载有苏木、豆蔻等香药。例如：

> 1637 年 7 月 24 日，一艘从暹罗回中国的戎克船，从暹罗运回 3000 担苏木、140 到 150 担铅、30 到 40 担象牙、40 到 50 担树胶、2 到 4 担藤黄胶、240 担 Bordolon（在马来半岛沿海，北大年的北边）的黑胡椒、4000 到 5000 枚最大种类的鹿皮。③

① 平底船 Schaegen 号所运胡椒数量虽未记载，但从货物价值我们可以大致推算出该船所运胡椒至少在 2500 担以上。具体推算过程如下：Duyve 号和 Bracq 号所运胡椒共 5017 担又 180 斤，货物总值加费用开支 45,380.2.4 荷盾；Schaegen 号所载货物大部分是胡椒和铅，价值 64,000 荷盾，从记录来看胡椒排在铅的前面，因此所运胡椒的价值应大于铅的价值，而胡椒和铅又是该船所运主要货物，因此胡椒的价值至少占到该船所运货物总值的 1/3 以上，即价值当在 21,300 荷盾以上，折算成胡椒在 2500 担以上。

② 江树生译注：《热兰遮城日志》（第一册），台南市政府发行 1999 年版，第 296 页。

③ 江树生译注：《热兰遮城日志》（第一册），台南市政府发行 1999 年版，第 330—331 页。

1644 年 8 月 27 日,中国商人 Peco 的戎克船从北大年回航时,载有 340 担胡椒、700 袋米、50 袋椰子粉、80 袋干的虾子、1860 捆藤、1500 斤燕窝、2000 根水牛角、3 担沉香、1 担象牙、175 斤蜡。①

1647 年 8 月 1 日,中国商人 Sancou 的一艘戎克船从广南沿海归来,载有下列货物:560 担胡椒、150 担苏木、20 担干的鲨鱼、25 担沉香、10 担干的虾子、11 担水牛角和 5.5last 米。②

1650 年 8 月 13、14 日,有一艘非常大的戎克船从巴达维亚来到此地港外,是由几个那里的中国人装船派来的。……所运货物种类如下:70lasten 米、25lasten 花生和小肉豆蔻、10lasten 盐、180 担棉花、500 担苏木、100 担海菜、10 担胡椒和 5 担巴达维亚的虾子。③

1655 年,一艘小的中国人的戎克船从马尼拉归来,载有 300 袋米、50 袋小肉豆蔻、220 担马尼拉的苏木、5 担牛皮、100_水牛角、6 担红木、4 担白糖、140 枚鹿皮、3 担蜡和 3 罐油脂。④

从上述五艘船运载的货物种类和数量来看,香药所占比重最大,主要包括苏木、胡椒和沉香三种。中国商人的一些戎克船所载香药数量虽不如荷兰东印度公司的平底船装载量大,但结合船只数目总体计算,中国商人从东南亚地区直接购买的香药较荷兰东印度公司运往大员的数量高出不少。我们虽无法准确得知中国每年从东南亚进口的香药总量,但这些零星的历史记录已足以显示,香药无疑已成为当时中国从海外进口的最重要商品,尤其是贸易量最大的胡椒,已从明初的奢侈品转变成一种大众消费品。

1661 年(顺治十八年)郑成功率领将士,横渡台湾海峡,荷兰人战败,并

---

①　江树生译注:《热兰遮城日志》(第二册),台南市政府发行 2002 年版,第 6328 页。

②　江树生译注:《热兰遮城日志》(第二册),台南市政府发行 2002 年版,第 661 页。

③　江树生译注:《热兰遮城日志》(第三册),台南市政府发行 2003 年版,第 159 页。

④　江树生译注:《热兰遮城日志》(第三册),台南市政府发行 2003 年版,第 489 页。

于 1662 年(康熙元年)退出台湾,失去大员商馆作为中转贸易基地的荷兰人,并未放弃向中国输入香药这项有利可图的生意,仍源源不断从东南亚输送香药至中国,只是输送地由原来的福建沿海转至广州。据统计,1751 年(乾隆十六年),荷兰商船向广州运送的胡椒达 24696 担;1792 年(乾隆五十七年),到达广州的 4 艘荷兰船,所运香药包括胡椒 4168 担、丁香 80 担、檀香木 926 担,共值银 87970 两。① 这一时期,荷兰船向中国输入的香药数量仅次于英国。

在荷兰人撤离台湾之后,早已想开展对华贸易的英国人自然急匆匆地踏上台湾岛,成为郑氏政权的第一批客商,②并于 1671 年(康熙十年)在台湾设立商馆。随后,又于 1676(康熙十五年)年在厦门设立商馆,成为东印度公司在中国大陆的第一个立足点。由于郑氏政权与清政府间的战争,福建沿海局势动荡不安,加之清政府实行的禁海、迁界政策,很大程度上影响和制约了英国东印度公司对华贸易的发展,英国人开始寻求新的在华贸易据点,经多方努力,自 1704 年(康熙四十三年)开始,英国东印度公司的贸易中心从厦门移至广州。此后,英国对华贸易规模逐步扩大,贸易额逐年增长,在东印度公司对华输入商品中,香药占有极大比重。例如,1735 年(雍正十三年),东印度公司商船,"里奇蒙号"舱货在广州售出货物有棉花 605 担、木香 67 担、没药 112 担、乳香 205 担、檀香木 859 担、胡椒 3155 担,总售价为 56384 两白银,除出售棉花所得 5143 两外,其余 5 万余两皆为销售香药所得。1742(乾隆七年)年 7 月 1 日,从孟买出发的"翁斯洛号"到达黄埔,所载货物主要包括棉花 870 担、檀香木 1350 担、木香 200 担、乳香 900 担。③ 从上述两例可见,除棉花外,香药为东印度公司对华输入的最主要商品。英国人从这项贸易中获得了极大利润,据东印度公司的发票登记计算,

---

① ［美］马士:《东印度公司对华贸易编年史(1635—1834 年)》(第 1、2 卷),区宗华译,中山大学出版社 1991 年版,第 296、519 页。

② 林仁川:《清初台湾郑氏政权与英国东印度公司的贸易》,《中国社会经济史研究》1998 年第 1 期。

③ ［美］马士:《东印度公司对华贸易编年史(1635—1834 年)》(第 1、2 卷),区宗华译,中山大学出版社 1991 年版,第 237、284 页。

1777 年(乾隆四十二年),"胡椒一项单独所得的利润,已经超过公司全部输入的总利润"。①

鉴于对华香药贸易的有利可图,18 世纪 70 年代后,在东印度公司的允许下,英国散商也开始对华输入香药,②其贸易规模有时甚至超过东印度公司。例如,1778 年,东印度公司船只运至广州的香药有胡椒 2609 担、木香 842 担、檀香木 980 担,散商船运来的为胡椒 5123 担、木香 3254 担、檀香木 1468 担。③ 无论从总体还是单品来看,散商船运载香药数量皆高出公司船很多。甚至在某些年份,英国对华输入的香药均来自散商船和私船,如 1792 年(乾隆五十七年),英国散商船运至广州的香药有胡椒 5567 担、檀香木 8780 担,托斯卡纳船运来胡椒 991 担、丁香 4 担、檀香木 17 担,而公司船所运载的货物中则没有香药。④

除上段介绍的胡椒、檀香、木香、乳香、丁香、没药外,英国人对华输入的最大宗且增幅最快的香药当属鸦片。康熙二十三年(1684 年)开海之后,鸦片作为药材每斤纳税三分准予输入,但自混合吸食鸦片的方法传入中国后,"其时沿海居民得南洋吸食法而益精思之,煮土成膏,镶竹为管,就灯吸食其烟,不数年流行各省,甚至开馆卖烟"⑤,曾经作为药材使用的鸦片迅速转变为贻害万民的毒品。面对这一情形,清政府屡次颁布诏令限制鸦片进口,但并未收效,鸦片输入反呈愈演愈烈之势。据悉,1780 年(乾隆四十五年)时,输入中国的鸦片售价为每箱 200 至 240 元,至 1785 年增至 320 至 500

---

① ［美］马士:《东印度公司对华贸易编年史(1635—1834 年)》(第 1、2 卷),区宗华译,中山大学出版社 1991 年版,第 349 页。

② 1686 年,英国东印度公司董事部曾指示:"对中国的贸易,将成为有利。茶叶和香料是公司将来进口货的一部分,不能作为私人贸易的商品。"(引自［美］马士:《东印度公司对华贸易编年史(1635—1834 年)》(第 1、2 卷),区宗华译,中山大学出版社 1991 年版,第 71 页。)

③ ［美］马士:《东印度公司对华贸易编年史(1635—1834 年)》(第 1、2 卷),区宗华译,中山大学出版社 1991 年版,第 353—354 页。

④ ［美］马士:《东印度公司对华贸易编年史(1635—1834 年)》(第 1、2 卷),区宗华译,中山大学出版社 1991 年版,第 518—520 页。

⑤ 李圭:《鸦片事略》,载中国近代史资料丛刊:《鸦片战争》(六),上海新知识出版社 1957 年版,第 160 页。

元,然而输入量则以每年 500 至 600 箱的速度增长。① 为了阻止鸦片流毒天下,嘉庆元年(1796 年),清廷颁布鸦片进口禁令,并从关税表中剔除鸦片一项。这一切断鸦片合法进口渠道的措施依然未能奏效,英国人向中国走私的鸦片数量与日俱增,并最终导致了 1840 年(道光二十年)鸦片战争的爆发。

除葡萄牙、西班牙、荷兰、英国四国外,美国、法国、瑞典等国也偶尔携带香药入华贸易,但数量极少,且品种单一。例如,1784 年(乾隆四十九年),第一艘美国船"中国皇后号"抵达广州,船上所载香药仅胡椒 26 担;1792 年(乾隆五十七年),来华贸易的瑞典船 1 艘,输入胡椒 31 担;法国船 2 艘,输入胡椒 159 担。② 美国、法国、瑞典等国对华香药贸易,无论从频率,还是数量上看,都难以与葡、西、荷、英四国相提并论,也并未对中国构成太大影响。

综上可见,明清时期,域外香药主要通过朝贡贸易、郑和下西洋、民间贸易及西人中转四种途径输入中国,这四种途径在不同时期,既有交叉亦有分离,且彼此之间潜藏着千丝万缕的联系。明前期,由于朝贡体制和海禁政策的双重作用,官方朝贡贸易及郑和下西洋成为香药入华的主要途径。宣德以后,郑和下西洋活动戛然而止,朝贡贸易亦日趋衰落,然而香药的输入在此期间并未出现停滞,民间私人贸易在海禁政策的夹缝中潜滋暗长,并呈如火如荼之势。隆庆开海以后,获得合法渠道的民间海外贸易迎来发展的高峰,中国海商远涉东西洋诸国,满载香药而归,且尤以胡椒、苏木、檀香为多。明中叶以后,葡萄牙、西班牙、荷兰、英国等西方国家相继加入到中国与东南亚的香药贸易中来,他们或建立贸易据点,或设立商馆,或通过三角贸易,将香药源源不断地输入中国,并从中获得丰厚利润。

---

① 〔美〕马士:《东印度公司对华贸易编年史(1635—1834 年)》(第 1、2 卷),区宗华译,中山大学出版社 1991 年版,第 460 页。

② 〔美〕马士:《东印度公司对华贸易编年史(1635—1834 年)》(第 1、2 卷),区宗华译,中山大学出版社 1991 年版,第 417—418、519 页。

第四章　香药贸易与中国经济

明清时期,在朝贡贸易、郑和下西洋、民间贸易及西人中转等方式的共同作用下,大量的域外香药源源不断地输入中国,成为海洋贸易的标志性产品。作为明清时期进口最大宗商品的香药对中国经济产生了多重影响,其进口不仅减缓了政府的财政压力,充实了中央和地方的税收来源,而且带动了沿海经济的发展,促进了民间经济文化交流。此外,香药贸易的高额利润,吸引了大批商民纷纷加入香药贩运行列。

第一节　香药贸易与政府财政

随着海外贸易的日益发展,作为传统时代中国进口最大宗商品的香药,自北宋开始其与政府财政的关系日益密切。宋代实行的香药博买、抽解、售卖制度及入中法,不仅扩充了政府的财政收入,而且很大程度上解决了西北地区庞大的军费开支,减轻了宋政府的财政困难。元代延续了两宋时期积极开放的海外贸易政策,香药的大量进口为政府提供了大量税收,此外,元政府还通过官本船等方式积极参与香药贸易,并从中获取高额利润。明清时期,海外贸易政策虽日趋保守,但香药的输入量有增无减,香药贸易在缓解政府财政压力方面发挥作用的方式更为多元。通过朝贡贸易及郑和下西洋进口的大量香药,尤其是胡椒和苏木,常被明廷用于赏赐、支俸,此举不仅节约了财政开支,而且延缓了钞法败坏的进程。明中叶以后,官方贸易日渐衰落,民间海外贸易获得长足发展,市舶司的运作不再单纯以"怀柔远人"为目的,开始对进口香药及其他商品实行抽分,以增加财政收入。海禁政策解除后,民间海外贸易合法化,长期以来作为海洋贸易标志性产品的香药,其输入数量成倍增长,且在进口商品中占有极大比重,香药税成为进口税收的重要来源。

一、折赏支俸

通过朝贡贸易与郑和下西洋的双重渠道,大量的东南亚胡椒和苏木进入到中国府库,并被明廷开始大规模地用于赏赐、支俸。洪武十二年(1379年),"赐在京役作军士胡椒各三斤,其在卫不役作者,各赐二斤"①;十三年,"赐京卫军士胡椒各三斤"②;十八年,"赐京卫旗军,胡椒人一斤"③,又"令赏赐各卫军士冬衣布花,绢每匹折与苏木一斤六两、胡椒四两,布每匹折苏木一斤、胡椒三两"④;十九年,"令在京各卫军士,该赏布三匹者,内一匹折苏木一斤,一匹折新钞三锭,该布二匹者,内一匹折苏木一斤,该布一匹者仍旧"⑤;二十二年,"令在京各卫军士该赏布三匹、棉花一斤半者,与绢二匹、胡椒一斤,该布二匹、棉花一斤半者,与绢二匹,该布一匹、棉花一斤半者,与绢一匹、胡椒半斤。其南京卫所军士,止赏布匹,该三匹者,内二匹折绢一匹,一匹折胡椒一斤,该二匹者,折绢一匹,该一匹者,折胡椒一斤"⑥;二十四年,"赐海运军士万三千八百余人胡椒、苏木、铜钱有差"⑦,"赐燕山太原青州诸获卫官校胡椒、钞锭有差"⑧;二十五年,"赐浙江杭州等卫造防倭海船军士万一千七百余人钞各一锭、胡椒一斤"⑨,"赐浙江观海等卫造海

---

① 《明太祖实录》卷126,洪武十二年九月甲寅。
② 《明太祖实录》卷131,洪武十三年夏五月己亥。
③ 《明太祖实录》卷171,洪武十八年二月壬寅。
④ 申时行:《大明会典》卷40《户部·赏赐》。
⑤ 申时行:《大明会典》卷40《户部·赏赐》。
⑥ 申时行:《大明会典》卷40《户部·赏赐》
⑦ 《明太祖实录》卷270,洪武二十四年春正月辛亥。
⑧ 《明太祖实录》卷211,洪武二十四年八月庚辰。
⑨ 《明太祖实录》卷217,洪武二十五年夏四月癸亥。

船士卒万二千余人钞各一锭,胡椒人一斤"①;二十九年,"造三山门外石桥成,赏役夫二千余人胡椒各一斤、苏木各五斤"②;"给京卫军士胡椒各一斤、苏木各三斤"③。永乐五年(1407 年),"令赏赐北平各卫军士冬衣布花,该布绢三匹者,内绢一匹折与苏木一斤八两,该布二匹者,一匹折苏木一斤,该布一匹者仍旧"。④ 洪武、永乐年间,胡椒、苏木被大量用于赏赐,且赏赐的人群不再局限于高级官吏,在京及各地军士皆被赏予胡椒、苏木,甚至役夫也受到同样的赏赐,足见这一时期,明朝府库中囤积胡椒、苏木数量之多。大量胡椒、苏木代替钱钞、布绢用于赏赐,在节约财政支出方面发挥了积极作用。同时,利用胡椒、苏木作为赐物本身,也一定程度上反映了胡椒、苏木对于普通百姓的珍贵,以及在当时市场上的供不应求。

自永乐三年(1405 年)开始,伴随着郑和下西洋的进行,明朝府库中囤积的胡椒、苏木日渐增多。与此同时,厚往薄来的朝贡贸易及气势恢宏的下西洋活动,使明政府背负了沉重的财政负担。在两方面因素的共同作用下,胡椒、苏木折俸的办法应运而生。自永乐二十年至二十二年(1422—1424),在京官员的俸禄已开始使用胡椒、苏木折支,规定"春夏折钞,秋冬则苏木、胡椒,五品以上折支十之七,以下则十之六"⑤。宣德九年(1434 年),允许两京文武官员俸米以胡椒、苏木折钞,"胡椒每斤准钞一百贯,苏木每斤准钞五十贯,南北二京官各于南北京库支给。"⑥正统元年(1436 年),胡椒、苏木折钞支俸的范围从两京官员扩大至万全大宁都司、北直隶卫所官军,"折俸每岁半支钞,半支胡椒、苏木"⑦;正统五年(1440 年),折俸范围进一步扩大到各衙门知印、教坊司俳长,按例他们的"月粮一石五斗,除本色米一石外,余五斗春夏折钞,秋冬折胡椒、苏木"⑧。这种以胡椒、苏

---

① 《明太祖实录》卷 219,洪武二十五年秋七月丙申。
② 《明太祖实录》卷 231,洪武二十七年春正月乙丑。
③ 《明太祖实录》卷 245,洪武二十九年三月庚辰。
④ 申时行:《大明会典》卷 40《户部·赏赐》。
⑤ (明)黄榆:《双槐岁钞》卷 9《京官折俸》,中华书局 1999 年版,第 184 页。
⑥ 《明宣宗实录》卷 114,宣德九年十一月丁丑。
⑦ 《明英宗实录》卷 19,正统元年闰六月戊寅。
⑧ 《明英宗实录》卷 67,正统五年五月甲寅。

木折俸的现象一直持续到成化七年（1471 年），因"京库椒木不足"①宣告停止。胡椒、苏木折俸的办法具有一定的合理性，此做法不但减轻了政府的财政压力，延缓了钞法败坏的危机，而且使囤积于府库的大量胡椒、苏木分散至各个家庭，扩大并普及了胡椒、苏木的消费，加速了胡椒、苏木从奢侈品向日用品的转化过程，对时人的日常饮食及穿衣观念产生了积极且深远的影响。

利用胡椒、苏木折钞支俸的办法，因胡椒、苏木自身的实用性及其缓解财政压力的积极作用，在推行之初得到了各级官员的大力支持。明代著名经济思想家丘浚在其代表作《大学衍义补》中言："今朝廷每岁恒以番夷所贡椒木，折支京官常俸。夫然，不扰中国之民，而得外邦之助，是亦足国用之一端也。其视前代算间架总制钱之类，滥取于民者，岂不犹贤乎哉。"②但随着大明宝钞的不断贬值，明廷持续上调胡椒、苏木的折俸比价，使原本俸禄就不高的官员们的实际收入大大缩水。明前期钞、银、胡椒实际比价如表7所示：

表7　明朝前期胡椒与钞、银比价表③

时　间	钞（贯）与银（两）比价	胡椒（斤）钞（贯）银（两）比价	资料来源
洪武八年（1375）	1：1	——	《正德大明会典》卷34《钞法》
洪武？年	15：1	1：3：0.2（进口货物给价）	《正德大明会典》卷102《番货价值》
永乐五年（1407）	80：1	1：8：0.1（时价）	《正德大明会典》卷34《钞法》、卷136《计赃时估》
宣德七年（1432）	100：1	——	《明宣宗实录》卷88
宣德九年（1434）	——	1：100：1（折俸）	《正德大明会典》卷29《俸给》

① 《明宪宗实录》卷99，成化七年冬十月丁丑。

② （明）丘浚著，蓝田玉等校点：《大学衍义补》卷25《市籴之令》，中州古籍出版社1995年版，第378—379页。

③ 万明：《郑和下西洋终止相关史实考辨》，《暨南学报（哲学社会科学版）》2005年第6期。

洪武八年（1375 年），大明宝钞发行之初，"钞一贯准钱千文，银一两"，①其后宝钞日渐贬值。至宣德九年（1434 年），胡椒、苏木折两京文武官俸的比价为"胡椒每斤准钞一百贯，苏木每斤五十贯"②，以每斤胡椒值银 1 两、每斤苏木值银半两的比价支付官员薪俸，而当时市场上胡椒的价格基本在每担 15 两左右，每斤约合 0.15 两，差价高达 7 倍。至正统初年，宝钞与银的比价跌落到千贯钞折银 1 两，而明廷仍以大量的胡椒和苏木作为货币替代品，用于支付官员薪俸。利用胡椒、苏木折钞支俸的措施，虽为朝廷节省了大量开支，延缓了钞法败坏的进程，但持续上调的折钞比价，使官员们的实际俸禄跌至了历史最低点，为了补贴家用，官员们纷纷将胡椒、苏木拿到市场上销售。这一行为无形中加速了胡椒、苏木的商品化进程，扩大了胡椒、苏木的消费群体。

二、市舶抽分

明太祖立国之初，为"通夷情、抑奸商，俾法禁有所施，因以消其衅隙也"③，于吴元年（1367 年）十二月在太仓黄渡设立市舶司，后因地"近京师，恐生他变"④，于洪武三年二月（1370 年）停罢。随着朝贡国家日多，洪武七年（1374 年）一月，复置市舶司于宁波、泉州、广州，"宁波通日本，泉州通琉球，广州通占城、暹罗、西洋诸国"⑤。九月，因沿海地区频遭倭患骚扰，又有番商假冒贡使入贡，明廷宣布停罢三市舶司。明成祖即位后，"以海外番国朝贡之使附带货物前来交易者，须有官专至之，遂命吏部依洪武初制"⑥，于

---

①　（清）吴翌凤：《镫窗丛录》卷 5，涵芬楼秘籍本。"洪武初，欲行钞法，禁民间行使金银，八年造大明宝钞图，钱十串为一贯，准钱千文，银一两，然民皆重银钱而轻钞，有以钱百六十文折钞一贯者。成化中钞益贱，一贯仅值钱一文，故银一两当钞千贯，弘正已后，钞法废不行。"大明宝钞自发行之日起，一路贬值，明廷虽采用了多项措施予以挽救，利用胡椒、苏木折钞支俸即是其主要措施之一，但始终未能阻止其停废的命运。

②　申时行：《大明会典》卷 39《户部·俸给》。

③　（清）张廷玉等：《明史》卷 81《食货五·市舶》，中华书局 1974 年版，第 1980 页。

④　（清）傅维麟：《明书》卷 38《食货志三》，清畿辅丛书本。

⑤　（清）张廷玉等：《明史》卷 81《食货五·市舶》，中华书局 1974 年版，第 1980 页。

⑥　《明太宗实录》卷 22，永乐元年八月丁巳。

永乐元年(1403 年)八月复置浙江、广东、福建市舶司,隶属布政司。

明代市舶司的主要职责为验勘合、征私货、平交易三方面,即"掌海外诸蕃朝贡市易之事,辨其使人表文勘合之真伪,禁通番,征私货,平交易,闲其出入而慎馆谷之"①。明前期,市舶司对海外诸国朝贡使者所带私货,并未征税,而是实行一种"给价收买"制度,明太祖曾规定:"诸蕃国及四夷土官朝贡所进方物,遇正旦、冬至、圣节悉陈于殿庭,若附至蕃货欲与中国贸易者,官抽六分,给价以偿之,仍除其税。"②《明会典》亦记载:"凡进苏木、胡椒、香蜡、药材等物,万数以上者船至福建、广东等处,所在布政司随即会同都司、按察司官检视物货,封完密听候,先将蕃使起送赴京,呈报数目,除国王进贡外,蕃使人伴附搭买卖物货,官给价钞收买。"③关于贡使附带货物的官买价格,弘治年间有详细规定,其中香药的定价,如表 8 所示。

表 8　官买香药价格表④

商品	价格	特　例	商品	价格	特　例
阿魏	每斤二贯		沉香	每斤三贯	
荜茇	每斤二贯		速香	每斤二贯	
没药	每斤五贯	满剌加十贯	丁香	每斤一贯	
肉豆蔻	每斤五百文	暹罗白豆蔻十贯	木香	每斤三贯	
豆蔻花	每斤五百文		金银香	每斤五百文	
荜澄茄	每斤一贯		降真香	每斤五百文	暹罗十贯
大枫子	每斤一百文	暹罗十贯	黄熟香	每斤一贯	暹罗十贯
木鳖子	每斤三百文		安息香	每斤五百文	
血竭	每斤十五贯		丁皮	每斤五百文	暹罗二贯
龙涎香	每两三贯		苏木	每斤五百文	琉球十贯,暹罗五贯

① （清)张廷玉等:《明史》卷75《职官四·市舶提举司》,中华书局 1974 年版,第1848 页。
② 《明太祖实录》卷45,洪武二年九月壬子。
③ 申时行:《大明会典》卷 108《礼部·朝贡通例》。
④ 申时行:《大明会典》卷 113《礼部·给赐番夷通例》。

续表

商品	价格	特　例	商品	价格	特　例
苏合油	每斤三贯		紫檀木	每斤五百文	
乳香	每斤五贯	暹罗四十贯	胡椒	每斤三贯	琉球三十贯,暹罗二十五贯,满剌加二十贯

通过上表可见,明廷对贡舶附带货物给价标准并非完全遵循市场规律,而是带有浓厚的政治外交色彩,具有怀柔远人、厚往薄来之意。如对暹罗、琉球、满剌加附带香药的给价则高出正常估价的数倍,有时甚至高达百倍,即使是正常的估价也往往高出市场价格。为此,明王朝背负了沉重的财政压力,正如明人丘浚所说:"于浙、闽、广三处置司,以待海外诸蕃之进贡者,盖用以怀柔远人,实无所利其入也。"①与此同时,由于钞买香药价格较高,外国贡使多增加附带货物而至,"随着朝贡人数与私货的增多,给价收买制度日益成为明王朝的财政累赘"②。正德以后,明廷不再对贡使携带私货给价收买,改行抽分制度。

正德三年(1508 年),广州市舶司开始实行抽分,对外来商品征收进口税,税率起初定为十分抽三,正德十二年(1517 年)后降至十分抽二。③ 然而,在实际运作过程中,不同商品的税率亦有一定程度的差异。据葡萄牙第一位赴华使节托梅·皮雷斯记载:"中国向来自马六甲的商人征收关税:胡椒的关税是 20%,胭脂和新加坡木(即苏木)的关税都是 50%,其他货物的

① （明)丘浚著,蓝田玉等校点:《大学衍义补》卷 25《市籴之令》,中州古籍出版社1995 年版,第 378 页。

② 陈尚胜:《明代市舶司制度与海外贸易》,《中国社会经济史研究》1987 年第1 期。

③ 关于市舶抽分制的确立及进口商品的税率,(嘉靖)《广东通志》卷 66《外志·番夷》有详细记载:"查得正统年间,以迄弘治,节年俱无抽分。惟正德四年(1509 年),该镇巡等官、都御史陈金等题,要将暹罗、满剌加并吉闸国夷船货物俱以十分之三抽分。该户部议将贵细解京,粗重变卖,留备军饷。至正德五年,巡按两广都御使林廷选题议各项货物着变卖存留本处,以备军饷之用。正德十二年,巡抚两广都御使陈金会勘副使吴廷举,奏欲仿宋朝十分抽二,或近日事例,十分抽三,贵细解京,粗重变卖,收备军饷;题议只许十分抽二。本年内占城国进贡,将搭附货物照依前例抽分。"

关税是 10%。"①从皮雷斯的描述可见，苏木、胡椒、胭脂的进口税远远高于其他商品，而胡椒、苏木又是当时输入数量最大的商品，极高的税率及庞大的进口数量，使胡椒、苏木成为当时市舶抽分的主要来源之一。除胡椒、苏木外，沉香、檀香、降香等香药亦是进口税的重要组成部分，广州港每年香药的购买量极大，沉香、檀香等至，华商争相抢购。②

市舶抽分制度确立后，得到了朝廷的认可与支持，朝贡以外的私人香药输入得到默许，大批中外商人前来互市贸易，市舶抽分极大扩充了政府的财政来源，补充了地方财政及军费的不足。关于市舶之利，嘉靖八年（1529年）八月，时任两广巡抚的林富在《请通市舶疏》中指出：

> 旧规至广番舶除贡物外，抽解私货俱有则例，足供御用。此其利之大者一也。番货抽分，解京之外，悉充军饷，今两广用兵连年，库藏日耗，借此足以充羡而备不虞。此其利之大者二也。广西一省全仰给于广东，今小有征发，即措办不前，虽折俸椒木，久已缺乏，科扰于民，计所不免。查得旧番船通时公私饶给，在库番货旬月可得银两数万，此其为利之大者三也。货物旧例有司择其良者，如价给直，其次资民买卖，故小民持一钱之货，即得握菽，展转贸易，可以自肥。广东旧称富庶，良以此耳。此其为利之大者四也。助国给军，既有赖焉。而在官在民，又无不给，是因民之所利而利之者也，非所谓开利孔而为民罪梯也。③

从林富的奏疏中我们不难看出，嘉靖时期海禁政策虽仍在严格推行，但沿海地区官员已深刻认识到海洋贸易的优势，开始从经济角度评判市舶抽分的价值，市舶司的运行也从最初怀柔远人的政治、外交目的转向增加税收

① （澳门）《文化杂志》编：《十六和十七世纪伊比利亚文学视野里的中国景观》，大象出版社 2003 年版，第 8 页。

② 金国平：《西方澳门史料选萃（15—16 世纪）》，广东人民出版社 2005 年版，第 23 页。

③ （明）严从简著，余思黎点校：《殊域周咨录》卷 9《佛郎机》，中华书局 2009 年版，第 323 页。

的经济目的。市舶抽分所得收入，不仅可供御用，补贴朝廷开支，亦可充军饷、资地方、富百姓。

沿海地区诸多官员虽已认识到番舶抽分的诸多好处，但其推行过程并非一帆风顺，部分官员仍认为开放私货贸易容易勾引外夷、为害地方。正德九年（1514 年）六月，广东布政司参议陈伯献上奏曰：“岭南诸货，出于满刺加、暹罗、爪哇诸夷，计其产，不过胡椒、苏木、象牙、玳瑁之类，非若布帛菽粟，民生一日不可或缺。近许官府抽分，公为贸易，遂使奸民数千，驾造巨船，私置兵器，纵横海上，勾引诸夷，为地方害，宜亟杜绝。”该提议得到了礼部赞同，“议令抚按等官禁约，番船非贡期而至者，即阻回，不得抽分，以启事端奸民，仍前勾引者治之”。① 陈伯献的提议虽得到明廷赞同，番舶抽分制度暂停，但禁海主张的再次复兴不但未能真正起到抵挡外夷的作用，反而使两广军饷筹措无门，香药消费无从供给。

明中叶以后，胡椒、苏木不再如陈伯献所言，与象牙、玳瑁一同归为奢侈品类，由于输入量的大增，及其本身的多元功用，胡椒、苏木几乎获得与布帛、菽粟同等的地位，成为民生日用的一部分。因此，禁止朝贡以外的香药进口，无论从财政收入，还是民生日用方面来看，皆显得不合时宜。正德十五年（1520 年）十二月，广东布政使吴廷举“首倡缺少上供香料及军门取给之议，不拘年分，至即抽货”，“以致番舶不绝于海澳，蛮夷杂沓于州城”，② 因市舶抽分的重启，广州城海外贸易盛况再现。此后，禁海主张虽频起，但开海呼声日益高涨，市舶税收制度逐步完备，征收范围由贡舶扩大至商舶，征收方式由实物转变为货币，征收规制由抽分变更为丈抽。

三、饷税

随着开海呼声的日益高涨，加之广东市舶抽分制度推行的成效，隆庆元年（1567 年），明廷应福建巡抚涂泽民之请，允许漳泉人民“准贩东西二洋”。至此，沿海商民出海贸易获得合法孔道。隆庆六年（1672 年），漳州知

---

① 《明武宗实录》卷 113，正德九年六月丁酉。
② 《明武宗实录》卷 194，正德十五年十二月己丑。

府罗青霄因百姓困苦，官府开支浩大，提议征收商税以充钱粮，其具体建议如下：

> 今方百姓困苦，一应钱粮取办里甲，欲复税课司官，设立巡拦抽取，商民船只货物及海船装载番货，一体抽盘，呈详抚、按，行分守道参政阴覆议。官与巡拦俱不必设，但于南门桥、柳营江，设立公馆，轮委府佐一员督率盘抽；仍添委柳营江巡检及府卫首领县佐更替巡守，及各备哨船兵役往来盘诘；又于濠门、嵩屿置立哨船，听海防同知督委海澄县官兵抽盘。海船装载胡椒、苏木、象牙等货，及商人买货过桥，俱照赣州桥税事例，酌量抽取。其民间日用盐米、鱼菜之类不必概抽，候一二年税课有余，奏请定夺。转呈详允，定立税银则例，刊刻告示，各处张挂，一体遵照施行。①

从上文可见，商民出海船只及所载番货皆需征税，即后来所说的水饷和陆饷，负责征税人员由府佐轮署，征税商品范围除米菜鱼盐等民生必备品外，其他进口货物皆需征税。此外，罗青霄还在"商税则例"中特意将胡椒、苏木提出，足见这两种商品已成为进口货的代表、商税的主要征收对象及地方财政的重要来源。

随着月港海外贸易的繁盛，月港税制日益规范。万历三年（1575年），应福建巡抚刘尧海之请以舶税充兵饷，制定东西洋水饷则例，对出洋船只颁发船引，征收引税，即"船阔一丈六尺以上，每尺抽税银五两，一船该银八十两。一丈七尺以上阔船，每尺抽税银五两五钱，一船该银九十三两五钱。一丈八尺以上阔船，每尺抽税银六两，一船该银一百零八两。一丈九尺以上阔船，每尺抽税银六两五钱，一船该银一百二十三两五钱。二丈以上阔船，每尺抽税银七两，一船该银一百四十两。二丈一尺以上阔船，每尺抽税银七两五钱，一船该银一百五十七两五钱。二丈二尺以上阔船，每尺抽税银八两，

---

① （明）罗青霄：《漳州府志》卷《赋役志·商税》，厦门大学出版社2010年版，第190页。

一船该银一百七十六两。二丈三尺以上阔船,每尺抽税银八两五钱,一船该银一百九十五两五钱。二丈四尺以上阔船,每尺抽税银九两,一船该银二百一十六两。二丈五尺以上阔船,每尺抽税银九两五钱,一船该银二百三十七两五钱。二丈六尺以上阔船,每尺抽税银十两,一船该银二百六十两。贩东洋船每船照西洋船丈尺税则,量抽十分之七",颁发船引数,"每请百张为率,尽即请继"。① 万历十七年(1589 年),福建巡抚周寀将东西洋船引数量定为 88 只,万历二十一年(1593 年)增至 110 只。商船所至范围,除日本外,包括东洋 44 只,西洋 40 只,马鲁古、文莱、暹罗、交趾、占城、广南、柬埔寨、下港、旧港、马六甲、大泥、亚齐、彭亨等著名香药产地皆包括在内。至万历末年,出现"海舶千计,漳泉颇称富饶"②的情形,出洋船只已远远超出官方规定数目。

隆庆六年(1572 年),为支付军饷,补充地方财政开支,漳州府制定了临时性的商税则例,开始对进口货物征税。万历三年(1575 年),定立陆饷税收则例,十七年(1589 年)、四十三年(1615 年)分别进行两次调整,各类进口商品的税额如表 9 所示:

表 9　隆、万时期月港进口商品税额表③

税额 / 商品	隆庆六年 (1572 年)	万历十七年 (1589 年)	万历四十三年 (1615 年)
胡椒	每百斤三钱	每百斤二钱五分	每百斤两钱一分六厘
象牙(成器者)	每百斤七钱	每百斤一两	每百斤八钱六分四厘
象牙(不成器者)	每百斤四钱	每百斤五钱	每百斤四钱三分二厘
苏木(东洋木)	每百斤一钱	每百斤二分	每百斤二分一厘
苏木(西洋木)	每百斤一钱	每百斤五分	每百斤四分三厘

---

① 张燮著,谢方点校:《东西洋考》卷 7《饷税考》,中华书局 2000 年版,第 132、140—141 页。

② 《崇祯长编》卷 41,崇祯三年十二月乙巳,上海古籍出版社 1982 年版,第 2456 页。

③ (明)罗青霄:《漳州府志》卷《赋役志·商税》,厦门大学出版社 2010 年版,第 190—191 页;张燮著,谢方点校:《东西洋考》卷 7《饷税考》,中华书局 2000 年版,第 141—145 页。

续表

税额　　商品	隆庆六年（1572年）	万历十七年（1589年）	万历四十三年（1615年）
檀香（成器者）	每百斤五钱	每百斤五钱	每百斤四钱三分二厘
檀香（不成器者）	每百斤五钱	每百斤二钱四分	每百斤二钱七厘
奇楠香	每一斤一钱	每一斤二钱八分	每一斤二钱四分二厘
犀角（成器者）	每十斤一钱五分	每十斤三钱四分	每十斤二钱九分四厘
犀角（不成器者）	每十斤一钱五分	每十斤一钱	每十斤税银一钱四厘
沉香	每十斤一钱	每十斤一钱六分	每十斤一钱三分八厘
没药	每百斤二钱五分	每白斤三钱二分	每百斤二钱七分六厘
玳瑁（成器）	每百斤七钱	每百斤六钱	每百斤五钱一分八厘
玳瑁（不成器）	每百斤五钱	每百斤六钱	每百斤五钱一分八厘
肉豆蔻	每百斤一钱	每百斤五分	每百斤四分三厘
冰片（上者）	每十斤一两	每十斤三两二钱	每十斤二两七钱六分五厘
冰片（中者）	每十斤一两	每十斤一两六钱	每十斤一两三钱八分二厘
冰片（下者）	每十斤一两	每十斤八钱	每十斤六钱九分一厘
燕窝（白者）	每十斤四分	每百斤一两	每百斤八钱六分四厘
燕窝（中者）	每十斤四分	每百斤七钱	每百斤六钱五厘
燕窝（下者）	每十斤四分	每百斤二钱	每百斤一钱七分三厘
鹤顶（上者）	每十斤三钱	每十斤五钱	每十斤四钱三分二厘
鹤顶（次者）	每十斤三钱	每十斤四钱	每十斤三钱四分六厘
荜拨	每百斤一钱	每百斤六分	每百斤五分二厘
黄蜡	每百斤二钱	每百斤一钱八分	每百斤一钱五分五厘
鹿皮	每百张九分	每百张八分	每百张六分九厘
子绵	每百斤三分	每百斤四分	每百斤三分四厘
番被		每床一分二厘	每床一分
孔雀尾	每千枝二分	每千枝三分	每千枝二分七厘
竹布	每匹三厘	每匹八厘	每匹七厘
嘉文席		每床五分	每床四分三厘
番藤席		每床一分	每床一分二厘
大风子	每百斤二分	每百斤二分	每百斤一分七厘
阿片	每十斤二钱	每十斤二钱	每十斤一钱七分三厘

商品＼税额	隆庆六年（1572年）	万历十七年（1589年）	万历四十三年（1615年）
交趾绢	每匹一分五厘	每匹一分	每匹一分四厘
槟榔	每百斤二分	每百斤二分四厘	每百斤二分一厘
水藤	每百斤一分	每百斤一分	每百斤九厘
白藤	每百斤二分	每百斤一分六厘	每百斤一分四厘
牛角	每百斤二分	每百斤二分	每百斤一分八厘
水牛皮	每十张一钱	每十张四分	每百张三钱四分六厘
黄牛皮	每十张八分	每十张四分	每百张三钱四分六厘
藤黄	每百斤二钱	每百斤一钱六分	每百斤一钱三分八厘
黑铅	每百斤五分	每百斤五分	每百斤四分三厘
番锡	每百斤三分	每百斤一钱六分	每百斤一钱三分八厘
番藤	每百斤三分	每百斤二分六厘	每百斤二分二厘
乌木	每百斤一分	每百斤一分八厘	每百斤一分五厘
紫檀	每百斤九分	每百斤六分	每百斤五分二厘
紫檀	每百斤一钱	每百斤一钱	每百斤八分六厘
珠母壳	每百斤五分	每百斤五分	每百斤四分三厘
番米		每石一分四厘	每石一分
降真	每百斤五分	每百斤四分	每百斤三分四厘
白豆蔻	每百斤一钱五分	每百斤一钱四分	每百斤一钱二分一厘
血竭	每百斤五钱	每百斤四钱	每百斤三钱四分六厘
孩儿茶	每百斤二钱	每百斤一钱八分	每百斤一钱五分五厘
速香	每百斤二钱五分	每百斤二钱一分	每百斤一钱八分一厘
乳香	每百斤二钱五分	每百斤二钱	每百斤一钱七分三厘
木香	每百斤二钱	每百斤一钱八分	每百斤一钱五分五厘
番金		每两五分	每两四分三厘
丁香	每百斤二钱	每百斤一钱八分	每百斤一钱五分五厘
鹦鹉螺	每百个一分五厘	每百个一分四厘	每百个一分二厘
毕布		每匹四分	每匹三分四厘
锁服（红者）		每匹一钱六分	每匹一钱三分八厘
锁服（余色）		每匹一钱	每匹八分六厘
阿魏		每百斤二钱	每百斤一钱七分三厘

续表

税额 商品	隆庆六年（1572 年）	万历十七年（1589 年）	万历四十三年（1615 年）
芦荟		每百斤二钱	每百斤一钱七分三厘
马钱		每百斤一分六厘	每百斤一分四厘
椰子		每百个二分	每百个一分七厘
海菜		每百斤三分	每百斤二分六厘
没石子		每百斤二钱	每百斤一钱七分三厘
虎豹皮		每十张四分	每百张三钱四分六厘
龟筒		每百斤二钱	每百斤一钱七分三厘
苏合油		每十斤一钱	每十斤八分六厘
安息香		每百斤一钱二分	每百斤一钱四厘
鹿角		每百斤一分四厘	每百斤一分二厘
番纸		每十张六厘	每百张五分二厘
暹罗红纱		每百斤五钱	每百斤四钱一分四厘
麻苧菁棕	每百斤五厘		
棕竹		每百支六分	每百支五分二厘
杉竹树木	每值银一两税银一分		
沙鱼皮		每百斤六分八厘	每百张五分九厘
螺蚆		每石二分	每石一分七厘
獐皮		每百张六分	每百张五分二厘
獭皮		每十张六分	每十张五分二厘
尖尾螺		每百个一分六厘	每百个一分四厘
番泥瓶		每百个四分	每百个三分四厘
丁香枝		每百斤二分	每百斤一分七厘
明角		每百斤四分	每百斤三分四厘
马尾		每百斤一钱	每百斤九分
鹿脯		每百斤四分	每百斤三分四厘
磺土		每百斤一分	每百斤九厘
生铁	每百斤二分		
花草		每百斤二钱	每百斤一钱七分三厘
油麻		每石一分二厘	每石一分
黄丝		每百斤四钱	每百斤三钱四分六厘

续表

税额 商品	隆庆六年 （1572 年）	万历十七年 （1589 年）	万历四十三年 （1615 年）
锦魟鱼皮		每百张四分	每百张三分四厘
甘蔗鸟		每只一分	每只九厘
排草		每百斤二钱	每百斤一钱七分三厘
钱铜	每百斤八分	每百斤五分	每百斤四分三厘

从商品种类来看,隆庆六年(1572 年)征税货物共 49 种,其中香药占 20 种,万历十七年(1589 年)和四十三年(1615 年),征税货物增至 83 种,香药占 26 种。总之,无论在上述三个年份中的哪一年份,香药在进口货物征税单中所占比重皆高于其他种类商品。表面上看,万历十七年(1589 年)以后,香药在进口商品中所占比重有所下降,但从增加商品种类来看,除阿魏、没石子、安息香、苏合油、丁香枝、排草香等 6 种香药外,其他 28 种商品主要为番被、番席、番米、番金、番纸、椰子、海菜、马尾、鹿脯、花草、油麻等,而这些物品并非外国所独有,进口种类虽多,总量却不大,因此所占税收比重不高。与之相比,中国社会所消费的胡椒、苏木、沉香、檀香、降香等香药基本依靠域外进口,且无其他物品可以替代,其应用范围涉及宗教祭祀、熏衣化妆、医疗保健、日常饮食诸领域。尤其是胡椒、苏木已成为日常生活不可或缺的一部分,檀香、沉香、速香、降香为各类宗教活动必备香品。因此,香药所占征税商品种类虽有所下降,并非说明其重要性的减弱,而是饷税征收日益规范化的体现,诸多商品即使进口数量不大,亦被纳入征税范围。

从各类商品税率来看,隆庆六年(1572 年)、万历十七年(1589 年)、万历四十三年(1615 年)所定税额虽各不相同,但总体上税率皆较低。以胡椒为例,当时的胡椒市场销售价格基本在每担 12—15 两,但三次所定数额皆每百斤不超过 3 钱(即 0.3 两),按胡椒的最低市场价格与最高税额来计算,税率也仅为 2.5%。因税率较低,加之走私贸易的存在,故进口货物商税收总额并不高。隆庆六年(1572 年),月港所征税额仅 3000 两,万历三年(1575 年),共征得 6000 两,次年增至 10000 两,十一年又增至 20000 两,二十二年达 29000 两,二十七年为 27000 两,四十三年,在各类商品税率普遍降低的情况下,税收总额降至 23000 两。① 即使是最高年份的 29000 两,其数量也较低。

官方记录的月港税收额度之所以较低,一是由于对出海人群的限制,明廷只允许漳、泉两府民众出海贸易,很大程度上影响了海外贸易的规模。正如陈尚胜先生所说:"由于从法律上排除了漳泉以外地区商民对合法海外贸易的参与,以漳泉较小局部地区的开放来成就全国绝大部分沿海地区的'海禁',它只能导致走私贸易的兴起。明末海上走私贸易的大规模泛滥,就是明证。而走私贸易一旦规模化,又从反面摧垮了月港合法贸易"。② 二是由于通商模式的单一,只准许本国商人出海贸易,不许外国商人入境通商,与传统的面向海内外的通商模式存在差异。只准其出,不准其入的通商模式,不仅限制了税收来源,而且阻断了中国与外部世界直接沟通联系的桥梁,使中华民族失去了一次向海洋发展、走向世界的良机。三是由于走私贸易的泛滥,因出海贸易诸多限制及逃避征税的目的,合法贸易孔道虽开,仍有不少人选择非法途径贩运香药等物回国,据生活于万历年间的谢肇淛记载:"今吴之苏、松,浙之宁、绍、温、台,闽之福、兴、泉、漳,广之惠、潮、琼、崖,狙侩之徒,冒险射利,视海如陆。"③此外,一些具有合法贸易权的海商,亦设法偷逃税款,"水饷以梁头尺寸为定,商人往往克减尺寸;报货之时,又多以精作粗,以多为寡,尽量减报,匿货漏税;地方小艇,往往在商船入港之前先行海上接买,减少报官之货。"④虽说月港税制存在较大局限,官方记录税收总额较低,但在实际的运作过程中,地方通过开海贸易所获得的收入远不止官方记载的数目,漳、泉二府的争税事件,即是月港实际税收量可观的明证。

四、关税

清朝立国之初,即废除市舶司,其所管理事务交由盐课司兼领,禁海后

---

① 全汉昇:《中国经济史论丛》(第一册),香港中文大学新亚书院 1972 年版,第428 页。

② 陈尚胜:《论明朝月港开放的局限性》,《海交史研究》1996 年第 1 期。

③ (明)谢肇淛:《五杂俎》卷 4《地部二》,上海书店出版社 2009 年版,第 80 页。

④ 林枫:《明代中后期的市舶税》,《中国社会经济史研究》2001 年第 2 期。

并罢。康熙二十三年(1684年),清廷宣布开海,并在厦门设立第一个海关,即闽海关,次年,又分别于广州府的南海、宁波府的镇江、松江府的上海设立粤、浙、江三海关,作为管理对外贸易,征收关税的机构,主要负责"海上出入船载货贸易征税"①之事。四海关之下,还设有总口及小口,负责进出口货物的征税及船只稽查。

清廷对海外贸易的管理大体沿袭明制,海关所征正税主要有船舶税和货物税,正税之外有附加税。船舶税,又称船料或船钞,按船只梁头的大小为标准予以征收。征收税额在明朝"原减之外,再减二分;东洋船亦照例行"②,"西洋诸国商船税十分止取其二"③。货物税,主要根据进出口货物的数量、种类、等级征收税银,即"凡商船出洋及进口各货,按斤、按匹科税者为多,有按个、件、只、条、把、筒、块者,各按其物,分别贵贱征收","散仓货物,丈量深宽及长,因乘加算,计斤科税"。④ 根据清代税收则例,征税货物主要分为衣物、食物、用物、杂货四类,除胡椒归入食物类外,其他种类香药则归为杂货类。

根据《粤海关志》卷9《税则二》记载,需要缴纳货税的进口香药主要有胡椒、苏木、豆蔻、丁香、檀香、沉香、降香、速香、奇楠香、冰片、血竭、阿魏、没药、大枫子、没石子等三十余种,其具体税额如表10所示:

表10 粤海关进口香药税额表⑤

商　　品	税　　额	商　　品	税　　额
胡椒	每百斤四钱	大枫子	每百斤七分
苏木	每百斤二钱	沉香	每斤六分
丁香	每百斤二两	番速香(好)	每百斤二两
血竭	每百斤一两五钱	番速香(低)	每百斤一两四钱

① 《清圣祖实录》卷116,康熙二十三年九月丁丑。
② 《康熙起居注》,康熙二十五年二月初七。
③ (清)梁廷枏:《粤海关志》卷9《税则二》,成文出版社1968年版,第646页。
④ 《钦定大清会典事例》卷235《户部·关税》。
⑤ (清)梁廷枏:《粤海关志》卷9《税则二》,成文出版社1968年版,第623、637—640页。

续表

商　品	税　额	商　品	税　额
没石子	每百斤一两五钱	番速香（好、低）	每百斤一两七钱
丁香子	每百斤一两四钱	安息香	每百斤一两二钱
豆蔻	每百斤一两四钱	檀香（上）	每百斤一两
缩砂	每百斤一两四钱	檀香（下）	每百斤七钱
阿魏	每百斤一两二钱	檀香（上、下）	每百斤八钱五分
木香（好）	每百斤一两	速香	每百斤八钱
木香（低）	每百斤五钱	洋麝香	每斤五钱
木香（好、低）	每百斤七钱五分	黄熟香	每百斤四钱
冰片（好）	每斤一两	伽楠香（好）	每斤二钱
冰片（低）	每斤六钱	伽楠香（中）	每斤一钱
冰片（好、低）	每斤八钱	降香（大）	每百斤二钱
冰片泥	每四斤一两	奇速香	每斤一钱二分
乳香（好）	每百斤九钱	排香	每百斤五分
乳香（低）	每百斤五钱	各色粗香	每百斤五分
乳香（好、低）	每百斤七钱	苏合油	每百斤三两
砂仁肉	每百斤六钱	冰片油	每百斤三两
交趾土桂皮	每百斤五钱	檀香油	每百斤三两
荜茇	每百斤四钱	丁香油	每斤五钱
砂仁	每百斤三钱	安息油	每斤二钱
樟脑	每百斤三钱	花露油	每瓶一钱五分，每罐三分
没药	每百斤一两二钱	槟榔膏	每百斤三钱三分三厘

　　对比明清时期进口香药的种类，表10所示清代从广州港输入的香药品种与明代相比大致相同，仅多出樟脑、缩砂两种。其最大的不同是，清代以来，经过提纯的香药油、膏开始成为主要进口商品之一，明代输入中国的香药油仅苏合油一种，至清代冰片、檀香、丁香、安息香等多种香品开始纷纷被加工成精油，出口至中国。从香药的税额来看，清代粤海关对每种香药所征税额皆高于明代的月港税制，如胡椒、苏木、沉香、丁香、血竭、没药、大枫子在明代最高税额分别为每百斤三钱、一钱、一两、二钱、五钱、二钱五分、二

分,粤海关对这几类香药所征税额则为每百斤四钱、二钱、六两、二两、一两五钱、一两二钱、七分,皆高出明代一至六倍。从各种香药的分类来看,"香药"不再作为进口货物的一个门类而被单独列出,除胡椒被归入食用的作料类外,其他香药品种皆与纸札、颜料、珍玩、金属、骨角、羽毛、竹木料一同列为杂货类,这一新的分类不仅说明胡椒作为食用调味品作用的突显,及其在日常饮食中应用的普遍,而且暗示了香药在进口商品比重中的下降,其输入总量虽未下降,但随着进口商品的日益多元,香药作为舶来品代名词的身份逐渐丧失。

闽、粤、浙、江四海关的设立,大大增加了清廷的财政收入。清前期,四海关设立之初其所征税银往往比所定额度有所盈余,"闽海关额税银七万三千五百四十九两有奇,赢余十一万三千两;粤海关额税银四万三千五百六十四两,赢余八十五万五千五百两;浙海关额税银三万五千九百八两有奇,赢余四万四千两;江海关额税银二万三千九百八十两有奇,赢余四万二千两"①,起初,因关税只需缴纳定额,盈余部分不必向朝廷奏报,其实际征收数量很有可能高于记录的数字,大量的盈余很大程度上补充了地方财政的不足。

随着海关征税制度的日益规范,及进口商品的日益增多,关税收入日益增加,雍正末年粤海关征收税银二十万两左右,至乾隆十六年(1751 年),其所征税银达到四十五万九千九百两,尚不包含拖欠进口税的十八万七千余两。②

乾隆二十二年(1757 年),清廷实行"一口通商"以后,粤海关成为中外贸易的枢纽,垄断了当时海外贸易的征税权,"可以说自此至道光二十二年(1842 年)开放五口通商的八十多年内,粤海关几乎就是中国海关或大清海关的代名词"。③ 一口通商制度推行之后,广州港成为香药、棉花等外国商品输入中国的唯一合法通道,中外海商迅速汇集至广州,清廷所征税收并未因其他通商口岸的关闭而减少,反而呈持续上升的态势。乾隆末年,粤海关

---

① 《钦定大清会典事例》卷 234《户部·关税》、卷 235《户部·关税》。
② 阿里衮:《奏报粤海关税延欠情形折》,载《宫中档乾隆朝奏折》(第二辑)。
③ 陈恩维:《梁廷枏〈粤海关志〉及其海关史研究》,《史学史研究》2009 年第 3 期。

所征税银开始超过一百万两，"乾隆五十六年（1791 年）九月二十六日起连闰月至五十七年八月二十五日止，计一年大关各口共征银一百一万一千四百二十六两二钱八分三厘"①，道光五年（1825 年），征收税银超过一百五十万两，"道光五年八月二十六日起至六年八月二十五日止计一年大关各口共征银一百五十七万六千六百三十七两一钱六分二厘"②。由于征税过程中滥用职权、中饱私囊现象的存在，粤海关每年奏报的数字均小于实际征取的税费，吴义雄先生根据《郭士立备忘录》统计，1831—1832 年，进出口税费2240290.6 两，而实际奏报仅 1532933.25 两，比实际征收少 1/3，而这里所指的进出口税费只是行商代为收取的"合法"部分，亦即正税、规礼等依例应上交国库的部分，"按郭士立的看法，除此之外，广东地方官员、行商和通事们的每年非法所得达 300 万两"。③ 在如此高额的关税之下，香药进口交纳税银所占比重究竟几何，其具体数字，因资料所限笔者虽暂时无法得知，但依据《东印度公司对华贸易编年史》中零星的数据，我们仍能大致推断香药税在总税额中的比重。以乾隆十六年（1751 年）为例，荷兰一国向中国输入胡椒数量为 24696 担，按每百斤税银 4 钱计算，应缴纳货税 1 万两，④而此时英国已成为对华最主要贸易国，其向中国输入胡椒的数量应当不少于荷兰，此外，中国商人从东南亚地区进口的胡椒数量亦较大，加之其他种类香药的进口（其他香药的进口数量虽不如胡椒大，但苏木、檀香亦是当时进口商品的大宗），保守估计香药进口所缴关税当不少于五万两，而该年粤海关奏报总税额为"四十五万九千八百四两二钱八分四厘"⑤，香药税占进口关税总额的 10% 以上。总体来看，清代虽因进口商品的日益丰富，香药在进口税收总额中所占比重比明代有所下降，但进口种类与所缴纳税额皆超

---

① （清）梁廷枏：《粤海关志》卷 10《税则三》，成文出版社 1968 年版，第 718 页。

② （清）梁廷枏：《粤海关志》卷 10《税则三》，成文出版社 1968 年版，第 730 页。

③ 吴义雄：《鸦片战争前粤海关税费问题与战后海关税则谈判》，《历史研究》2005年第 1 期。

④ ［美］马士：《东印度公司对华贸易编年史（1635—1834 年）》（第 1、2 卷），区宗华译，中山大学出版社 1991 年版，第 296 页；（清）梁廷枏：《粤海关志》卷 9《税则二》，成文出版社 1968 年版，第 623 页。

⑤ （清）梁廷枏：《粤海关志》卷 10《税则三》，成文出版社 1968 年版，第 703 页。

出明代,其对时人生活的影响及对政府财政的贡献依然较大。

综上可见,香药贸易对政府财政的贡献主要体现在支付薪俸和缴纳货税两方面,而缴纳货税在不同阶段又分为市舶抽分、商税则例、海关货税三种形式。明前期,囤积于官库的胡椒、苏木被大量用于赏赐百官、奖励军功、支付薪俸,不仅减少了政府的财政开支,缓解了钞法败坏的危机,而且带动了胡椒、苏木的消费热潮,促进了香药贸易的进一步发展。明中叶以后,开海呼声日益高涨,广州地区开始对往来贡舶和商舶进行市舶抽分,间接允诺私人贸易的开展。隆庆年间月港开放,中国商民由此获得出洋贸易的唯一合法通道,但因对出海人群的限制、通商模式的单一及走私贸易的泛滥,月港税收总额一直不高。康熙二十三年(1684年),清廷宣布开海,继而设立闽、粤、浙、江四海关,乾隆二十二年(1757年)以后,改为广州一口通商。与明朝不同的是,清廷并未将外商来华贸易与中国商民出海贸易区分在不同港口,海关负责进出口贸易的管理与征税,其所征税收总额远远超出明朝。由明至清,因进口商品的日益丰富,香药所占进口货物种类的比重虽有所降低,但其进口总量依然保持稳定,所缴纳香药税额有增无减。值得注意的是,香药用于支俸和缴税的形式,虽然很大程度上缓解了明清政府的财政压力,但在实际的运作过程中却时常充斥着皇帝与官员、中央与地方的利益争夺,明廷通过胡椒、苏木折俸的方式缩减官员俸禄,以转嫁财政危机,地方通过虚谎瞒报截留中央税收,官员通过营私舞弊中饱私囊,而香药则是中央、地方、官员彼此间博弈的重要筹码。

第二节　香药贸易与沿海发展

明清时期,域外香药通过海路源源不断地输入中国,香药的大量输入不仅活跃了沿海地区商品经济的发展,带动了沿海港市的兴起和繁荣,而且加强了中国与世界、沿海与内地的经济联系与互动,促进了亚洲区间商品贸易链的形成与完善。此外,香药大量输入所引发的消费理念及消费行为的变化,在推动市场繁荣、经济文化互动的同时,也进一步保障并扩大了香药贸易的顺利进行。

明前期，香药主要通过朝贡贸易与郑和下西洋两种渠道进入中国，官方主导下的香药贸易，其初衷是供王公贵族消费，所运香药多被解送入京或存入官库，较少能够直接进入市场流通，加之贸易本身带有浓重的政治外交色彩，因此这一时期香药的输入对沿海地区的经济发展并未构成太大影响。宣德以后，伴随着郑和下西洋活动的停止及朝贡贸易的日趋衰落，处在海禁政策夹缝中的私人海外贸易悄然兴起。

海禁政策的推行，使东南沿海一带人民无以为生，加之香药贸易的利润驱使，沿海商民纷纷犯险涉海，远赴东西洋各国贸易，①而盛产香药的东南亚国家经常成为他们的首选，"苏杭及福建、广东等地贩海私船，至占城国、回回国，收买红木、胡椒、番香，船不绝。"②为了获得贸易便利，更大限度地购买廉价香药，不少走私者谎称使者前往东南亚各国贸易，如正统十年（1445年）三月，"福建缘海民有伪称行人正使官，潜通爪哇国者"③；成化七年（1471年），"福建龙溪民丘弘敏与其党泛海通番，至满剌加及各国贸易，复至暹罗国，诈称朝使谒见番王，并令其妻冯氏谒见番王夫人，受珍宝等物，还至福建，泊船海汊，官军往捕多为杀死，已而被获"。④ 然而，这些被捕者仅是从事非法走私海商的一部分，绝大多数走私海商都躲过了官方视线，逃过了官府追捕，未在史书中留下只言片语。正如郑永常先生所说："从事非法贸易的海商，其商舶帆樯处处活跃在浙江宁波外海的岛屿，或福建漳州沿海的海澳深处，他们正构建起一副浙、闽沿海湾澳的繁荣图像。这幅历史图像由于史料的残缺不全，几乎被人们遗忘了，或因为属于非法的走私贸易被

---

① 关于沿海商民涉险出海贸易的原因，(崇祯)《海澄县志》卷11《风土志》有如下描述："(该地)田尽盐卤，必筑堤障潮，寻源导润，有千门共举之绪，而无百年不坏之程，岁虽再熟，获少满籝，戴笠负犁，个中良苦。于是，饶心计与健有力者，往往就海波为阡陌，倚帆樯为未耜，凡捕鱼纬萧之徒，咸奔走焉。盖富家以赀，贫人以佣，输中华之产，骋彼远国，易其方物以归，博利可十倍，故民乐之。虽有司密网，间成竭泽之渔，贼奴煽狨，每奋当车之臂。然鼓枻相续，吃苦仍甘，亦既习惯，谓生涯无踰此耳。"

② 崔溥著，葛振家点校：《漂海录——中国行记》，社会科学文献出版社1992年版，第95页。

③ 《明英宗实录》卷117，正统十年三月乙未。

④ 《明宪宗实录》卷97，成化七年冬十月乙酉。

一笔轻轻带过,然而,历史是大公无私的躺在那里,你知道或不知道并不影响其存在的意义。"①

为了躲避官府追捕,走私商人往往选择沿海偏僻的小港,或沿海附近的一些岛屿聚集交易,"这些港口一般具有交通方便,远离政治、军事中心,港汊纵横,岛屿星布,又便于隐藏的共同特点"②,随着走私人群的增多,走私规模的扩大,具有上述特点的小港逐渐兴起为一批新的走私贸易港。这些新兴的走私贸易港主要分布在东南沿海一带,从北到南主要有浙江双屿、烈港、舟山、普陀、柘林,福建月港、浯屿、走马溪、诏安梅岭、晋江安海,广东南澳、东莞、涵头、浪北、麻蚁屿,等等。浙江的双屿、舟山等港,因市舶贸易宁波通日本的影响,走私商人出海贸易之地多为日本,而日本并不出产香药,故浙江沿海走私港的兴起并非因香药贸易而盛。闽、粤沿海商民则多频繁往来于安南、暹罗、爪哇等东南亚地区贩运香药回国,如"南澳港泊界在闽广之交,私番船只,寒往暑来,官军虽捕,未尝断绝"③,安平海商"航海贸诸夷,致其财力,相生泉一郡人"④,足见走私贸易之繁盛。大量的商舶往来贩运,使原本的偏僻小港呈现一派欣欣向荣的景象。据林希元记载:"泉南之安平镇,民居万户,其地滨海,山川风气之所钟,文物衣冠之所都,不特财宝金帛之所聚而已也。"⑤至成化、弘治时期,漳州月港已出现"趁舶风转,宝货塞途,家家歌舞,赛神钟鼓,管弦连飚,响答十方,巨贾竞骛争驰……以舶主中上之产,转眄逢辰,容致巨万"⑥的繁荣景象,享有"小苏杭"之盛誉。

这些走私回来的大量香药,在满足本地消费的同时,绝大部分被销往南京、苏杭、川陕等全国各地,商人们再从当地收购丝绵、瓷器等物,经本地输

①　郑永常:《来自海洋的挑战:明代海贸政策演变研究》,台北稻乡出版社 2004 年版,第 141—142 页。
②　林仁川:《明末清初私人海上贸易》,华东师范大学出版社 1987 年版,第 131 页。
③　(明)陈子龙等辑:《明经世文编》卷 80《边方大体事疏》,中华书局 1962 年版,第 712 页。
④　何乔远:《镜山全集》卷 52《杨郡丞安平镇海汛碑》,日本内阁文库藏明崇祯刊本。
⑤　(清)怀荫布:《(乾隆)泉州府志》卷 11《城池》,清光绪八年补刻本。
⑥　(明)梁兆阳:《(崇祯)海澄县志》卷 11《风土志》,明崇祯六年刻本。

往国外。沿海富家"挟财本置绵葛等布，胡椒、木香、明珠、翡翠等货，以往两京、苏杭、临清、川陕、江广等处发卖。仍置其地所出如丝棉、锦绮、膻布、靴袜等物。凡人间之所有者，无所不有。是以一入市，俄顷皆备矣"①。一些商人为了获取更高的利润，常将这些从外地购买回来的货品，在当地加工为制成品后，再销往国外。例如，安平海商每年从河南、太仓、温台等产棉之地，购买棉花数千包，然后织缕成布，"往海南、交趾、吕宋等异国获利"②，这些从国内购得的货物在国外售卖后，商人们再从当地购得各类香药，贩运回国发售，以此形成完整的贸易链条。沿海私商们以香药为主体构建起的中外商品贸易链，不仅使这些沿海小港成为香药、犀象、翡翠、明珠汇集之所，各处逐利商民云集，呈现生机勃勃之状，而且加强了沿海与内地的经济交流与互动。

沿海走私港的兴盛，吸引了试图与明廷建立通商关系不成的葡萄牙人的到来。正德九年（1514 年），葡萄牙总督若尔热·德·阿尔布奎克派遣一支由阿尔瓦雷斯率领的先遣船队出航中国，但到达后的阿尔瓦雷斯一行人并未获准进入广州城，此后，葡萄牙又数次遣使来华，不仅未能达到通商中国的目的，且被驱逐出广州。与明廷交涉无望的葡萄牙人，并未放弃与中国贸易的初衷，为了有利可图的贸易，他们积极寻求新的落脚点，最后将目光投向了福建、浙江的沿海走私贸易港。他们认为"与中国的贸易极具价值，以致于不能放弃，于是避免广东港，贸易船从马六甲直接驶往浙江和福建"。③

明中叶通过私人海外贸易发展起来的漳州月港、浙江双屿，成为葡萄牙人的首选。葡萄牙人被驱逐出广州之后，便开始前往闽、浙沿海寻找新的贸易机会。据载，嘉靖初年，"佛郎机诸番夷舶，不市粤而潜之漳州"④。葡萄牙人到达浙江沿海的时间我们虽无法确知，但应当晚于其到达漳州月港的时间，因当时闽、浙沿海畅通，葡人所需贸易品在月港便可获得，他们没有必

---

① 《新编安海志》卷 11《物类八·布帛》，晋江方志办 1983 年重印本。

② 安海史料编辑委员会校注：《安平志校注》卷 4《物类志》，中国文联出版社 2000 年版，第 124 页。

③ J.M.Braga, *The Western Pioneers and their Discovery of Macao*, Macao, 1949, p.65.

④ （明）何乔远撰，张德信、商传、王喜点校：《名山藏》卷 170《王享记二·满剌加》，福建人民出版社 2010 年版，第 6271 页。

要冒着被抓的风险北上。嘉靖十八年(1539年),双屿港船主金子老,"屯双屿港,引西番人交易"①,葡萄牙人很有可能是在这一年经金子老引导首次到达浙江宁波一带进行贸易的。关于葡萄牙人赴闽、浙沿海贸易的情形,林希元《与翁见愚别驾书》中有详细记载,"佛朗机之来,皆以其地胡椒、苏木、象牙、苏油、沉、速、檀、乳诸香与边民交易,其价尤平;其日用饮食之资于吾民者,如米面、猪鸡之数,其价皆倍于常,故边民乐与为市。未尝侵暴我边疆,杀戮我人民,劫掠我财物。且其初来也,虑群盗剽掠累己,为我驱逐,故群盗畏惮不敢肆,强盗林剪横行海上,官府不能治,彼则为吾除之。二十年海寇一旦而尽,据此则佛郎机未尝为盗,且为吾御盗,未尝害吾民,且有利于吾民也"。② 从林希元的描述可见,香药为当时葡萄牙人贩运至月港的主要货物,且价格不高,深受当地百姓欢迎。即使是作为明廷官员的林希元,对葡萄牙人赴月港走私贸易,也未表现出任何排斥,相反在字里行间还透露出几分应允和提倡之意。

　　然而,葡萄牙人并未如林希元所描述的那样一直安分守己下去,"由于中国官员对他们所做的一切眼开眼闭,他们的胆子就大了起来"③,开始勾结沿海大姓、滨海无赖之徒及倭寇,在贸易之余,间行劫掠,甚至,"本地的走私贩和商人,乃至地方小官吏,向葡人通风报信该到什么港口去,什么时候去才是安全的。出海的水手和当地的渔民为葡萄牙船舰充当领航"。④沿海商民的合作,加之地方官员的纵容,明廷中央对葡萄牙人在闽、浙沿海的走私活动一无所知,这些皆进一步助长了葡萄牙人的嚣张气焰,"葡人开始在宁波诸岛过冬,在那里牢牢立身,如此之自由,以致除绞架和市标外,一无所缺。随同葡人的中国人,及一些其他的葡人,无法无天到开始大肆劫

---

① (明)郑若曾撰,邓钟辑:《筹海重编》,《四库全书存目丛书》(史部·地理类),齐鲁书社1996年版,第146页。

② (明)林希元:《林次崖文集》卷5《与翁见愚别驾书》,清乾隆十八年陈胪声诒燕堂刻本。

③ 张天泽:《中葡早期通商史》,姚楠、钱江译,中华书局香港分局1988年版,第86页。

④ [英]C.R.博舍克编注:《十六世纪中国南部行纪》,何高济译,中华书局1990年版,导言,第5页。

掠,杀了些百姓。这些恶性不断增加,受害者呼声强烈,不仅传到了省的大老爷,也传到了皇帝。他马上下旨福建省准备一支大舰队,把海盗从沿海,特别从宁波沿海驱逐走,所有的商人、葡人和中国人一样,都被算在海盗之类"。① 嘉靖二十六年(1547 年)七月,明世宗下令"改巡抚南赣、汀漳都御史朱纨巡抚浙江,兼管福建福兴、建宁、漳、泉等处海道"②,厉行海禁。次年,朱纨率军捣毁了双屿港的走私基地,在双屿港从事贸易的大批葡萄牙人逃往福建沿海。嘉靖二十八年(1549 年),躲避于福建诏安的葡萄牙人遭到朱纨军队的伏击,损失惨重。据朱纨奏报,此次战役"生擒佛郎机国王三名,白番共一十六名……夺获佛郎机大铜铳二门,每门约重一千三百余斤……前项贼夷,去者远遁,而留着无遗,死者落水,而生者就缚。全闽海防,千里清肃"。③ 在闽、浙沿海遭受沉重打击的葡萄牙人,重返广东洋面,并改变策略,采用委托代理人的迂回方式,在广州进行贸易。

经过浙江双屿之战和福建走马溪事件之后,闽浙沿海的走私活动受到沉重打击。明中叶通过走私贸易发展起来的双屿港被彻底摧毁,据朱纨记载,战后一个多月"东洋中有宽平石路,四十余日寸草不生,贼徒占据之久,人货往来之多,不言可见"。④ 朱纨在闽、浙沿海严厉打击走私活动的一系列举动,遭到了朝廷舆论的一致弹劾,明世宗决定彻查,得知此消息后的朱纨未接受审查便服毒自杀。朱纨奉命海禁,坚决取缔一些非法活动,对于明廷可谓忠贞不渝,然而他在厉行海禁的过程中却未考虑到走私贸易对沿海人民生活带来的改善。走马溪事件事件之后,明廷上下越来越多的官员开始思考海洋政策的未来走向,开海呼声日益高涨。

隆庆年间,在福建官员的强烈呼声中,明廷同意开放漳州月港。早在成、弘之际,在走私贸易的影响下,月港已具有"小苏杭"之称,嘉靖初年,葡

① ［英］C.R.博舍克编注:《十六世纪中国南部行纪》,何高济译,中华书局 1990 年版,第 133 页。

② 《明世宗实录》卷 325,嘉靖二十六年七月丁巳。

③ (明)朱纨:《甓余杂集》卷 5《六报闽海捷音事》,《四库全书存目丛书》(集部·别集类),齐鲁书社 1997 年版,第 132 页。

④ (明)陈子龙等辑:《明经世文编》卷 205《双屿填港共完事》,中华书局 1962 年版,第 2065 页。

萄牙人从广州沿海转移至此,从事以香药为主的走私贸易,进一步活跃了月港的经济。嘉靖二十八年(1549年),朱纨在福建沿海对走私贸易的打击主要集中于闽、粤交界处的诏安县走马溪,作为传统走私贸易港的月港并未受到太大打击。隆、万时期,香药满舶,频繁而至,开放后的月港日趋繁盛。明人谢彬对月港的繁荣景象有如下描述:"漳郡之东迤四十里有地一区,是名月港,乃海陆之要冲,实东南之门户。当其盛,则云帆烟樯,辐辏于江皋,市肆街廛,星罗于岸畔。商贾来吴会之遥,货物萃华夷之美,珠玑象犀,家阗而户溢,鱼盐粟米,泉涌而川流。"[①]谢彬在记述输入月港的货物中虽仅提到珠宝、象牙、犀角三类,并未提及香药,并非说明香药在进口贸易中地位的不重要(前文论述已明确显示了香药在对外贸易中地位之重要),长期以来珠玑象犀与香药共为奢侈品的代表,作者在此略去香药,恰恰说明香药已从奢侈品变成民生日用品,故不再强调其稀有性。万历三十八年(1610年),吕继梗曾作《海澄督饷》诗云:"海滨千顷月,海邑万家烟;龟畴润甘澍,荒郊大有年。估客如云集,东西两洋船;飞帆来绝岛,百货悉陈椽。腥聚蚁争附,讼牒日喧阗;公庭已如市,我心独冷然。贪泉应觉爽,清白绍家传;南薰歌解阜,烟净月娟娟。"[②]该诗的前半段将月港海外贸易的盛况体现得一览无余,后半段作者虽意在抒发自己廉洁奉公的情怀,却在字里行间透露出海澄督饷、征税之腐败,此时的月港虽商舶云集、贸易繁盛,但由于吏治腐败、走私猖獗,已渐现颓势。

天启、崇祯年间,因荷兰人的侵扰和海盗的猖獗,明廷曾多次实行海禁,关闭月港贸易。与此同时,荷兰人在大员的贸易日趋繁荣,沿海商民纷纷从安海或厦门出航至大员购买香药,这对月港作为海外贸易重镇的地位构成巨大竞争和威胁,加之月港"于通之之中,寓禁之之法"的政策,及有限性的开放,限制了其自身的发展。崇祯年间,月港出现"生路阻塞,商者倾家荡产,佣者束手断餐,阖地呻嗟,坐以待毙"[③]的悲惨境地,曾经具有"小苏杭"

---

① (明)梁兆阳:《(崇祯)海澄县志》卷17《艺文志二》,明崇祯六年刻本。
② (明)梁兆阳:《(崇祯)海澄县志》卷16《艺文志一》,明崇祯六年刻本。
③ (明)陈子龙等辑:《明经世文编》卷400《疏通海禁疏》,中华书局1962年版,第4332页。

之称的繁荣商港就此衰落。然而，繁荣的香药贸易并未随之一同衰退，漳泉地区的海商纷纷将贸易阵地转移至安海和厦门，并由此带动了厦门沿海一带的发展繁荣。

作为中国南大门的广州，虽至康熙二十四年（1685年）粤海关的设立才宣布开放中外贸易，但实际上早在明中叶由于市舶抽分制的确立，已允许胡椒、苏木、檀香等货物通过朝贡以外的渠道进入中国，随后商舶贸易日益公开化，各类香药源源不断地输入广州，并从广州流向全国。香药作为媒介，连接起海外诸国、广州和中国内陆的经济联系，使本已发展程度较高的广州更趋繁荣。粤海关设立后，广州与澳门之间的陆路贸易停止，规定"到粤洋船及内地商民货物，俱由海运直抵粤门，不复仍由旱路贸易"①，中外通商更为开放、便捷。外国商船在澳门经过检查后，沿珠江河航行至黄埔停泊，其运载货物另雇船只转运至广州交易，由于完成交易所需时间较长，外商被允许在广州暂时居住，随后，英、法、荷等外国商馆开始在广州出现，各色香药充斥商馆区。曾有诗文对外国商馆区的景象如此描述："广州城郭天下雄，岛夷丹服居其中；香珠银钱堆满市，火布羽缎哆哪绒。碧眼蕃官占楼住，红毛鬼子经年寓，濠畔街连西角楼，洋货如山纷杂处。"②此诗文描述的为乾隆八年（1743年）十月二十二日夜火灾发生前的商馆情形，香药、银钱、织物等洋货堆积满市，足见商馆交易之繁荣。

乾隆二十二年（1757年），乾隆皇帝颁布上谕将多口通商改为一口通商，③广州的贸易地位迅速提升，外商满载香药云集于此。据统计，18世纪20—

① （清）李士桢：《抚粤政略》，载沈云龙主编：《近代中国史料丛刊三编》（第三十九辑），文海出版社1989年版，第214页。

② （清）罗天尺：《罗瘿晕集》之《冬夜珠江舟中观火烧洋货十三行因成长歌》，载罗云山编：《广东文献》（第4册），江苏广陵古籍刻印社1994年版，第68页。

③ 改行一口通商上谕如下："凡番船至广，即严饬行户善为料理，并无与尔等不便之处。此该商等所素知，今经调任闽浙在粤在浙，均所管辖，原无分彼此。但此地向非洋船聚集之所，将来只许在广东收泊交易，不得再赴宁波。如或再来，必令原船返棹至广，不准入浙江海口。豫令粤关传谕，该商等知悉。若可如此办理，该督即以此意为咨文，并将此旨加封寄示李侍尧，令行文该国番商，遍谕番商。嗣后口岸定于广东，不得再赴浙省，此于粤民生计，并赣韶等关，均有裨益。"（自：《清高宗实录》卷550，乾隆二十二年十一月戊戌。）

70 年代英国东印度公司进入广州港船只的年平均吨位,1711—1720 年为每年 690 吨,1721—1730 年为 1380 吨,1731—1740 年为 1650 吨,1741—1750 年为 2350 吨,1751—1760 年为 3300 吨,1761—1770 年为 5850 吨,1771—1780 年为 6940 吨,60 年间,整整增长 10 倍。[1] 除英国外,西班牙、荷兰、法国、丹麦、瑞典、美国、普鲁士、意大利等国商船亦纷纷来华贸易,其中英、荷两国运至中国的香药数量尤多,且在其运往中国货物总量中所占比重较高。如 1735 年(雍正十三年),英国东印度公司派往中国商船共 3 艘,分别为开往广州的"伦敦号"和"里奇蒙号",开往厦门的"霍顿号",其中留有详细货物清单的"里奇蒙号"一艘船所载木香、没药、乳香、檀香、胡椒等各类香药高达 4000 余担,占该船运载量的 85% 以上。1778 年(乾隆四十三年),英国东印度公司船只和散商船运至广州的胡椒、木香、檀香三种香药共 14276 担。[2] 大量香药云集于广州城,四方商贾争相贩运。对于这一时期广州城十三行商馆区及广州港中外贸易的盛况,张九钺在乾隆三十五年(1770 年)游览广州时,曾作长诗《番行篇》予以形象描述:

广州舶市十三行,雁翅排城蜂缀房;珠海珠江前浩淼,锦帆锦缆日翱翔。

蜃衔珊树移瑶岛,鲛织冰绡画白洋;别起危楼濠镜仿,别营奥室贾胡藏。

危楼奥室多殊式,瑰卉奇葩非一色;鞁鞯丹穿箔对圆,琉璃绿嵌窗斜勒。

莎罗彩蠹天中裹,碧玉阑干云外直;迎来舶主不知名,译得舌人是何国。

何国蚪髻鹏枕儿,金衣借问欲骄谁;平价能谙吴越语,留宾也识汉

① 赵春晨、陈享冬:《论清代广州十三行商馆区的兴起》,《清史研究》2011 年第 3 期。

② [美]马士:《东印度公司对华贸易编年史(1635—1834 年)》(第 1、2 卷),区宗华译,中山大学出版社 1991 年版,第 229—237、353—354 页。

唐仪。

银钱铸肖番王而，坡镜装分花女姿；绕槛纨牛和露犬，委阶琐袄与驼尼。

驼尼琐袄焉足数，笃耨奇南随意取；莲花钟测日东西，百宝表悬针子午。

乱掷帉巾苏合膏，倒倾黄紫葡萄乳；水乐教成小凤凰，风琴弹出红鹦鹉。

别有姝徒连臂趋，吉贝缠身骻缚窄；怀中短剑大西洋，袖里机枪法兰锡。

黑水龙奴荷铳嬉，红毛鬼子蟠刀拭；红手鬼子黄浦到，纳料开舱争走告。

蜈蚣锐艇桨横飞，婆兰巨捆山笼罩；相呼相唤各不闻，或喜或嗔讵能料。

舶商色喜洋商快，合乐张筵瓶椀赛；何船火齐木难多，何地驼鸡佛鹿怪。

散入民廛旅贾招，居中驵侩公行大；公行阳奉私饱囊，内外操赢智相若。

湖丝粤缎彩离披，瓯茗饶瓷光错落；顷刻檀梨走九州，待时琛玩筹奇作。

此时公子拥花游，此际妖姬倚舫讴；愿学鸳鸯绣羽悦，愿为娇鸟挂金钩。

那得秦珰都压鬓，生憎火浣不缠头；永清台上鼓打急，山㤭波翻雷雨立。

镇海将军洗炮归，征蛮都尉收旗入；辕门犒劳立斯须，澳口回船查引给。

回船只顺北风去，洒泪休辞渊室寓；且述天朝榷税轻，但夸中国农桑富。

沉香官是吴刺史，却赂吏同孔节度；鲸鲵无窟飓无氛，圣德柔怀万万春。

明年好换新房样,更有遐方来问津。①

作者用"笃耨奇南随意取"来形容十三行商馆内香药之充足,用"顷刻檀梨走九州"来描绘香药销售市场之良好,销售区域之广泛,用"舶商色喜洋商快"来形容海外贸易利润之丰厚,生动呈现了清中叶广州港四方商舶云集,各国商贾往来不绝,交易繁盛之情形。虽说,广州海外贸易的繁盛,并非一日之功,促进其成为当时国际著名商港的原因极为复杂多元,既有自汉唐以来海外贸易传统的历史积淀,亦有一口通商政策的推动,更有中国广阔经济腹地的强大后盾。香药贸易虽仅为促成广州经济繁荣众多因素中的一个,却意义非凡,它不仅将域外各类香品、药材带回中国,丰富了时人生活,亦是明清时期亚洲海域贸易网络的重要一环,构建起中国内陆、沿海地区及南洋诸国的多重经济联系。

明清时期繁盛的香药贸易,不仅促进了沿海地区的经济发展,增强了沿海地区与内陆和南洋各国的经济联系,亦推动了时人香药消费理念及消费行为的形成,并由此催生了以香药为主体的新的经济模式,如明清香市的出现即为典型代表。

明清时期,各类香药源源不断地输入,由此引发了香药消费热潮,香药日渐成为时人日常生活不可或缺的一部分,买卖各种香药或制香材料的专业性商业活动场所纷纷涌现。江苏、浙江、广东等沿海省份逐渐出现由焚香祭祀活动带动起来的被称作香市的如同庙会的大型长期临时市场,甚至云南、西藏、四川、山东、湖南等内陆地区也有定期的香市存在。

早在东汉时期,越南已出现专门交易香品的香市,"日南有香市,商人交易诸香处"。② 唐宋时期中国南方地区已出现定期的香药交易市场,据《骆丞集》卷 2 记载,"成都市一岁之中,二月望日售卖花木器于其地者曰蚕市,五月鬻香药于宫闱曰药市。"③宋时,东京汴梁香药铺子林立,每逢节日

---

① （清）张九钺:《紫岘山人全集》外集卷 9《番行篇》,清咸丰元年张氏赐锦楼刻本。
② （南北朝）任昉:《述异记》卷下,明汉魏丛书本。
③ （唐）骆宾王:《骆丞集》卷 2《代女道士王灵妃赠道士李荣》,中华书局 1985 年版,第 47 页。

各家香药铺肆皆出奇招吸引顾客，甚至夜间依旧灯火通明。陈元靓《岁时广记》卷10《上元》记载：每逢正月十五上元节，"诸香药铺席、茶坊酒肆灯烛各出新奇，惟莲花王家香铺灯火又最出群，而又命僧道场打花钹、弄槌鼓，游人无不驻足"①，为宋都汴梁更添了几分繁华。

明清时期，香市的内涵进一步扩大，不仅指专门销售各类香药的专门市场，亦指由进香祭祀所引发的类似于庙会的大型临时市场。每逢香市期间，城中和周边地区的百姓多赴各寺院、庙宇进香礼佛，老的少的，村的俏的，无不云集。礼佛所用香品主要以檀香、线香两种为主，日交易量常常"檀香数百十斤，线香千百左右"。众香客在敬香之余多会在城内外的各类市场、店铺中购买物品，因固定店铺不能满足消费需求，出现了诸多临时供应摊点，市场上"三代八朝之古董，蛮夷闽貊之珍异，皆集焉。至香市，则殿中边甬道上下，池左右，山门内外，有屋则摊，无屋则厂，厂外又棚，棚外又摊，节节寸寸"②，各类商品琳琅满目。此外，寺中僧人也会在香市期间，出售佛珠、木鱼等充满宗教色彩的物品，如"西湖昭庆寺山门前两廊，设市卖木鱼、花篮、耍货、梳具等物，皆寺僧作以售利者也"③。明清时期，以焚香礼佛为契机，沿海及内陆地区的香市纷纷涌现，香市的出现不仅推动了制香业的发展，而且带动了当地商业的繁荣，加强了人们彼此间经济文化交流与互动。

综上可见，明清时期的香药贸易，极大推动了沿海地区的经济发展，其主要体现在以下三方面。首先，明中叶走私贸易的兴盛，催生了一批沿海商港的兴起，然而这些港口的命运深受中央政策的影响，它们因海禁政策而兴，亦多因海禁政策而衰。其次，海禁政策解除后，满载香药的中外商舶汇集于沿海各开放港口，往来贩运，构建起中国与世界、沿海与内地的经济交往与互动，促进了沿海经济的发展与繁荣。其三，源源不断的香药输入所引

---

① （宋）陈元靓：《岁时广记》卷10《上元》，中华书局1985年版，第106页。

② （明）张岱撰，马兴荣点校：《陶庵梦忆》卷7《西湖香市》，上海古籍出版社1982年版，第61页。

③ （清）梁绍壬撰，庄葳点校：《两般秋雨盦随笔》卷4《香市》，上海古籍出版社1982年版，第190页。

发的时人香药消费理念的形成,在促进商业繁荣的同时,也进一步推动并保障了香药贸易的顺利开展。总之,从不同发展阶段来看,香药贸易在推动沿海经济发展的同时,深受明清朝廷海洋政策的影响,中外商舶随海贸政策的变化而不断变换停泊港口。另一方面,无论海洋政策怎样变化,香药的输入从未停止,其对沿海经济发展的贡献亦从未间断,只是在不同阶段以不同的方式呈现。

第三节　香药贸易与个人财富

明清时期,香药贸易的高额利润,吸引了大批商民纷纷加入香药贩运的行列,甚至朝贡使节、沿海官员亦积极参与其中。关于沿海、内陆商民及朝贡使者从事香药贸易的情况,前文已有详细介绍,兹不赘述。下文将主要探讨沿海官员涉足香药贸易的情形,以及香药社会应用职能的拓展,试图以此呈现香药贸易与个人财富的密切关系。

一、香药贸易的参与者

明清时期,海禁政策频出,将东南亚等地的香药贩运回国,不仅要面临被海洋风涛吞噬的危险,亦时常遭遇官府的打击追捕。然而巨大的风险亦带来丰厚的回报,贩运回国的香药往往以高出其原产国十几倍,甚至几十倍的价格出售。面对高额利润的刺激,沿海商民纷纷犯险涉海。据《广东新语》记载,“广州望县,人多务贾,与时逐,以番糖、果箱、铁器、藤蜡、番椒、苏木、蒲葵诸货,北走豫章、吴、浙,西北走长沙、汉口;其黠者南走澳门,至于红毛、日本、琉球、暹罗斛、吕宋,帆踔二洋,倏忽数千万里,以中国珍丽之物相贸易,获大赢利,农者以拙业、力苦、力微,辄弃耒耜而从之。”①远赴海外各国从事香药贸易已成广东、福建等沿海地区的普遍现象。即使在

① (清)屈大均:《广东新语》卷14《食语·谷》,中华书局1997年版,第371—372页。

海禁期间，滨海商民出海贩运香药回国的步伐亦从未停止，"通番下海之禁最严，然莫能止"①。除广大商民外，不少官员往往利用职务之便，涉足香药贸易。

嘉靖元年（1522年），时任广州市舶太监的牛荣，待占城及暹罗等国商舶至广东，乘其货未报税之时，命家人蒋义私与交易，收买苏木、胡椒、乳香等货，运至南京，并匿税盘出，所涉香药价值高达三万余两。② 市舶司官员除在香药抵达之时私下购买交易外，更多时候企图以市舶抽分之名从中牟利。正德四年（1509年）三月，"暹罗国船有为风飘泊至广东境者，镇巡官会议税其货，以备军需，市舶太监熊宣计得预其事以要利，乃奏请于帝，礼部议阻之，诏以宣妄揽事权，令回南市办事，以真代之"。③ 次年七月，新任市舶太监再次重提兼理商舶事务，"上奏曰：旧例泛海诸船俱市舶司专理，迩者许镇巡及三司官兼管，乞如旧便。礼部议市舶职司进贡方物，其泛海客商及风泊番船，非敕书所载，例不当预。奏入，诏如熊宣旧例行。宣先任市舶太监也，常以不预满剌加等国番船抽分，奏请兼理，为礼部所劾而罢。刘瑾私真，谬以为例云"。④ 市舶太监之所以如此热衷于兼管商舶抽分，绝非仅仅为了增加朝廷收入，香药贸易的日趋兴旺及有利可图，使其极力想从中谋取个人利益。市舶太监奏请兼理商舶抽分的奏折，虽多次被礼部驳回，却在刘瑾的支持与运作下，最终获得批准。

除市舶太监外，地方官员亦千方百计想要获得香药贸易之利。康熙初年，曾任香山知县的姚启圣与时任两广总督合谋，企图假借市舶抽分之名，吸引商人前往各港贸易，并从中截留税收。而此时正值清初海禁时期，姚启圣等人却屡屡放出允许商舶抽分贸易的风声，向前往交易的商人收取高额进口税，并私自发放票据，甚至亲自前往各港督促征税，有时亦差遣其部下或管家赴澳门购买香药。《刑部题本》记录的多份供词皆证

① 申时行：《大明会典》卷131《兵部十四·各镇分例三》。
② （明）严从简著，余思黎点校：《殊域周咨录》卷7《占城》、卷8《暹罗》，中华书局2009年版，第264、283页。
③ 《明武宗实录》卷48，正德四年三月乙未。
④ 《明武宗实录》卷65，正德五年七月壬午。

明了这一事实。兹列举几份具有代表性的供词如下①：

据商人程万里、吴培宇、黄拔华、方玉、李启、程之复、程启文、胡六口供：我们怎敢私出所禁之界贸易？知县姚启圣告诉总督之言，今往澳里装彝人入官之货物去，商人乘此便去贸易，十分抽取四分，如此传了，以致我们带了银子去时，查口之人搜查时，将银藏了出去，到澳买了檀香、胡椒等物带来等语。

据程万里供：小的一向守法，因南海县县丞张元台是姑表亲戚，他管市舶司，奉差下澳，叫小的跟随他去。香山县姚知县说奉总督明示，趁今往澳装入官的彝货，准商人跟去买货，只要四六抽分。小的因顺便往澳门，故此各处凑了些本钱，向姚知县说明买些货。姚知县给我一张印信朱标的票子。往澳里去的客商也多，小的不多认得，只认得吴培宇、黄拔华、程启文、方玉、李启这几个人，还有总督大老爷的管家师泰，浑名师破头，旗鼓陈勋宇，官商程之复、李之凤这四个人，小的都认得。他们买的都是细货，有好几个大皮箱装着。另外还有檀香、胡椒、鱼翅、豆蔻、木香、儿茶，不知多少。姚知县、詹照磨、张县丞、谷吏目当时同去，后又回来，口上并不拦阻，都是知道来历的。把客货抽分明白了，才许装来上店等情。

据吴培宇供：小的系福建人，住在香山乌石村，耕种糊口。本年闰四月二十五日，有香山县姚爷往澳追取入官货物，姚爷出示招商，各商有旧货在澳的四六抽分，现买新货的加三抽分，代装来省。彼时各商思疑，姚爷当众人吩咐，回明总督大老爷，众商人才肯承领。小的装货一船，系檀香、胡椒等物，送单姚爷，除抽分外，秤验下船，现有抽点印票存据。詹照磨押船到省，分与各人领回。路上守口官兵盘诘，俱系姚爷说明等情。

据方玉供：小的原领主子谭守仁本钱，先年在澳买了些槟榔、黑铅、

① 《明清史料》已编（第六本），台北"中央研究院"历史语言研究所1999年版，第596—599页。

胡椒、檀香，因禁了海，不曾装进来，小的也不指望了。今年四月里，香山姚知县说，奉总督老爷明示，但凡客商，不论换新货、装旧货，都许人去，只要四六抽分。小的是个小人，不知就里，因此就跟了去。又见四个官押了船，同我们去：姚知县一个、詹照磨一个、张县丞一个、谷吏目一个。还是他四个官押船回来。回来的时候，詹照磨先把货抽分明白了，才许装货到省城，搬上房子。现有姚知县印信朱票、抽点单子为证，不是小的私自去的。还有总督的大管家师泰，旗鼓陈勋宇，官商程之复、李之凤，都是往澳里去的。这四个人装的都是檀香、胡椒、珍珠、珊瑚珠、牛黄、冰片、翠毛、多罗绒这些好货，那个不知道。他们后来七月初头，还同姚知县坐了好几个船又去了一遭等情。随审李启口供相同。

从上述四份供词可见，程万里、吴培宇、方玉等人虽未在同一时间前往澳门购买香药，却一致供出了姚启圣允许商人在海禁期间前往澳门交易的事实，这不仅间接证明了上述供词的可靠性，亦说明了姚启圣等人违背海禁政策私自进行商舶抽分制已推行了很长一段时间。对于违禁下海从事香药贸易的商人，作为香山知县的姚启圣及两广总督，不仅未站在清廷立场严厉制止，相反却极力鼓励、大力支持，通过多种途径私下放出允许商舶抽分贸易的风声，并为前往交易的商人颁发印信票据，以保证其沿途的顺利通行。姚启圣等人所制定的市舶抽分比例多为十抽其四，对于现买新货则加三抽分，远远高于明正德年间固定下来的十抽其二原则，然而愿意前往购买香药的商人仍趋之若鹜，足见香药贸易利润之高。此外，程万里和方玉皆目睹总督管家、旗鼓、官商同赴澳门交易胡椒、檀香的情形，表明总督及姚启圣等粤省官员不但私自征收进口税，且亲自参与到香药走私之中。对于此类情形，沿海执勤官兵并不阻拦盘查，令其畅行无阻，很大程度上说明粤海走私贸易已成公开秘密，地方官员为增加税收、扩大个人财源，往往多加鼓励。姚启圣等人允许海商走私贸易，并对其购买香药等货物课以重税的做法，虽有违清廷的海禁政策，却为顺应时势之所为。这一做法不仅增加了地方税收，有利于海商个人财富的积累，而且为海外贸易的发展创造了良机。

总体上看,涉足香药贸易的官员主要为市舶太监和沿海地方官,他们较少遣人亲赴海外贩运香药回国贸易,往往利用职务之便直接从刚刚抵达的商舶处购买,或以市舶抽分之名,间接从中牟利。直接或间接参与香药贸易俨然成了不少官员积累个人财富的重要手段。面对上述情形,朝廷在较多的时候多给予宽大处理,如姚启圣冒海禁之大不违,对走私商舶抽取高额税收的行为,即使被多人供至清廷中央,亦未受到任何惩处,其罢官虽与此事有关,却未对其仕途构成任何不良影响,①很大程度上说明了清初推行海禁政策的目的是为了阻断东南沿海商民与郑成功等反清势力的联系,并非要断绝海外贸易的发展,因此其海禁的重点主要在福建沿海,而广东地区则较为松弛。

大量香药跨海输入中国后,被运往全国各地出售。尤其是明中叶以后,随着私人海外贸易及商品经济的发展,国内的香药市场逐步扩大。从事胡椒、苏木、豆蔻等日用型香药售卖的行商坐贾随处可见,沉香、丁香、没药、阿魏、血竭等香药常在药铺出售。据梁其姿指出:"明代全国性的药物商业化,在15世纪开始稳定发展,使药物在市场上更容易获得。私人的商业性药局,在15世纪以后也大规模成长。"②总体来看,由于域外香药主要从海路输入中国,因此全国的药材市场南盛北稀的地域差异较为明显,而这一分布差异又反过来证明了域外香药在本土医药领域应用之广泛。正德年间(1506—1521),南京铺行有95类,其中与医药有关者为医药、生药两种铺行,③其中杨氏药室为明中叶南京有名的药铺。嘉靖年间(1522—1566)广

---

① (清)田明曜:《(光绪)香山县志》卷12《宦绩·姚启圣》,清光绪五年刻本。姚启圣任职香山知县期间被罢官,因"督抚忌其才,顾以通海诬劾,将置之死","启圣夜见平南王,以危言动之。王上疏,白其枉,督抚皆自杀,而启圣罢官。去官日,士民涕泣,奔送踰境"。可见,姚启圣的罢官并非因其私通商舶征收高额赋税,相反在其罢官之时,百姓奔走相送,足见其所实行的市舶抽分之制深得民心。

② 梁其姿:《明代社会中的医药》,蒋竹山译,载《法国汉学》第6辑,中华书局2002年版,第354页。

③ (明)王诰修,刘雨纂:《(正德)江宁县志》卷3《铺行》,书目文献出版社1988年版,第8a页。

州的冯了性药号、万历二十八年（1600年）开设的陈李济药店，首创用白蜡制壳包装蜜丸的周少参、陈海槐两家药店，皆为当时南方地区著名的药铺。此外，南方各地的小县城，药铺也有增加的趋势。① 北方地区，最大的香药消费市场莫过于北京，著名的药铺有开设于永乐年间的万全堂，嘉靖五年（1526年）的西鹤年堂，万历年间的永安堂、王回回膏药铺、马思远药锭等。② 此外，开封的香药市场也十分繁盛，不仅有各类生熟药铺，甚至还出现有专售香药的西药材店。③

域外进口的香药除在药铺出售，或由香药商售卖外，还有带有一定官方色彩的铺行或夷商纲纪负责经营，铺行主要负责为官府提供进口货物，官府所需香药皆由其代为采购、加工；夷商纲纪则是经营对外贸易的商行。关于各铺行和夷商纲纪运作的详细规定及具体情况，《盟水斋存牍》收录的一份名为《各铺行答应照依旧规详》的"公移"则有详细介绍："审看得铺行答应原有成规，物之产于外夷者，夷商供之；物之出于内地者，内商供之。以犀、象、玳瑁、龟铜、雀顶、奇楠、冰片、丁香、豆蔻、木香、乳香、没药、苏合油，责之夷舶纲纪；以沉、檀、降、速等香，责之四季香户与漳行；牛黄、人参、麝香、琥珀，责之药材铺户。府县会议详允，原自井井。夷商纲纪姚弼等，自认答应西洋犀角、西洋布、紫檀木、冰片、丁香、西洋手巾数件，隐下原议答应象牙、玳瑁、龟铜、雀顶、豆蔻、乳香、没药、苏合油，不入呈内，且原议犀角、紫檀木等器，皆发价与夷商纲纪平买，然后付各匠雕造，给以工食；而又以雕成犀杯、带簪、紫檀、钟、筷等物，分派各铺户，答应备呈给示。夫夷商纲纪盘踞粤地，取利不赀，与各铺行肥瘠不同，且难得之货，非彼勿致，岂容蠹管卸脱，变乱旧规，重为贫户累也？应候详允日，重立板榜，永垂划一，再有推诿，三尺从之。更请宪禁，大小衙门，非急切需用之物，珍奇玩好，徒供耳目，何致腼颜索取！使铺行与纲纪呶呶于前，捆栽度岭，隐之笑人？前两县议中有饥不可食、寒不可衣之论，诚药石之言也。职敢为申明其说，请严饬之，呈请夺。

---

① 邱仲麟：《明代的药材流通与药品价格》，载《中国社会历史评论》第九卷，2008年，第202页。

② 唐廷猷：《中国药业史》，中国医药科技出版社2007年版，第99页。

③ 孔宪易校注：《如梦录》卷6《街市纪》，中州古籍出版社1984年版，第31页。

军门王批：如详立榜永示，并仰厅遵饬告谕，严禁扰取铺行，报缴。"①通过这份公移可见，作为连接国内外贸易重要经济链条的铺行和夷商纲纪，香药为其经营的最主要商品，足见香药在明清社会应用之广泛、利润之高，以及由此引发的市场上的香药经营热，香药贸易商及销售者成为很多人争相从事的职业。

二、香药社会应用职能的拓展

明清时期，香药通过海路源源不断地输入中国，作为环中国海海洋经济贸易史上数量最大且最重要舶来品的香药，虽最终被应用于宗教祭祀、医疗保健、饮食调味等日常生活各领域，但在流转的过程中却被赋予了多重社会应用职能，其不仅是大明王朝赏赐百官、奖励军功、支付薪俸的重要物品，而且是时人礼尚往来之佳品，个人财富之象征，有时甚至兼具一般等价物的职能，在政治统治、经济运行及社会交往中发挥着重要作用。

自明初开始，胡椒、苏木被大量运用于赏赐和支俸，本章第一节已从经济角度阐释了这两种香药在折赏支俸领域的运用。此外，胡椒、苏木、檀香等香药还常被明廷用于赏赐藩王或少数民族首领，以巩固统治。例如，永乐帝即位之初，"赏谷王穗金川门功，乐七奏，卫士三百，金银大剑，金三百两，银三千两，钞三万锭，彩币三百匹，良马四匹，金笼鞍辔二副；又马二十四匹，金鞍二副，银五百两，钞四万六千锭，锦十匹，纻丝绫罗各六十匹，绢百九十匹，又银千两、钞三万锭，袍衣三袭，绢五百匹，白罗绵一条，西洋布三十匹、檀香三百斤，降真香五百斤，胡椒、苏木各千斤，良马十匹，羊百羫，酒五百瓶，椰子三百，火者百人。赏蜀王椿发谷府反谋功，黄金二百两，银千两，钞四万锭，玉带一，金织衮龙纻丝纱罗衣九袭，纻丝纱罗各五十匹，绒锦十匹，彩绢千匹，罗绵十条，高丽布一百匹，白米千石，胡椒千斤，良马十匹、金鞍二副；又银四千五百两、钞十万锭、米万石，纻丝五百匹，纱罗各二百五十匹，绢一千匹，罗绵六十条，苏木五千斤，胡椒三千斤，珍珠一百九十二两，马一百

---

① （明）颜俊彦著，中国政法大学法律古籍整理研究所整理标点：《盟水斋存牍》二刻"公移"，中国政法大学出版社2002年版，第662—663页。

五匹,金鞍二副,火者百人"。① 永乐二十二年（1424 年）九月,"赐汉王高煦、赵王高燧各黄金五百两,白金五千两,锦百匹,纻丝二百匹,罗二百匹,纱二百匹,胡椒五千斤,苏木五千斤,钞五百贯,良马百匹"。② 宣德五年（1430 年）正月,"赐乌思藏国师领占端竹、阿木葛等五百八人,大国师释迦也失并大乘法王使臣锁南领占等五百四十二人,招谕至京,福余卫靻官副千户火赤歹并原□招谕指挥□事木当加等,及兀者等、卫女直指挥弗羊加等、蛮夷长官司舍人石宗和古州等、蛮夷长官司乡老石再原,钞、彩币表里、绢布、胡椒等物有差"。③ 正统八年（1443 年）七月,"赐庆王秩煃银五百两,纻丝纱罗百段,苏木、胡椒千斤"。④ 从上述五例可见,胡椒、苏木、檀香、降真等香药常与金银、布帛、良马一同用于赏赐,且赏赐的香药种类多以胡椒、苏木为主。从赏赐的数量来看,动辄数千斤,少则数百斤,数量如此庞大的香药,受赏者本人及家庭在短时间内很难消费完,这些消费不完的香药或被拿到市场销售,或作为财富贮藏起来,对于受赐者来说,这些香药被赋予了一定的经济职能。

在时人经济互动和社会交往过程中,香药时常作为彼此间增进沟通、友好关系之佳品。据《热兰遮城日志》记载,荷兰人常将胡椒、檀香等香药作为礼物送给海盗首领、郑芝龙、郑成功和中间商,试图以此保障其在中国沿海交易的顺利进行。在大员商馆与中国沿海的贸易刚刚步入正轨时,荷兰人曾于 1629 年（崇祯二年）12 月 13 日,"赠送价值三百里尔的象牙、檀香木、胡椒和红呢绒给李魁奇,为要使他在各方面更热心地帮助他们,并把他们这边逃去投靠他的班达人归还他们"。⑤ 随着荷兰人对中国东南沿海局势认识的逐渐清晰,他们开始设法取得与郑氏集团的联系,并多次赠送香药等礼物,以示友好。为了建立与郑氏集团的贸易关系,1644 年（崇祯十七

---

① （明）王世贞:《皇明异典述》卷 1《亲王功赏之厚》,全国文献缩微复制中心,2004 年。

② 《明仁宗实录》卷 4,永乐二十二年九月壬午。

③ 《明宣宗实录》卷 62,宣德五年正月乙丑。

④ 《明英宗实录》卷 160,正统八年秋七月丁丑。

⑤ 江树生译注:《热兰遮城日志》（第一册）,台南市政府发行 1999 年版,第 8 页。

年)3月15日,大员的荷兰议会决议,"赠送一官(即郑芝龙)1匹红色呢绒、2担檀香木和1担象牙"①;1654年(顺治十一年)荷兰人曾在海上夺走郑成功的一艘商船,遭到郑成功的抗议,为了讲和,荷兰人在归还其货物的同时,并决定赠送100担胡椒给郑成功。② 自1656年7月开始,郑成功禁止与大员的贸易通商,一年多内荷兰人曾想方设法取得郑成功的同意,企图恢复大员与中国东南沿海的贸易往来,但并未成功。1657年(顺治十四年)8月,郑氏集团重要人物郑泰最终接受了荷兰人所送礼物,其中有"1匹绒布、12匹素色印度棉布、1担一级品丁香、2担鹿角"③,此后不久双方贸易恢复。此外,荷兰商人还时常赠送往来于福建沿海和大员间的贸易商,以维护彼此间的贸易关系。1639年(崇祯十二年),荷兰人曾赠送商人Hambuangh一定数量的丁香;④1644年3月,为了鼓励中国商人Lotia、Bendjock和他的儿子更热衷于贸易,荷兰议会决定"赠送Lotia 2担檀香木、5担胡椒;赠送Bendjock 2担檀香木、6担胡椒;赠送Bendjock的儿子,即Jocksim的戎克船长,1担檀香木"。⑤ 荷兰人之所以选择胡椒、檀香、丁香作为礼物赠予海盗首领、郑成功父子和中国海商,以维护和加强大员与中国东南沿海的贸易关系,很大程度上说明了香药在中国的受欢迎。荷兰人除将香药作为礼物赠予中国人外,也曾收到来自别国的香药礼物。例如,1651年(顺治八年)7月28日,柔佛国王的戎克船航至大员,并带来该国国王的一封信,内容是劝

---

①　江树生译注:《热兰遮城日志》(第二册),台南市政府发行2002年版,第245页。

②　江树生译注:《热兰遮城日志》(第三册),台南市政府发行2002年版,第351页。原文记载如下:1654年(顺治十三年)7月1日,中国大官国姓爷向我们抗议,有一艘他的戎克船在广州的航线上被我方的人夺去(船上的货物),也向他们阁下提出归还该船(货物)的要求,他们阁下认为(因为尊贵的公司有很多地方必须依赖他的合作)应将这些扣留下来的货物交还给他,此外还要赠送他一百担胡椒,相信如此即可结束这问题。

③　江树生译注:《热兰遮城日志》(第四册),台南市政府发行2011年版,第220页。

④　江树生译注:《热兰遮城日志》(第一册),台南市政府发行1999年版,第435页。

⑤　江树生译注:《热兰遮城日志》(第二册),台南市政府发行2002年版,第245页。

荷兰人要善待前往大员的他的商人，并送来一些礼物给荷兰人，"即三张精美的席子、2 碇的锡和 1 袋胡椒"。① 荷兰人与柔佛人之所以经常选择香药作为礼物，以润滑其对外经济贸易关系，一则由于荷兰人当时控制了东南亚地区的多个香药产地，柔佛本地即为香药出产国，两者获取香药极为方便，二则由于香药为当时亚洲海域贸易的最重要商品，在各国流通极广，人们乐于接受。

除经济和政治互动中，不同集团甚至国家之间常利用胡椒、檀香等香药作为搭建彼此间友好合作的桥梁外，时人也常以香药作为礼尚往来之佳品，甚至旅居在华的外国人也多以香药作为礼物赠予彼此。据《初渡集》记载，嘉靖年间，日本使臣策彦周良在华期间看望友人柯雨窗，获赠胡椒二两，"嘉靖十八年（1539 年）八月四日，斋后，携助太郎扣柯雨窗，盖谢前日两度音问也。余出示闻蛰有感之诗，雨窗即席和者两篇，赠以胡椒二两、黑管笔一对、（美）浓纸一帖。"②此外，策彦周良也将胡椒作为礼物赠予中国友人，"嘉靖十九年（1540 年）十月二日，斋罢，同即休、三英扣卢月渔门，携以山口杉原一帖、胡升（胡椒）一包，遂会于待月轩，有茶酒之设"。③ 胡椒与笔、纸等文房之物一起，作为来华日本使节策彦周良与中国的士大夫在私人聚会中的常用赠品，足见胡椒在士大夫阶层中的受欢迎。

明中期以后，随着民间贸易的日益兴盛，大量香药源源不断地进入中国市场，越来越多的人开始将香药作为财富的象征物囤积起来，可谓上至达官显贵，下至普通平民。明武宗时期的宠臣钱宁，在世宗即位后被查抄其家，"得玉带二千五百束、黄金十余万两、白金三千箱、胡椒数千石"。④ 从上述查抄清单可见，胡椒几乎获得了与金银、珠宝等传统财富象征物等同的地位。除达官显贵外，普通民众也时常将其多余的钱拿来购买香药，作为财富

---

① 江树生译注：《热兰遮城日志》（第三册），台南市政府发行 2002 年版，第233 页。

② ［日］策彦周良：《初渡集》，"嘉靖十八年八月四日"条，收入《大日本佛教全书·游方传丛书四》，名著普及会 1980 年版，第 183 页。

③ ［日］策彦周良：《初渡集》，"嘉靖十九年十月二日"条，收入《大日本佛教全书·游方传丛书四》，名著普及会 1980 年版，第 262 页。

④ （清）张廷玉：《明史》卷 307《奸佞》，中华书局 1974 年版，第 7892 页。

收藏起来。《金瓶梅》第十六回，李瓶儿死了丈夫，想改嫁西门庆，指着床底下对西门庆说："奴这床后茶叶箱内，还藏着三四十斤沉香、三百斤白蜡、两罐子水银、八十斤胡椒，你明日都搬出来，替我卖了银子，凑着你盖房子使。"①李瓶儿囤积的胡椒、沉香等物，在西门庆需要钱时，可随时变卖成银两，足见香药在市场上的流通之广及受欢迎程度之高。

此外，在中外贸易中，香药(主要指胡椒)还时常兼具一般等价物的职能。商人们在计算货物的价值时，常以胡椒作为标准予以衡量。据葡萄牙人皮雷斯描述："在中国，一百斤被称为一担(piquo)。这样，你就可以定出自己的价格，诸如多少担的胡椒换一担生丝，或多少担此类的货物交易一担胡椒。麝香交易也同样如此，以多少斤的胡椒换一斤麝香(或)小珍珠"，甚至连稻米、小麦、肉类、家禽、鱼类等食物，也以胡椒作为价值尺度，"即多少单位的这类食物换取一单位的胡椒"。② 胡椒俨然成了商品交换中衡量货物价值的标尺。在实际的商品交换中，当白银短缺时，商人们常以胡椒进行支付。例如，1638 年(崇祯十一年)7 月，以 Hambuangh 为代表的中国商人在同大员的荷兰商馆进行生丝交易时，由于荷兰人无足够的现款，最终以2500 担胡椒作为部分货款先行支付，从而保证了交易的顺利进行。③ 1643 年(崇祯十六年)6 月，荷兰商馆在与中国海商进行交易中，"其中约有 8000 里尔以交易胡椒付款"④。这种以胡椒支付货款的方式，在中外交易中时常出现，且被中国商人欣然接受。据《热兰遮城日志》记载，此类情况仅 1643 年 7 月就有 2 例:⑤

> 1643 年 7 月 22 日，今天运来的货物的议价交易之事，已经全部办

① (明)兰陵笑笑生著，王汝梅校点:《金瓶梅》(上)，齐鲁书社 1987 年版，第 242 页。

② [葡]托梅·皮雷斯:《1515 年葡萄牙人笔下的中国》，载中外关系史学会、复旦大学历史系编:《中外关系史译丛》(第四辑)，上海译文出版社 1988 年版，第 285 页。

③ 江树生译注:《热兰遮城日志》(第一册)，台南市政府发行 1999 年版，第 400—404 页。

④ 江树生译注:《热兰遮城日志》(第二册)，台南市政府发行 2002 年版，第 152 页。

⑤ 江树生译注:《热兰遮城日志》(第二册)，台南市政府发行 2002 年版，第 174、178 页。

好了，有 10882.25 里尔支付现款，1167 里尔以胡椒支付，那些华商看起来还相当愉快。

1643 年 7 月 31 日，近中午时，中国商人第一次来取胡椒，这些胡椒早已挂账要用来支付他们的货款。

从以上描述可见，中国商人对于用胡椒支付货款的方式，显然是乐于接受且态度积极的。究其原因，主要是由于胡椒在中国具有繁荣且稳定的销售市场，而其在医药、饮食等领域的广泛应用，是其销路良好的根本保障。

上文主要从香药贸易的参与者和香药的多重社会应用职能两方面论述了香药的价值。明清时期，沿海商民、朝贡使节、市舶太监及沿海地方官员纷纷加入香药贸易的行列，很多时候他们甚至冒海禁之大不韪，远赴东南亚各国购买香药或在未允开放的港口进行香药交易，而这一切冒险行为皆源于香药贸易的高额利润，及个人对财富的热切追求，这也在一定程度上反映了自明中叶以来，在商品经济的刺激下，社会风气的转变及时人逐利观念的日盛。而香药所具有的常用于赏赐支俸、礼尚往来、财富贮藏、交易支付的多重应用职能，正是人们在逐利过程中逐渐赋予的。香药的这些职能使其能够更好地在政治、经济、社交诸领域发挥功用，而这些功用的发挥又为时人追逐财富提供了更多便利。

第五章　香药与中国社会

前文主要探讨了香药的输入路径，香药贸易的参与者，及香药对中国经济所产生的从中央到地方再到个人的多层面影响，关注点主要集中于香药贸易这一动态经济运行过程。尽管这些论述十分必要，但毫无疑问，进口香药的最终目的并非因其能够产生一系列积极的经济联动效应，而是因其自身所具有的多元实用价值对时人日常生活所带来的重要影响。因此，本章将围绕香药应用最为普遍的宗教祭祀、熏衣化妆、医疗保健、日常饮食四个领域，集中论述香药与中国社会的互动关系。

第一节　香药与宗教祭祀

香药传入中国之初，主要作为佛教的供养圣品，用以焚烧净心。"佛神洁净不进酒肉，爱重物命如护一子，所有供养烧香而已"[①]，"以清净心种种供养，香花璎珞幡盖敷具，布在佛前种种严饰，上妙香水澡浴尊仪，烧香普熏运心法界"。[②] 魏晋南北朝时期，伴随着佛教的传入及道教的盛行，沉香、檀香、安息、青木等香品在宗教祭祀领域的运用日渐广泛。自东晋释道安创立"行香定座法"作为诵经行香礼仪之后，僧人斋会讲经、诵经烧香、个人修持

---

① （唐）释道世：《法苑珠林》卷22《敬佛篇》，四部丛刊景明万历本。
② （唐）释义净：《浴佛功德经》，载《大正新修大藏经》第十六册。

皆离不开香药。如僧人斋戒沐浴所用"五香汤"即以白檀、青木等香调配而成，即"兰香一斤，荆花一斤，零陵香一斤，青木香一斤，白檀一斤"①。此外，信徒礼佛、个人修持、祭祀祈福莫不以焚香为要。南朝梁武帝崇佛最盛，常以沉香祭天，"南郊明堂用沉香，取本天之质，阳所宜也。北郊用上合香，以地于人亲，宜加杂馥"。②

隋唐时期，统治者崇佛尚道风气盛行，每逢重大节日，皇帝或亲赴佛寺、道观行香，或建醮设坛，令僧道烧香供养。如武则天为尼后，能够再次入宫，正是得益于高宗赴感业寺行香的机会。③《立春日玉晨观叹道文》中记载有"女道士等奉为皇帝稽首斋戒，焚香庄严"④之情状。唐代宗为崇佛、供佛，"每春百品香和银粉以涂佛室"，并将暹罗所献万佛山，置于佛室，"万佛山则雕沉檀、珠玉以成之"。⑤ 除统治者外，文人士大夫亦热衷于焚香礼佛，清净修持，一些官员"退朝之后，焚香独坐，以禅诵为事"⑥。随着香药输入量的增加，宗教用香方式更为讲究、细致，如密教供养佛部用沉香，金刚部用丁香，莲花部用白檀香，宝部用龙脑香，羯磨部用薰陆香。⑦

宋元时期，由于海上香药贸易的繁盛，香药在宗教祭祀领域的应用更为广泛。在佛教中，香药常被用于焚烧敬佛、塑造佛像、斋戒沐浴等；道教中，香药为斋醮仪式不可或缺之物，且常被皇帝用以赏赐道士，崇宁年间（1102—1106），朝廷对道士"月给币帛、朱砂、纸笔、沉香、乳香之类，不可数计，随欲随给"⑧。官方和民间的祭祀仪式中，香药无处不见，据《文献通考》卷71《郊社考》记载："左司员外郎曾旼言：周人以气臭事神，近世易之以香。按何佟之议，以为南郊明堂用沈香，取本天之质，阳所宜也；北郊用上

① （宋）张君房纂辑，蒋力生校注：《云笈七签》卷41《杂法部·沐浴》，华夏出版社1996年版，第229页。

② （唐）魏征、令狐德棻：《隋书》卷6《礼仪一》，中华书局1973年版，第109页。

③ （宋）王溥：《唐会要》卷3《皇后》，中华书局1955年版，第23—24页。

④ （清）董诰：《全唐文》卷728《封敖》，中华书局1979年版，第7507页。

⑤ （唐）苏鹗：《杜阳杂编》卷上，中华书局1985年版，第3页。

⑥ 《旧唐书》卷190下《文苑下·王维》。

⑦ 傅京亮：《中国香文化》，齐鲁书社2008年版，第234页。

⑧ （宋）陆游撰，李剑雄、刘德权点校：《老学庵游记》卷3，中华书局1979年版，第27页。

和香,以地于人亲,宜加杂馥。今令文北极天皇而下,皆用湿香,至于众星之位,香不复设,恐于义未尽。"如宋仁宗曾因京师大旱亲焚龙脑香祭天祈雨。① 普通平民在拜神祭祀中也常常用到沉、檀等香药,"青田小令村民家妇年二十余……妇房内壁仍设一卓,置香炉,如人家供神佛者,每日焚香十余度,或沉或檀或柏子,和香之属,莫知所从"。② 婆源盐商方客,在芜湖遇到强盗,欲杀之,方客乞命盗曰:"某自幼好焚香,今箧中犹有水沉数两,容发箧,取之,焚谢天地神祇,就死未晚。"③村野妇人及婆源盐商这些普通百姓,日常生活中常焚香祈神,足见焚香在宋代社会的盛行。

明清时期,香药的输入途径较之前代更为多元,数量和种类更为丰富,其在宗教祭祀领域的运用更为普遍。关于烧香祭祀的意义及功用,香研究集大成之作《香乘》一书的序言中写道:"香之为用,大矣哉! 通天集灵,祀先供圣,礼佛借以导诚,祈先因之升举,至返魂祐疫辟邪飞气,功可回天。"烧香祭祀习俗在中国的发展大致经历了从佛教至道教,再到世俗领域的过程。《香乘》卷12"辩烧香"条曾言:"昔人于祭前焚柴升烟,今世烧香于迎神之前用炉炭之。近人多崇释氏,盖西方出香,释氏动辄烧香,取其清净,故作法事,则焚香诵呪。道家亦烧香解秽,与吾教极不同。今人祀夫子祭社稷,于迎神之后奠帛之前,三上香,古礼无此,郡邑或用之。"④佛教、道教的各种祭祀活动常把烧香作为礼佛、敬神的重要供品和与神灵沟通的有效媒介,王斯福在《帝国的隐喻》一书中曾言:"香火是中国人用来沟通人与具有灵性的神明的基本特征。"⑤在世俗领域,香被赋予"通神明"、"辟鬼神"的特殊功效,上至皇室贵族,下至普通民众,常以烧香的方式祭祀天地、神明和祖先。

在佛教领域,沉、檀、青木、降真等香常被加工成线香,用以礼佛、斋醮、

---

① (宋)邵博:《邵氏闻见后录》卷9,上海书店出版社1990年版,第12—13页。

② (宋)洪迈:《夷坚志》丙志卷5,"小令村民"条。

③ (宋)洪迈:《夷坚志》甲志卷4,"方客遇盗"条。

④ (明)周嘉胄:《香乘》卷12《香事别录下》,清文渊阁四库全书本。

⑤ [英]王斯福:《帝国的隐喻:中国民间宗教》,赵旭东译,江苏人民出版社2008年版,第148页。

祈福，或被雕刻成佛像、佛珠等，作为供奉、修持之物。明清时期，统治者对佛教的发展并无过多干预，有时甚至给予大力支持，其支持佛教主要表现之一即是赐予寺院或高僧大量香药。如永乐六年（1408年），朱棣遣专使进藏诏请，并赐檀香木一截作为礼物；永乐十一年（1413年），朱棣再次遣使入藏迎请，并赐檀香、茶叶等物。① 此外，明朝还设有专门的烧香太监，"专司烧香一职，让一些年老或有病之太监，在寺庙中专行烧香之事，度过余生，成为一种惯例"。②

用于祭祀焚烧的礼佛香品主要以沉香、檀香、降香为主，它们或单独使用，或与其他香品调和，制成线香、棒香、印香、篆香、牙香等。常见的线香制作方法为，"甘松、大黄、柏子、北枣、三奈、藿香、零陵、檀香、土花、金颜香、薰花、荔壳、佛泥降真各五钱，栈香二两，麝香少许，右如前法制造"。③ 棒香中最为常用的当属"沉速棒香"，主要制作方法为，"沉速棒香，沉香二斛，速香二斛，唵叭香三两，麝香五钱，金颜香四两，乳香二两，苏合油六两，檀香一斛，白芨末一斛八两，炼蜜一斛八两，和成滚棒"。④ 印香的制作配方有多种，"若印香供佛，其为印模，有焚一日者，有焚六时者，其香料随造，但料重则香"，其配方共二十四味，即"沉速四两，黄檀四两，降香四两，木香四两，丁香六两，乳香四两，检芸香六两，官桂八两，甘松八两，三奈八两，姜黄六两，玄参六两，丹皮六两，丁皮六两，辛夷花六两，大黄八两，藁本八两，独活八两，藿香八两，茅香八两，白芷六两，荔枝壳八两，马蹄香八两，铁面马牙香一斤，石成入官粉一两，炒硝一钱"。⑤ 篆香的品种较多，仅《香乘》一书记载的就有"福庆"、"寿征"、"长春"、"延寿"、"万寿"、"内府"六种，其除具有通达神灵、清神醒脑的基本功用外，还兼具计时的功能，"香篆，镂木以为之，以范香尘为篆文，燃于饮席或佛像前，往往有二三尺径者"，一般"十二

---

① 任宜敏：《中国佛教史·明代卷》，人民出版社2009年版，第25页。
② 陈宝良：《明代社会生活史》，中国社会科学出版社2004年版，第514页。
③ （明）周嘉胄：《香乘》卷24《墨娥小录香谱》，清文渊阁四库全书本。
④ （明）周嘉胄：《香乘》卷25《猎香新谱》，清文渊阁四库全书本。
⑤ （明）高濂：《遵生八笺》卷8《起居安乐笺下》，巴蜀书社1988年版，第294页。

时辰分一百刻,凡燃一昼夜而已"。① 牙香的配方亦有多种,"唐化度寺牙香法"为佛教中常用香品,该香的调配方法最早见于洪刍的《香谱》,至明清时期一直沿用,即"沉香一两半,白檀香五两,苏合香一两,甲香一两煮,龙脑半两,麝香半两。右件香细剉,捣为末,用马尾筛罗,炼蜜溲和得所,用之"②。从上述几例香方的调配方法来看,配料较为丰富,制作流程不算复杂,在以沉、檀二香为基本原料的前提下,根据需要再搭配不同香品和药材进行调和,这些香品和药材中既有本土所产,亦有域外进口,自然而不露痕迹地体现了中外物质文化的交流与融合。

在道教领域,祭天、通神、辟邪等仪式皆离不开香药,焚香祭祀所用香品最为常见的当属降香,此外沉香、檀香、丁香、乳香也较为常见。《天皇至道太清玉册》称降真香为"祀天帝之灵香","主天行时气,宅舍怪异,并烧悉验","拌和诸杂香,烧烟直上天,召鹤得盘旋于上","醮星辰,烧此香甚为第一;度箓烧之,功力极验;小儿带之,能辟邪恶之气也"。③ 除降真香外,道观中所用香品多以沉香、檀香为主,并杂之其他香品调和而成,据《香乘》卷17《法和众妙香四》记载,道教常用香方主要有"元御带清观香"、"太真香"、"大洞真香"、"天真香"、"降仙香"等,④这些香方主要用以焚烧通灵,祭祀上真。

一些香方除具有祭天、通神的作用外,还时常被赋予辟邪、免灾、祛病等

① （宋）洪刍:《香谱》卷下《香之法》,中华书局1985年版,第22页。
② （宋）洪刍:《香谱》卷下《香之法》,中华书局1985年版,第28页。
③ （宋）唐慎微著,郭君双、金秀梅、赵益梅校注:《证类本草》卷12《木部上品总七十二种》,中国医药科技出版社2011年版,第404页。
④ 元御带清观香:沉香四两末,金颜香二钱半另研,石芝二钱半,檀香二钱半末,龙脑二钱,麝香一钱半。右用井花水和匀,碾石碾细,脱花爇之;太真香:沉香一两,栈香二两,龙脑一钱,麝香一钱,白檀一两细剉白,半盏相和蒸干,甲香一两。右为细末和匀,重汤煮蜜为膏,作饼子,窨一月,焚之;大洞真香:乳香一两,白檀一两,栈香一两,丁皮一两,沉香一两,甘松半两,零陵香二两,藿香叶二两。右为末,炼蜜和膏,爇之;天真香:沉香三两剉,丁香一两新好者,麝、檀一两剉炒,元参半两洗切微焙,生龙脑半两另研,麝香三钱另研,甘草末二钱另研,焰硝少许,甲香一钱制。右为末,与脑、麝和匀,白蜜六两,炼去泡沫,入焰硝及香末,丸如鸡头大,爇之熏衣最妙;降仙香:檀香末四两,少许和为膏,元参二两,甘松二两,川零陵香一两,麝香少许。右为末,以檀香膏子和之,如常法爇。

功效。如最为著名的"焚供天地三神香方"，其来历颇具神秘色彩。据载，"昔有真人燕济居三公山石窟中，苦毒蛇猛兽邪魔干犯，遂下山改居华阴县庵，栖息三年，忽有三道者投庵借宿，至夜谈三公山石窟之胜，内一人云：'吾有奇香能救世人苦难，焚之道得自然玄妙，可升天界，真人得香复入山中坐，烧此香毒蛇、猛兽悉皆遄避。'忽一日道者散发背琴虚空而来，将此香方凿于石壁，乘风而去，题名'三神香'。能开天门地户，通灵达圣入山，可驱猛兽，可免刀兵，可免瘟疫，久旱可降甘雨，渡江可免风波，有火焚烧，无火口嚼，从空喷于起处，龙神护助，静心修合，无不灵验"。① 与此类似的香方还有"灵信香方"、"信美香方"等，这些香方皆被记载具有"除妖怪邪魔、退病患、躲刀兵劫"，得"神鉴降护身免厄"的神奇功效。② 从史籍描述来看，这些香方不仅能祛病免灾、益寿延年，亦能遄远虫兽、降妖除魔，甚至能和合买卖、普降甘霖，可谓万能。因宗教因素，上述香方的功用被人为夸大，且被赋予一定神秘色彩，但我们并不能完全否认其功效。从其配方来看，这些香方主要由沉香、檀香、乳香、丁香、藿香、零陵香、玄参、甘松等调配而成，而这些香品和药材除具有浓郁的芳香气味外，且药用功效极强，焚之定当能够驱虫、祛病、避瘟，至于其能够护身免厄、和合买卖、求神祈雨、通达神灵的描述，皆因宗教的神秘性所致。

除礼佛敬神、设坛斋醮、个人修持、延年益寿、祛病避灾外，沉香、檀香、乳香、丁香、青木、降真等香药还可调配成香汤沐浴。每年四月八日"诸寺

---

① （明）高濂：《遵生八笺》卷8《起居安乐笺下》，巴蜀书社1988年版，第298页。
② （明）佚名：《万法归宗》卷2《阴魂报一宗》，明刻本。灵信香方：此灵信香者能除妖怪邪魔、退病患、躲刀兵劫，急速焚香即有天神鉴降护身免厄也。如有天旱烧此香三日天雨下降，如有猛兽侵害人用口嚼烂望天门喙之，一切天将善神俯捧其身自然不敢来也。木香、白檀香、降真香、苓陵香各一钱，玄参、甘松、香附子、藁本各八钱。右为细末，炼密为丸；信美香方：此香名信美香，又名护身香，又名三神香，此方乃昔华山道士燕济子汉明帝时人也，将此方书于石壁之，工名传不朽，焚烧此香开天门、闭地户、益寿延年、通灵达圣、遄远虫兽、避刀兵之灾难、除鬼怪之邪魔、和合买卖、解脱杀害之家、消除疾厄苦恼之难，随身带之临阵刀箭不能伤害，若天降诸虫伤苗稼，走兽害人，集众焚此香，并皆出境去之。如多时雨不降，集众焚此香三日内其雨必降，今具香药于后。沉香、白檀香、降真香、广木香、乳香各二钱，藿香四钱，苓陵香八钱，香白芷八钱，玄参二钱，甘松一两，藁本八钱，香附子八钱，大黄一两。右十三味为末，炼蜜为丸。

设斋,以五色香水浴佛,共作龙华会",浴佛亦称"灌佛",即以香汤灌洗佛像,所用香汤主要由五色香配制而成,即"以都梁香为青色水,郁金香为赤色水,丘隆香为白色水,附子香为黄色水,安息香为黑色水,以灌佛顶"。①在道教的修炼中,香汤沐浴为重要养生方法之一。如"白茅香,生安南,如茅根,道家用作浴汤"②;五色香汤亦是道教沐浴的常用香汤,"据多本道教文献记载,五香并不专指特定的五种香料,而是兰香、白檀、白芷、桃皮、柏叶、沉香、鸡舌香、零陵香、青木香等香料中任取五种调制"。③关于香汤的调配,要按照一定的配量、火候以及用特殊汤水制成。据称调汤之人可获功德无量,而沐浴香汤之人亦可获福,故道教有"沐浴七事获七福"④之说。尽管调配和沐浴香汤能够获福的说法带有一定神奇色彩,但在调制香汤和沐浴香汤的过程中,香药中有益的成分被人直接或间接吸收,的确起到了一定的保健作用。

明清时期,除佛寺、道观的日常运作、大型的宗教活动需使用大量香药外,官方和民间的一些祈神祭祀活动中香药运用也十分广泛,其主要体现在以下两个方面。

其一,宫廷大型祈神、祭天、祭祖活动。香药自传入中国以来,皇宫贵族对其热衷程度从未减退,香药消费数量与日俱增。明清时期,海外诸国进贡的大量香药时常不能满足宫廷之用,很多时候仍需专门购买。如嘉靖二十九年(1550 年),"供用库移文户部,趣征内用香品:沉香七千斤,大柱降真香

---

① （南朝）宗懔撰,宋金龙校注:《荆楚岁时记》,山西人民出版社 1987 年版,第43—44 页。

② （明）李时珍:《本草纲目》卷 14《草部・白茅香》,人民卫生出版社 1979 年版,第 897 页。

③ 严小青、张涛:《中国道教香文化》,《宗教学研究》2011 年第 2 期。

④ （宋）张君房纂辑,蒋力生校注:《云笈七签》卷 41《杂法部・沐浴七事获七福》,华夏出版社 1996 年版,第 230 页。沐浴七事获七福:五香者一者白芷,能去三尸;二者桃皮,能辟邪气;三者柏叶,能降真仙;四者零陵,能集灵圣;五者青木香,能消秽召真。此之五香有斯五德七福因者,一者上善水,二者火薪,三者香药,四者浴衣,五者澡豆,六者净巾,七者蜜汤。此七福因能成七果,一者常生中国为男子身,二者身相具足,三者身体光明眼瞳彻视,四者髭发绀青圆光映项,五者唇朱口香四十二齿,六者两手过膝,七者心聪意慧,通了三洞经法。

六万斤,沉速香一万二千斤,速香三万斤,海添香一万斤,黄速香三万斤。户部谓量减其数以便召买,上不允,令如原数买进,及行广东催解,毋得迟缓"。① 从购买的香药种类来看,沉香、降真、速香皆是祭祀所用重要香品,虽说这些香药可用于焚香熏衣、疗病祛疾,但就宫廷的消费水平来看,焚香熏衣所用香品多为各地进贡的名贵香品或特制香品,不太可能单独焚烧沉香、降香或速香,故使用数量不会太大,作为药用的数量相对于购买的数量则更是微乎其微,加之购买数量最大的大柱降真香其本身即是专为烧香所用。因此,我们可以推断,嘉靖帝催促购买的这些香药绝大部分是作为祭祀之用。明清时期,统治者祭祀活动频繁,且每次所需香药数量极大。例如,永乐五年(1407 年),明成祖"命礼部造大行皇后祔谒、太庙祭品,及谨册、谨宝、册宝,悉以檀香为之"②;永乐十五年(1417 年),武当山宫观落成之后,明成祖"派定祀神香炷油错每三年共计三万七千二百八十四斤,香油二万二千五百一二斤,黄蜡九百二十四斤,降真香一万一百二十三斤,宿香三千七百二十五斤"③;正统十四年(1450 年)三月,礼部尚书胡濙等奏:"车驾诣天寿山躬修祀事,文武群臣人等进香,初在正统十年二百八十九炷,以后每年有增,今岁增至三千五百七十五炷,除公侯、驸马、伯、文官五品以上,武官四品以上,并近侍风宪官每香二炷,宜如例赏钞一千贯,其诸司属官及将军、旗校、办事、官吏、军民人等,旧无进香例,俱难给赏。上曰:诸司属官及军民人等,以香来进,亦见其尊敬祖宗之诚,何可阻之,第赏例宜损于前,其人锡钞三锭,著为令。"④由此可见,每逢祭祀,香药即为不可或缺之物,尤其是朝廷的大型祭祀活动,除皇帝本人亲自进香外,文武百官皆需按照一定的规制同进,且进香总量呈逐年递增趋势,足见朝廷祭祀所需香药数量之大。

其二,民间敬神、祈福、禳灾、祭祖等活动。明清时期,民间宗教烧香祈福、辟邪已成习惯,香药消费数量十分庞大。建文三年(1401 年)十一月,礼部曾颁布贩运番货、番香禁令,为了响应朝廷号召,广东地方政府颁布的榜

---

① 《明世宗实录》卷 361,嘉靖二十九年六月辛酉。
② 《明太宗实录》卷 71,永乐五年九月丙寅。
③ (明)王佐:《大岳太和山志》卷 7《敕存留香钱》,嘉靖三十五年刻本。
④ (明)徐学聚:《国朝典汇》卷 115《礼部·庙祀》,明天启四年徐与参刻本。

文中对禁番香作了三条规定,其中第一条即是禁止宗教祭祀使用番香,要求民间"祈神拜佛所烧之香止用我国松香、柏香、枫香、黄连香、苍术香、蒿桃香水之类,或合成为香,或为末,或各用,以此为香,以表诚敬"①。该榜文虽意在强调禁番香,却在无意间反映了进口香药在民间宗教祭祀领域应用的广泛。据陈冠岑研究,明代的寺庙、道观、宗祠、室内、庭院、户外等不同场合,民众烧香祭拜的情形随处可见,且不同时节有不同的烧香祭拜仪式。②至清代,民间焚香祭拜的情形更为普遍,就连十三行商馆内也设起祭坛,摆出香炉,袅袅青烟,延绵不绝。据乾隆十六年(1751 年)曾到达广州的瑞典人彼得·奥斯贝克观察,广州商馆"沿街的入口处附近,大门的两侧,是一间小屋子,屋子上面通常是画着类似徽章一样图形的纸和两只用竹子做的套着外壳的圆灯笼。⋯⋯穿过庭院到第二层楼,是一间开放式的带廊大厅,廊上用一张镀金的画像和一张桌子设起祭坛,坛上摆着鲜花和熏香"。③

　　明清时期,烧香祭拜随处可见,且成为广大民众日常生活中不可或缺的一部分。人们烧香的目的或为祈福延寿,或为辟邪禳灾,或为升官发财;烧香的场所或在庙宇、宫观,或在郊野、庭院,或在祠堂、家中;烧香的时间或是特定节日,或是初一、十五,或是因事而定,或是终日焚之。

　　外出进香,祈福禳灾。明清时期,许多寺庙、宫观香火鼎盛,尤其是泰山、武当山、普陀山、天竺山等香火圣地,每逢特定时节,"数百十万男男女女,老老少少,日簇拥于寺之前后左右"④。例如,普陀山每年"春时进香人以巨万计,舍赀如山,一步一拜,即妇女多渡海而往者"⑤;杭州素来"崇尚释老,其来已久,每值相传仙佛诞辰,多往炷香设会。如正月六日南山法相寺,

①　(清)顾炎武:《日知录之余》卷 2《禁番香》,载(清)顾炎武著,黄汝成集释:《日知录集释》,岳麓书社 1994 年版,第 1280 页。

②　陈冠岑:《香烟妙赏:图像中的明人用香生活》,逢甲大学 2012 年硕士学位论文,第 30 页。

③　[瑞典]彼得·奥斯贝克:《中国和东印度群岛旅行记》,倪文君译,周振鹤校,广西师范大学出版社 2006 年版,第 83 页。

④　(明)张岱撰,马兴荣点校:《陶庵梦忆》卷 7《西湖香市》,上海古籍出版社 1982 年版,第 61 页。

⑤　(明)王士性、吕景琳:《广志绎》卷 4《江南诸省》,中华书局 1981 年版,第 72 页。

九日城中宗阳官、玉皇殿，十五日吴山三庙，七月、十月望日同，二月十九日西山天竺寺观，三月三日城中佑圣观，二十八日古荡东岳庙，六月二十四日北山雷，如此类者，未能悉举，皆香灯丛拥、声乐喧阗。官府不为严禁者，亦因俗导民之意"①。民众在特定时节外出进香除有祈福之意外，亦有经济文化交流的意涵，正如明代小说《醒世姻缘传》中所言："这烧香，一为积福，一为看景逍遥。"②岁末农闲，乡野小民往往百十为群，齐赴附近寺庙、宫观进香祈福，祈求多子多福、延年益寿、五谷丰登等等。沿海地区渔民、海商在出海之前往往赴当地天妃宫、妈祖庙进香，祈保海上平安、航行顺利。各地民众赴外进香，除敬神祈福外，他们在愿望达成后，多烧香还愿，感谢神灵庇佑。

迎神送神，禳灾驱疫。明清时期，灾害、瘟疫频发，因医疗水平有限，人们对灾荒、疫病的预防和应对多表现为拜佛祈神、设坛斋醮等巫术和鬼神的形式，而烧香则被认为是与神灵沟通的有效手段。传统节日中相当多的节日都有燃香习俗，如嘉兴地区，每逢上元节百姓皆焚香迎紫姑，中元节几乎家家户户焚香祭鬼；浙江乌程，"五月十五日为城隍诞辰，接踵而行，名曰行香，借以驱除疫疠"。③ 发生大的灾荒、瘟疫后，除个人烧香求神拜佛外，官府和地方社会也时常建醮焚香祈禳。比如，嘉庆二十二年（1756年）春，江南地区"疫疠偾行，民受其困。时大宪率属吏致斋告虔，思所以为民请命者备至。余请于上天，延师叔侄祈祷。继而甘霖立需，沴气旋消，吴民大悦"④；道光元年（1821年），"象山大旱，秋大疫，石浦尤甚，其症脚筋抽搐即死，城中设醮教场演武厅，七日疫止"⑤。建醮祈神后，瘟疫之所以能够很快消除，很大程度上因祭拜所用香药本身所具有的驱疾辟瘟功效，仪式中的焚

① （明）刘伯缙：《（万历）杭州府志》卷19《风俗》，明万历刻本。

② （明）西周生：《醒世姻缘传》，上海古籍出版社1985年版，第979页。

③ （清）罗愫修，杭世骏撰：《（乾隆）乌程县志》卷13《风俗》，成文出版社有限公司1983年版，第865页。

④ 王国平、唐力行主编：《明清以来苏州社会史碑刻集》，苏州大学出版社1998年版，第411页。

⑤ 罗士筠修，陈汉章等撰：《（民国）象山县志》卷30《志异》，成文出版社有限公司1974年版，第3131页。

香环节使香气飘散四周,确实起到了驱除瘟疫、净化空气的作用。对于疫病的出现,最痛苦的莫过于病人及其家属,相对于官府和社会,他们的救疗活动更为积极,而烧香祈神是他们最为常见的选择,"民间疾病多诣神庙祈祷"。① 据《金瓶梅》第六十五回记载,李瓶儿生病久治不愈,西门庆请道士至家中作法,"只见琴童吩咐房中收拾焚下香,五岳观请了潘法官来了,月娘一面看着,教丫头收拾房中干净,伺候净茶净水,焚下百合真香,月娘与众妇女都藏在那边床屋里听观"。病人去世后,不少地区亦有焚香建醮之习俗,这些习俗虽铺张浪费,但焚香对于驱除死者身上所携病菌颇有功效,很大程度上避免了疫病的再次传播。

烧香敬天,祭祀祖先。传统社会,由于认识水平有限,人们对上天怀有一种无限的崇敬,生活中遇到问题或困难,往往会点上一炷清香,祈求上天指点和保佑;对于山川、河流、土地亦同样崇拜,人们相信现实中有神的存在,如若时常焚香祈祷,便会得到神灵的庇佑,能够消灾降幅。因此,人们除赴寺庙、宫观进香外,亦时常在家燃香祈祷,香炉基本成为居家必备用品。在时人所留下的画作当中,"香炉的陈设已到了无处不在的境界,香的使用变成是明人生活中重要的气氛"。② 此外,各个生产行业还创造了自己的行业神,加以烧香敬奉。随着丝织业在明清江南经济中所占地位的日益重要,民间开始出现对蚕神的祭祀,每逢养蚕季节,在蚕茧孵化出蚕之时,蚕农需沐浴更衣,焚香祭祀,祈求蚕宝健康,多多出丝。甚至有些蚕农,还专程赴寺庙进香祈蚕,如杭州蚕农在正月内,"多赴江干天龙寺炷香祈蚕"③。可见,烧香拜神已成为百姓日常生活的重要活动。此外,烧香也是人们祭祀祖先时不可缺少的仪式之一,逢年过节,大部分家庭都会摆上祭品,点香祭拜。百姓祭祀所燃之香,不仅可从市场上购买成品,也可自行调制。如明代新出现的"日用供神湿香",不仅原料易得,且制作方法简单,即"乳香一两研,蜜

---

① 金成修,陈畬等撰:《(民国)新昌县志》卷5《礼志·原风俗》,成文出版社有限公司1970年版,第696页。

② 陈冠岑:《香烟妙赏:图像中的明人用香生活》,逢甲大学2012年硕士学位论文,第53页。

③ (明)刘伯缙:《(万历)杭州府志》卷19《风俗》,明万历刻本。

一舥炼,干杉木烧麸炭细筛。右同和,窨半月许,取出切作小块子,日用无大费,其清芬胜市货者"①。自制便捷香方的出现不仅节省了开支,方便了百姓日用,而且从侧面反映了香药在烧香祭拜领域应用之普遍。有时,香药在祭祀祖先时不仅可以用来焚烧,还可出现在祭品当中。如明代徽州祁门程氏在中元、冬至时节祭祀祖先时所贡祭品有:"祭猪两口,檀香三钱,速香二两,大椒、花椒各四两,香油二斤等等。"②足见香药在祭祀中应用之广泛。需要注意的是,百姓烧香拜佛祈神在礼佛敬天之余,带有较强的目的性,而祭祀祖先更多的时候则是对故去亲人的追思。

通过上述分析可见,明清时期,沉香、檀香、降香、丁香等香药在宗教祭祀领域的应用十分广泛。它们多与其他香品、药材相和,制成线香、棒香、篆香或牙香等,在祭拜时焚烧,或以檀香为原料制作成佛像、念珠等宗教用品,有时甚至直接作为祭品使用,然而最为主要的应用形式仍是以焚烧为主。在广大民众的意识当中,燃香已成为通神灵、辟邪恶的重要方式,礼佛、祈神、建醮、祭祖皆少不了香药的影子,一炉炉清香燃起,周围环境立刻蒙上了一层神秘色彩,人们的意念已在不知不觉中宗教化、信灵化。从焚香的目的来看,人们烧香多为礼佛敬神、祈福禳灾、祭祀祖先,但由于香药本身所具有的药用价值,其在燃烧过程中散发的香气,又在无意间起到了祛疾辟瘟、净化空气的作用。

第二节　香药与熏衣化妆

早在先秦时期,中国人已习于熏香、燃香、佩香。《诗经》、《尚书》、《离骚》中有诸多关于熏燃、佩戴黍稷、辟芷、萧脂、秋兰、杜衡、秋菊等植物类香料的记载。《陈氏香谱·序》中亦云:"《诗》、《书》言香不过黍稷、萧脂,故香之为字。从黍作甘古者,自黍稷之外,可焫者萧,可佩者兰,可罂者郁,名

---

① （明）周嘉胄:《香乘》卷14《法和众妙香一》,清文渊阁四库全书本。
② 周绍泉、赵亚光:《窦山公家议校注》卷3《祭祀议》,黄山书社1993年版,第21页。

为香草者无几,此时谱可无作。《楚辞》所录名物渐多,犹未取于遐裔也。"①上古诗文中记载的这些香料皆为本土所产,有些本草类植物诸如黍、稷等在严格意义上说并不能纳入香料的范畴。可见,先秦时期域外香药并未进入时人生活。《封神记》中虽有关于"黄帝列珪玉于兰蒲席上,燃沉榆香"②的记载,但因该类记载仅此一条,加之上古时期的诸多历史尚待考订,因此这一记载并不能作为先秦时期已出现香药用于熏佩之例证。

秦汉以来,由于陆海丝绸之路的相继开通,沉香、檀香、乳香、丁香、龙脑等香药开始陆续从域外输入中土。香药用于焚烧、佩戴、化妆的记载开始零星出现。据《西京杂记》记载,赵飞燕曾在汉宫中"杂熏诸香,一坐此席,余香百日不歇"③。此处所熏之香,虽未明确指出具体香品,仅以"诸香"代之,但依据燃烧之后"余香百日不歇"的特性判断,诸香之中必定含有沉香、檀香、龙脑、苏合等香气不易消散的树脂类香药中的一种或数种。然而,综合两汉时期的史籍来看,少量输入中土的沉香、檀香、乳香、丁香等香药多作为药用,用于其他领域的情况较少,且使用人群多局限于皇宫贵族。

魏晋南北朝时期,香药逐渐从焚烧扩大至熏衣、化妆领域。魏晋之初,王公贵族熏衣之风已初见端倪。曹操为政治期间曾下令禁止焚香,曰:"昔天下初定,吾便禁家内不得香薰。后诸女配国家为其香,因此得烧香。吾不好烧香,恨不遂所禁,今复禁不得烧香,其以香藏衣着身亦不得。"④曹操之所以颁布《内戒令》禁止烧香熏衣,一方面体现了其家族内部熏衣风气之盛;另一方面说明了当时的熏衣之风与其崇尚节俭的为政思想相悖,同时也暗示了香药价格之高昂。然而,曹操的禁令并未得到持续的贯彻与执行,其子曹丕即位后,曾因喜好熏衣而发生被马咬的事件,据《三国志》卷29《朱健平传》记载:"帝(曹丕)将乘马,马恶衣香,惊啮文帝膝。"至南北朝时期,熏衣之风盛行不坠,贵游子弟"无不熏衣剃面,传粉施朱"⑤。除焚香熏衣外,

---

① （宋）陈敬:《陈氏香谱·序》,清文渊阁四库全书本。
② （宋）陈敬:《陈氏香谱》卷1《香异类》,清文渊阁四库全书本。
③ （晋）葛洪:《西京杂记》卷1,中华书局1985年版,第5页。
④ （宋）李昉等撰:《太平御览》卷981《香部一·香》,中华书局1998年版,第4344页。
⑤ （北齐）颜之推:《颜氏家训》之《勉学篇》,上海书店出版社1986年版,第13页。

时人开始利用香药配制用于美发、润肤、香身的香脂、香膏、香粉，如《齐民要术》中记载的"合香泽法"、"合面脂法"、"作香粉法"等。① 从三副香方的出处及较为单一的原料配方和简单的制作流程来看，这些香脂、香粉的受众很大程度上是普通平民。然而，在缺乏其他资料佐证的情况下，仅通过《齐民要术》中记载的三副香方，我们并不能判定至南北朝时期香药已开始被平民阶层所熟悉并被广泛应用于化妆领域。一则三副香方虽都添加了香药作为原料，但仅有丁香一种，且制作香脂、香膏、香粉所需香药数量极少，二则除《齐民要术》一书的记载外，并无同时期的其他资料加以佐证。

隋唐时期，社会上层熏衣化妆之风盛行，各类添加香药的熏衣、美容方相较于前代更为丰富，配方也更为复杂多样。卢照邻的《长安古意》以"双燕双飞绕画梁，罗帷翠被郁金香"，描绘了以香熏被的画面，一定程度上体现了唐代长安城熏衣之风的盛行。据初步统计，唐代史籍中记载的熏衣香方不下数十种。这些香方的配方及制作方法虽有差异，但添加香药、和蜜为丸却是其共同之处。如《千金翼方》中记载的"湿香方"以"沉香二斤七两九铢，甘松香、檀香、雀头香、鸡骨煎香、甲香、丁香、零陵香各三两九铢，麝香二两九铢，熏陆香三两六铢，右十味为末，临用以蜜和"②；敦煌文书中的"熏衣香方"以"沉香一斤，甲香九两，丁香九两，麝香一两，甘松香一两，熏陆香一两，白檀香一两，右件七味，捣□着蜜和□"③。与和蜜为丸的"熏衣香方"

---

① （后魏）贾思勰：《齐民要术》卷5《种红蓝花栀子第五十二》，中华书局1956年版，第73—74页。合香泽法：如清酒以浸香，夏用冷酒，春秋温酒令暖，冬则小热。鸡舌香、藿香、苜蓿、泽兰香，凡四种，以新绵裹而浸之。夏一宿，春秋再宿，冬三宿。用胡麻油两分，猪脂一分，内铜铛中，即以浸香酒和之，煎数沸后，便缓火微煎，然后下所浸香煎。缓火至暮，水尽沸定，乃熟。以火头内泽中作声者，水未尽；有烟出，无声者，水尽也。泽欲熟时，下少许青蒿以发色，以绵幕铛觜、瓶口，泻着瓶中。合面脂法：用牛髓，牛髓少者，用牛脂和之，若无髓，空用脂亦得也。温酒浸丁香、藿香二种，浸法如煎泽方，煎法一同合泽。亦着青蒿以发色。绵滤着瓷、漆盏中令凝。若作唇脂者，以熟朱和之，青油裹之。作香粉法：唯多着丁香于粉合中，自然芬馥。

② （唐）孙思邈：《备急千金要方》卷6《七窍病上·口病第三》，人民卫生出版社1982年版，第116页。

③ S.4329《不知名医方第十二种残卷》，载马继兴、王民、陶广正、樊飞伦辑校：《敦煌医药文献辑校》，江苏古籍出版社1998年版，第408—409页。

不同的是,把香料研磨制成干香,用绢盛好放置在衣服中,靠香气熏染衣物的"裹衣香方"亦为唐代人所常用。白居易在《裴常侍以题蔷薇架十八韵见示因广为三十韵以和之》一诗中曾提到这种香:"烂若丛然火,殷于叶得霜。胭脂含脸笑,苏合裹衣香。"与熏衣香类似,裹衣香的配方亦有多种,仅《备急千金要方》中即记载有三种,此外《千金翼方》、《外台秘要》中亦载有多种配方。① 除熏衣外,香药在隋唐时期亦用于护肤、洁面、淡斑、润唇、美发,如添加白檀、沉香、丁香用以香身的"香粉方"②,添加木香、白檀、丁香用以洁肤净白的"澡豆洗手面方"③,添加白檀、零陵香用以延缓衰老的"玉屑面脂方"④,添加沉香、丁香、苏合香、乳香用以润唇提色的"甲煎口脂方"⑤,等等。综合来看,隋唐时期的熏衣、美容方无论从数量,还是配方的制作来看,相较于前代都更为丰富,然而这些方子主要集中收录在《千金翼方》、《备急千金要方》、《外台秘要》等医书中,其他类型的史籍中则极少提及。据此我们可以推断,香药在熏衣、美容方面的运用至唐代基本局限于医疗的范畴,尚未真正进入日常生活领域。

宋元时期,大量阿拉伯香药的输入使其在熏衣化妆领域的运用更为多元,诸多熏衣、美容方不再以单一的医方形式出现,香谱和日用类书成为这一时期记录香方的主要来源。现存于世的洪氏《香谱》和《陈氏香谱》中记录了大量熏衣、美容香方,其中《陈氏香谱》还单列"熏佩诸香"和"涂傅诸香"条予以分门别类一一介绍。例如"蜀王熏御衣法"、"蔷薇衣香"、"傅身

---

① 参见(唐)孙思邈:《备急千金要方》卷6《七窍病上·口病第三》,人民卫生出版社 1982 年版,第 117 页;(唐)孙思邈撰,朱邦贤、陈文国校注:《千金翼方校注》卷5《妇人一·熏衣浥衣香第六》,上海古籍出版社 1999 年版,第 164 页;(唐)王焘:《外台秘要》卷 32《裹衣干香方五首》,人民卫生出版社 1955 年版,第 899—900 页。

② (唐)孙思邈撰,朱邦贤、陈文国校注:《千金翼方校注》卷5《妇人一·熏衣浥衣香第六》,上海古籍出版社 1999 年版,第 165 页。

③ (唐)孙思邈:《备急千金要方》卷6《七窍病下·面药第九》,人民卫生出版社 1982 年版,第 130—131 页。

④ (唐)孙思邈:《备急千金要方》卷6《七窍病下·面药第九》,人民卫生出版社 1982 年版,第 132 页。

⑤ (唐)孙思邈:《备急千金要方》卷6《七窍病上·口病第三》,人民卫生出版社 1982 年版,第 116 页。

香粉"、"拂手香"、"梅真香"等,皆以白檀、丁香、沉香等域外香品作为主要原料配制而成。①《居家必用事类全集》亦载有诸多美容香方,值得注意的是,不少香方之后还附有日用便捷方。如用以生发黑发的"金主绿云油方"后附有"常用长发药"、"梳头发不落方",②美白润肤的"八白散"(又名"金国宫中洗面方")后附有"涂面药"、"傅面桃花末"等。③ 单从"金主绿云油方"和"金国宫中洗面方"的名称上看,即可知两副方子为皇帝和宫中之人所用之方,其原料配方颇为复杂,每副方子除添加有多味本土药材外,还加入了沉香、没石子、丁皮、白丁香等不同香药。而随后记载的"常用长发药"、"梳头发不落方"、"涂面药"和"傅面桃花末"四副常用便捷方,不仅原料及制作流程简单,而且未加入任何香药。上述记载方式很容易得出以下结论,即宋元之际香药在熏衣化妆领域的运用多局限于皇宫贵族等社会上层。然而,因记载该书的《居家必用事类全集》属百姓日用类书,加之两宋之际洪刍《香谱》、叶庭珪《南蕃香录》、潜斋《香谱拾遗》、陈敬《陈氏香谱》等香谱的相继编撰,文人士大夫焚香、熏香、品香之事颇为盛行。由此可见,宋元之际香药在熏衣化妆领域的使用人群已从皇宫贵族扩大至文人士大夫阶层,但普通百姓尚无力消费。

明清之际,在朝贡贸易、郑和下西洋、民间海外贸易、西人中转等因素的

---

① 参见(宋)洪刍:《香谱》卷下《香之法》,中华书局1985年版,第28页;(宋)陈敬:《陈氏香谱》卷3《熏佩诸香》、《涂傅诸香》,清文渊阁四库全书本。

② (元)佚名:《居家必用事类全集》庚集《闺阁事宜》,明刻本。金主绿云油方:沉香、蔓荆子、白芷、南没石子、踯躅花、生地黄、苓苓香、附子、防风、覆盆子、诃子肉、莲子草、芒硝、丁皮各等,右件等分,入卷栢三钱,洗净晒干,各细剉,炒黑色,以宽纸袋盛入磁罐内,每用药三钱,以清香油半斤浸药,厚纸封七日。每遇梳头,净手蘸油,摩顶心令热入发窍,不十日秃者生发,赤者亦黑,妇人用,不秃黑如漆,已秃者旬日生。常用长发药:乱发净洗晒干,以油煎令焦,就铛内细研如膏,搽头长发。又法:凡妇人发秃,酒浸汉椒,搽发自然长。梳头发不落方:侧栢两片如手大,榧子肉三个,胡桃肉二个,右件研细擦头皮极验,或浸水掠头亦可。

③ (元)佚名:《居家必用事类全集》庚集《闺阁事宜》,明刻本。八白散:金国宫中洗面方,白丁香、白僵蚕、白附子、白牵牛、白茯苓、白蒺、白芷、白芨,右件八味,入皂角三定,去皮弦,绿豆少许,为末,常用。涂面药:白附子、陀僧、茯苓、胡粉、香白芷、桃仁各一两,右件为细末,用乳汁临卧调涂面上,早辰浆水洗,十日效。傅面桃花末:仲春桃花阴干为末,七月七日取乌鸡血和之,涂面及身,红白鲜洁,大验。

相继作用下,东南亚香药大量输入中国,香药在熏衣化妆领域的消费人群及应用范围亦随之进一步扩大。皇宫贵族、文人雅士、普通平民皆以香药作为熏衣、美容之佳品。

在宫廷用香方面,明清时期的宫中制香在规模和人员设置上较之唐宋时期更为完备,香匠由最初的区区几个人,增至数百人,且各人负责不同的部门与环节。据《大明会典》记载:"司礼监有香匠八名,尚衣监有香匠一名,供用库有香匠一百一名。"①这些香匠在宫中的职责主要是调配香料,制作各种熏香用的印香、合香、香饼和兽炭,以供皇宫及皇帝赏赐之用。宫中调制的熏香化妆香品品质甚佳,如嘉靖年间大内制造的风靡皇宫内外的"世庙枕顶香",主要原料为"栈香八两,檀香、藿香、丁香、沉香、白芷已上各四两,锦纹大黄、茅山苍术、桂皮、大附子(极大者研末)、辽细辛、排草、广零陵香、排草须已上各二两,甘松、三奈、金颜香、黑香、辛夷已上各三两,龙脑一两,麝香五钱,龙涎五钱,安息香一两,茴香一两","共二十四味为末,用白芨糊,入血竭五钱,杵捣千余下,印枕顶式,阴干,制枕"。② 宫廷所造之香所需原料无论从种类还是数量上看,皆需耗费颇多香药,且制作程序复杂,耗银颇费,其配方虽已传至民间,但消费人群仍相当有限。

文人士大夫阶层历来崇尚闲雅生活,制香、熏香、品香是其日常生活的重要组成部分。明清时期文人雅士用香风气颇盛,此时文人士大夫不仅钻研香方的调配,对于香具的选择、熏香的方法、品香的环境亦颇为讲究。高濂曾撰"焚香七要"③,讲述焚香之种种器具、用途与操作法则,提出焚香要诀;屠隆专撰《论香》④一文,详论用香之时机、熏香之环境、品香之心境;周嘉胄撰写的《香乘》一书,详载香品之特性、香事之分类、香方之调配,几近囊括香药在熏衣化妆领域运用的方方面面。

在文人士大夫阶层用香风气的影响下,富裕的平民阶层开始纷纷仿效,

---

① (明)申时行:《大明会典》卷189《工部九·工匠二》。

② (明)周嘉胄:《香乘》卷25《猎香新谱》,清文渊阁四库全书本。

③ 参见(明)高濂:《遵生八笺》之《燕闲清赏笺中》,巴蜀书社1988年版,第551—552页。

④ 参见(明)屠隆:《考盘余事》卷3《香》,商务印书馆1937年版,第51页。

利用香药熏衣、美容。明中叶以后，随着商品经济的发展，消费文化及奢靡风气的盛行，平民阶层成为用香的最大群体，尤以商品经济发达的江南地区最具代表性。原本被士人阶层所独享的用香消费活动，被商人和平民所模仿。面对新兴富裕阶层的冲击，进一步发扬和创新香文化成为士大夫阶层极力维护其身份地位的重要选择。与此同时，平民阶层在仿效社会上层用香的同时，也在潜移默化中积极塑造着符合自身的香文化。利用香药熏衣、香身、洁面、美白、润肤、乌发，成为明清时期上至皇宫贵族，下至普通平民装扮美化自我的整体社会诉求。

熏香衣物。所谓熏香法，最早见于宋人洪刍所撰《香谱》一书，即“以沸汤一大瓯，置薰笼下，以所薰衣覆之，令润气通彻，贵香入衣难散也。然后于汤炉中烧香饼子一枚，以灰盖，或用薄银楪子尤妙，置香在上薰之，常令烟得所，薰讫迭衣，隔宿衣之，数日不散”①。《香乘》卷13《香绪余》沿用了这一方法。熏衣法中最核心的一环是熏衣方的配制，即香饼的制作方法，香谱、香录中诸多详细记载。常见的熏衣香方有：②

熏衣香：沉香四两，栈香三两，檀香一两半，龙脑半两，牙硝二钱，麝香二钱，甲香四钱，水浸一宿，次用新水洗过后，以蜜水爁黄。右除龙脑、麝香别研外，同为粗末，炼蜜半觔和匀，候冷入龙脑、麝香。

熏衣梅花香：甘松一两，木香一两，丁香半两，舶上茴香三钱，龙脑五钱。右拌捣合粗末，如常法烧熏。

新料熏衣香：沉香一两，栈香七钱，檀香五钱，牙硝一钱，米脑四钱，甲香一钱。右先将沉香、栈、檀为粗散，次入麝拌匀，次入甲香、牙硝、银朱一字再拌，炼蜜和匀，上掺脑子，用如常。

从上述三副熏衣香方中可见，以香熏衣，不仅可以使衣物沾染香气数日不竭，檀香、丁香、龙脑、沉香等多味香药与甘松、牙硝、麝香等本土药材相混

① （宋）洪刍：《香谱》卷下《香之法》，中华书局1985年版，第33页。
② （明）周嘉胄：《香乘》卷19《熏佩之香》，清文渊阁四库全书本。

合亦具有辟绝汗气、清神醒脑之功效。

以香熏衣，除将衣物置于放有香饼的熏炉上熏蒸外，明清时人还常将合香研细为末或凝合为丸，盛入绢袋中，佩戴在身。如"笃耨佩香"、"蔷薇衣香"、"牡丹衣香"、"梅花衣香"等，[①]皆为常见佩香。单从名称上看，笃耨、蔷薇、牡丹、梅花可谓四副香方的主要原料，但实际的配方并非如香方名称所言，除"牡丹衣香"添加牡丹皮一两外，其他三副香方皆未添加名称中所言之香品，而以沉香、丁香、龙脑、白檀等香药作为主要原料。

香身辟汗。檀香、丁香、片脑等香药因具有浓郁的芳香气味，且香气易于凝结，消散缓慢，常被用于制作香粉、香丸。如"十合香粉"，需以"官粉一袋水飞，朱砂三钱，蛤粉白熟者水飞，鹰条二钱，陀僧五钱，檀香五钱，脑麝各少许，紫粉少许，寒水石和脑、麝同研。右件各为飞尘和匀，入脑、麝调色"，颜色调至"似桃花为度"。[②] 常用且便于储存和携带的"香身丸"，需"丁香一两，藿香叶、零陵香、甘松各三两，香附、白芷、当归、桂心、槟榔、益智仁、白豆蔻各一两，麝香五钱。右为细末，炼蜜和杵千下，丸如梧桐子大"，"每噙化一丸常觉口香，五日身香，十日衣香，二十日人皆闻香"，同时兼具"治遍身炽气、恶气及口齿气"之功效。[③] 除"十合香粉"和"香身丸"这类需要多种香药与本土药材相合制成的用于香身的香品外，亦有原料获取方便，制作方法简单的便捷香身方，如常用的"浥汗香"，仅需"丁香一两为粗末，川椒六十粒，右以二味相和，绢袋盛而佩之"[④]，"辟绝汗气"效果颇佳。

① （明）周嘉胄：《香乘》卷19《熏佩之香》，清文渊阁四库全书本。笃耨佩香：沉香末一觔，金颜香末十两，大食栀子花一两，龙涎一两，龙脑五钱。右为细末，蔷薇水细细和之，得所白杵极细，脱范子。蔷薇衣香：茅香一两，丁香皮一两剉碎微炒，零陵香一两，白芷半两，细辛半两，白檀半两，茴香三分微炒。同为粗末，可佩可爇。牡丹衣香：丁香一两，牡丹皮一两，甘松一两为末，龙脑二钱另研，麝香一钱另研。右同和以花叶，纸贴佩之。梅花衣香：零陵香、甘松、白檀、茴香已上各五钱，丁香、木香各一钱。右同为粗末，入龙脑少许，贮囊中。

② （明）周嘉胄：《香乘》卷19《熏佩之香》，清文渊阁四库全书本。

③ （明）宋诩：《竹屿山房杂部》卷8《燕闲部二·居室事宜》，景印文渊阁四库全书（第八一七册），台湾商务印书馆1986年版，第218页。

④ （明）邝璠著，石声汉、康成懿校注：《便民图纂》卷16《制造类下》，农业出版社1959年版，第250页。

美白润肤。秦汉时期,女子主要通过傅粉施朱为妆容增色,及至唐代,女子所用脂粉原料亦不再单以朱砂和铅粉为主,域外香药和本土药材相合成为配制脂粉的主要原料。明清时期,女子所用美容化妆品除传统的脂粉外,利用檀香、丁香、片脑等香药调配而成的香脂、香膏亦广受欢迎。一方面,宋元时期的宫廷美容方开始频繁出现在明清时期的日用类书中。例如,元代宫廷名医许国祯所撰《御药院方》中记载的"御前洗面药"、"皇后洗面药"、"无皂角洗面药"、"洗手檀香散"等御用美白润肤品,①至明代已被诸多医书和日用类书所传抄,其受众由皇宫贵族扩大至普通平民。另一方面,诸多新的美白润肤品纷纷出现,甚至同一名称的化妆品有数种配方。例如,最为常见的用于祛除黑斑、提亮肤色的"玉容散"即有多种配方,明代著名医书《赤水玄珠》中所载"玉容散"原料为"甘松、三奈、茅香各五钱,白芷、白僵蚕、白芨、白蔹、白附子、天花粉各一两,防风、藁本、零陵香各三钱,肥皂二个,绿豆粉一两"②,清代医学教科书《医宗金鉴》中记载的"玉容散"配方为"白牵牛、团粉、白蔹、白细辛、甘松、白鸽粪、白芨、白莲蕊、白芷、白术、白僵蚕、白茯苓各一两,荆芥、独活、羌活各五钱,白附子、鹰条白、白扁豆各一两,防风五钱,白丁香一两"③,而晋商手册《交易须知》中所载"玉容散"配方则为"豆粉、白芷、白及(芨)、白蔹(蔹)、白附、僵(姜)蚕、花粉、甘松、三奈、茅

①　(元)许国祯:《御药院方》卷 10《洗面药门》,人民卫生出版社 1992 年版,第185—186 页。御前洗面药:糯米一升碾作粉子,黄明胶一两炒成珠子,大皂角火炮去皮半斤,白及一两,白蔹一两,香白芷二两生,白术一两半,沉香半两,藁本一两去皮净,川芎一两去皮,细辛一两去土叶,甘松一两去土,川芎苓一两半,白檀一两半,楮桃儿新者三两,上为细末。皇后洗面药:川芎、细辛、附子、藁本、藿香、冬瓜子、沉香各一两,白檀二两,楮桃半斤,白术半两,丝瓜四个,甘草二两,生栗子第二皮半两,杜苓苓二两,广苓苓一两,白及二两,白蔹一两半,土瓜根一两,阿胶、吴白芷二两,白茯苓二两,脑子二钱半,皂角末一雨,糯米粉一斤半,上为细末。洗手檀香散:藿香、甘松、吴白芷、藁本(净)、瓜蒌根、零陵香各二两,大皂角去皮子八两,茅香二两半,白檀一两,楮桃儿三两,糯米一升,右上一十一味为细末,纱罗子罗,如常洗手使用。
②　(明)孙一奎撰,叶川、建一校注:《赤水玄珠》卷 3《面门》,中国中医药出版社1996 年版,第 42 页。
③　(清)吴谦:《医宗金鉴》卷 63《编辑外科心法要诀》,清乾隆武英殿刻本。

香,以上各五分,防风三个,云零三个,寔粉二两,冰片一个"。① 从上述三副
"玉容散"的配方来看,其原料种类虽大部分相同,但每一配方所用原料数量
与比重存在差异,其中最为突出的特点是三副配方所添香药种类各不相同。

乌发生发。丁香、乳香等香药不仅是配制美白润肤品的重要原料,亦可
用于头发和胡须的护理。最为常用的乌发生发方"五神还童丹"即以乳香
为主要原料,其配方被编成如下歌诀,"堪嗟髭发白如霜,要黑原来有异方,
不用擦牙并染发,都来五味配阴阳。赤石脂与川椒炒,辰砂一味最为良,茯
神能养心中血,乳香分两要相当,枣肉为丸桐子大,空心温酒十五双,十服之
后君休摘,管教华发黑加光,兼能明目并延寿,老翁变作少年郎"。② 该方以
赤石脂、川椒、辰砂、茯神、乳香五种原料配制而成,原料获取及配制方法不
仅简单快捷,且配方以民众较易识记的歌诀形式呈现,足见其应用之广。比
"五神还童丹"更为便捷的"乌髭发方",只需将"生胡桃皮、生石榴皮、生柿
子皮各等分,先将生酸石榴剜去穰子,拣丁香好者装满,通称分两后,将胡
桃、柿子皮与所装石榴、丁香等分,晒干同为末,用生牛乳和匀,盛铅盒内,密
封埋马粪中,四十九日取出","以鱼泡或猪胆裹指,蘸捻髭发即黑"。③ "乌
髭发方"简单的配方及便捷的使用方法,使其从制作到应用一整套流程在
家中即可轻松完成。

综上可见,沉香、檀香、丁香、片脑等香药在明清时期广泛应用于熏衣香
身、美白润肤、乌发生发等熏衣化妆领域,使用人群上至皇宫贵族,下至普通
平民。然而,香药传入之初,其在熏衣化妆领域的运用并不广泛,随着香药
入华种类和数量的不断增加,历代本草学家、文人雅士对香药特性、合香方
法的不断发掘,以及商品经济发展引发的消费文化的催生,添加香药的熏衣
化妆品在明清时期成为社会各阶层追捧的流行时尚。追溯香药在熏衣化妆

---

① 山西省晋商文化基金会编:《交易须知》卷4《杂项药方》,中华书局、三晋出版社
2013年版,第378—379页。
② (明)邝璠著,石声汉、康成懿校注:《便民图纂》卷13《调摄类下》,农业出版社
1959年版,第194页。
③ (明)邝璠著,石声汉、康成懿校注:《便民图纂》卷13《调摄类下》,农业出版社
1959年版,第194页。

领域的使用由汉唐至明清主要有两条脉络。其一，从应用领域看，由药用扩大至日用。关于香药用于熏衣化妆的记载，由汉唐时期单一的医书记录，发展至明清时期医书、香谱、日用类书多元并存的局面，汉唐、宋元时期的诸多方子被明清时期的香谱和日用类书所转载，此外，大量新的熏衣美容方纷纷涌现。其二，从使用人群看，由皇宫贵族、文人雅士扩大至普通民众。汉唐至明清，添加香药的熏衣美容方的主要类型经历了由汉唐王公贵族独享的宫廷方，到宋元文人士大夫推崇的清雅方，再到明清普通大众可享的便捷方三段历程，且宫廷方和清雅方至明清时期已不再是社会上层的专利品，纷纷被大量日用类书传抄，成为富裕平民阶层追逐的社会风尚。

第三节　香药与医疗保健

单从名称来看，即不难理解香药与医疗保健的关系，诸多香药虽可用于焚烧祭祀、熏香化妆、调制食物，但其最本质的功效仍为治病疗疾。各类香药不仅能单独入药，亦多与其他药材相和，制成具有不同功效的汤剂、丸散或膏酊等。此外，一些香药还大量应用于食疗当中，既能医病祛疾，又可滋补身体，可谓一举两得。

关于各类香药的药用价值，史籍中有诸多记载，从古至今的各类医方可谓汗牛充栋、丰富庞杂，香药在这些药方中出现的频率及所占比重，虽无法准确统计，但通过对《海药本草》、《证类本草》、《丹溪先生心法》、《普济方》、《本草纲目》、《证治准绳》、《赤水玄珠》、《景岳全书》、《本经逢原》等著名医书的翻检，我们发现域外香药在明清医书中所占比重几乎与本土香药相比肩。以日常饮食中最为常用的胡椒为例，这些医书中记载用胡椒入药的方子即达数千种，且每本均不少于几十种。其中《普济方》中使用胡椒入药的方子更是高达470种，治疗范围不仅包括肝、脾、胃、肾、头、面、齿、眼等人体大部分主要器官，还对于风、冷、伤寒、咳嗽、痰多、气喘、呕吐、胀气、水肿、泻痢等疾病具有良好疗效，同时也是治疗黄疸、疟疾、霍乱等传染性疾病不可或缺的药材之一。

据笔者所见,香药作为药用的记载最早见于东汉华佗所撰《中藏经》,该书详细记载了治疗心腹疼痛、霍乱吐泻等病症的安息香丸及主要配方,"安息香丸,治传尸肺痿、骨蒸鬼疰、卒心腹疼、霍乱吐泻、时气瘴疟、五利血闭、疮癣丁肿、惊邪诸疾。安息香、木香、射(麝)香、犀角、沉香、丁香、檀香、香附子、诃子、朱砂、白术、荜拨已上各一两,乳香、龙脑、苏合香已上各半两,右为末,炼蜜成剂,杵一千下,圆如桐子大,新汲水化下四圆,老幼皆一圆,以绛囊子盛一圆弹子大,悬衣辟邪毒魍魉甚妙,合时,忌鸡犬妇人见之。"①从该药配方可见,药方及制作流程颇为复杂,域外香药占到整个药方所需药材的大半以上,除麝香、香附子、朱砂、白术4种为本土药材外,其他11种药材皆为域外所产,与该时期其他药方的调配类型有很大不同,且制作的成品为宋元时期才开始在中国社会盛行的丸散,而非中国传统的汤剂。上述两点不得不让我们怀疑《中藏经》是否出自华佗之手,或是后人托古而为之,如果此推测过于武断,我们至少可以认为"安息香丸"等部分药方为后来医家添加进来的。《中藏经》所记载的60种药方,除"安息香丸"方外,另有21种药方用到了丁香、木香、沉香、乳香、没药、阿魏、血竭、苏木、肉豆蔻等香药,这些方子虽不如"安息香丸"方复杂,但域外香药在药方中仍占有极大比重。如果说《中藏经》的记载不足以说明汉晋时期域外香药在中国医药领域的运用情况,那么东晋葛洪所撰《肘后备急方》则很好体现了这一时期医家对香药的认识以及域外香药在医病疗疾方面的应用情况。

东晋葛洪所撰《肘后备急方》,记载作为药用的香药有胡椒、丁香、乳香、沉香、木香、苏合香6种,其药方皆较为简单,每副方子所用药材基本为一至四种,且调制方法较为便捷。全书中,关于胡椒入药的记载仅有2条,丁香5条,乳香1条,沉香3条,木香2条,苏合香1条。例如,卷2《治卒霍乱诸急方》的附方载:"孙真人治霍乱,以胡椒三四十粒,以饮吞之。"②葛洪所提到的这个药方并非自己研发,而是引用了孙真人治霍乱的方法,我们虽

---

① (东汉)华佗:《华佗中藏经》卷下《疗诸病药方六十道》,中华书局1985年版,第46页。

② (晋)葛洪:《葛洪肘后备急方》卷2《治卒霍乱诸急方》,商务印书馆1955年版,第32—33页。

已无从考证孙真人为何人（以成书年代来看，此处的孙真人并非我们通常所认为的唐代著名医药学家孙思邈），但在当时胡椒已作为药物用于医治霍乱的事实，则是毋庸置疑的。第二条关于胡椒的使用出现在卷4《治脾胃虚弱不能饮食方》的附方中："食医心镜，治脾胃气冷、不能下食、虚弱无力、鹘突羹。鲫鱼半斤，细切，起作鲙，沸豉汁热，投之，着胡椒、干姜、莳萝、橘皮等末，空腹食之。"①从该条史料可见，胡椒不仅可以单独成方，还可与干姜、莳萝等一起烹制鲫鱼，用来医治日常生活中出现的多种病症。关于苏合香入药的记载，卷4《治卒大腹水病方第二十五又方》曰："真苏合香、水银、白粉等分，蜜丸，服如大豆二丸，日三，当下水，即饮好自养，无苏合可缺之也。"②"无苏合可缺"言外之意，在配制此药方时有无苏合香皆可，同时也在一定程度上暗示了苏合香的不易获取。卷5《治痈疽妬乳诸毒肿方第三十六》附方记载了丁香的药用方法，即"又方治妬乳乳痈，取丁香捣末水调，方寸匕服。又方治乳头裂破，捣丁香末，傅之"③。"又"字的出现显然表明此方并非治疗妬乳乳痈、乳头裂破的唯一药方，两方的制作方法基本相同且十分简单，皆以丁香捣末服之。通过对上述四副药方的仔细比对我们可以发现，胡椒、丁香、木香等香药在东晋时虽已用来医病，但并非为医家常开之方，只是在其他药方不能有效疗疾时的备用之方，即便这样的方子也不多。可见，东晋时期，香药虽已传入中国，且被应用于医药领域，但仅作为稀有的备急药方。

隋唐以来，由于海洋贸易的日益发展，香药入华的数量和种类较之前代有很大增长，其中《唐本草》所载域外香药已有十几种，且对每种香药的特性及药用价值进行了详细介绍，如"胡椒，味辛，大温，无毒。主下气，温中，去淡（痰），除脏腑中风冷。"④此段描述可谓对胡椒的性味、药性、功用做了一个全面介绍,明代李时珍所著《本草纲目》卷 32 亦引之。至五代时期,甚至出现了专门介绍通过海路输入的外来药材的专著《海药本草》,该书对三十余种域外香药的药性进行了详细介绍,且对每种香药药性及功用的认识较之《唐本草》更为全面,如胡椒的药用价值在李珣看来,较之《唐本草》又增加了治疗消化不良、霍乱气逆等功效,并对其服用禁忌进行了说明,即"胡椒,生南海诸地。去胃口气虚冷,宿食不消,霍乱气逆,心腹卒痛,冷气上冲,和气。不宜多服,损肺"。① 可见,随着海洋贸易的发展,时人对香药药用价值的认识不断深化拓展。

宋元时期,统治者推行自由开放的海外贸易政策,各类香药通过海路源源不断地输入中国。随着输入数量的增多及输入种类的丰富,香药在医药领域的运用日益普遍。此外,自五代以后,阿拉伯商人与中国的海上贸易逐步加强,在大量阿拉伯香药输入中国的同时,伊斯兰的医药知识也随之大量传入。"传统中医是以汤药为主要剂型的,而传入中国的伊斯兰医方则多用树脂类药,富含挥发性油,如果仍然熬制,势必失去其有效成分。因此,根据医治目的、药的性状之不同,做成丸、散、膏、丹、酊等"②,树脂类香药的大量进口及回回医方的传入,很大程度上带动了中国传统中医从以汤药为主的单一剂型向丸散、膏酊、汤药多元剂型的转化。

从宋元时期的各类医书来看,使用香药入药的记载颇为丰富。《证类本草》、《三因极一病证方论》、《疮疡经验全书》、《太平惠民和剂局方》、《魏氏家藏方》、《类编朱氏集验医方》、《苏沈良方》、《传信适用方》、《寿亲养老新书》、《女科百问》、《幼幼新书》、《小儿卫生总微论方》等著名医书中,使用沉香、丁香、木香、乳香、没药、胡椒等入药的方子比比皆是,尤其是对外伤肿毒的治疗颇具成效。据《外科精要》中卷《用香药调治论第三十六》记载:"气血闻香则行,闻臭则逆,大抵疮疡多因营气不从,逆于肉理,郁聚为脓,得香之味,则气血流行。故当多服五香连翘汤、万金散、金粉散。凡疮本腥秽,又闻臭触则愈甚,若毒入胃则咳逆,古人用之,可谓有理。且如饮食调令

① （五代）李珣著,尚志钧辑校:《海药本草》卷 3《木部·胡椒》,人民卫生出版社1997 年版,第 64—65 页。

② 宋岘考释:《回回药方考释》（上）,中华书局 2000 年版,前言,第 5 页。

香美以益脾土,养其真元,可保无虞矣。"①该段中所提到的五香连翘汤、万金散、金粉散皆为治疗疮疡痈肿的良药,其配方中皆含有消肿生肌的乳香。如五香连翘汤的配方虽有多种,但乳香、丁香、沉香、木香皆为其基本药材,其常见的几种配方如下:②

　　五香连翘汤,治小儿风热毒肿,肿色白或有恶核瘰疬,附骨痈疽,节解不举,白丹走竟身中,白轸瘖不已方。青木香、熏陆香、鸡舌香、沉香、麻黄、黄芩各六铢,大黄二两,麝香三铢,连翘、海藻、射干、升麻、枳实各半两,竹沥三合。右十四味咀以水四升煮药减半,内竹沥煮取一升二合,儿生百日至二百日一服三合,二百日至朞岁一服五合,一方不用麻黄。

　　五香连翘汤方:青木香、沉香、独活、连翘、升麻各二两,麝香半两,熏陆香(攻头痛不着亦得)、射干二两,一法一两,大黄三两(别渍),淡竹沥二升,鸡舌香各二两,桑寄生二两,通草二两。右十三味切,以水九升煮药,待水减半后内竹沥更煮,取二升,分温三服甚佳。

　　五香连翘汤:治一切恶核瘰疬痈疽恶肿等病,出《三因方》。沉香(不见火)、舶上青、木香、乳香(不见火)、甘草生各一分,连翘去蒂、射干、升麻、桑寄生(如无以升麻代之)、独活(今铺家所卖者只是宿前胡或是生当归,不堪用,只用羌活甚妙)、木通(去节)各三分,丁香(不见火)半两、大黄(蒸)三两、麝香(真者别研)一钱半。右咬咀,每服四大钱水二盏煮,取一盏以上去滓,取八分清汁,空心热服,半日以上未利再吃一服,以利下恶物为度,未生肉前服不妨,以折去热毒之气。本方有竹沥、芒硝,恐泥者不能斟酌,故阙之,智者当自添减。

　　五香连翘汤:方甚多,常以《三因》为正,李氏方并存之。李氏用乳

　　① (宋)陈自明编,(明)薛已校注:《外科精要》中卷《用香药调治论第三十六》,人民卫生出版社1982年版,第51页。
　　② (唐)孙思邈著,李景荣等校释:《千金要方校释》卷5下《痈疽瘰疬第八论》,人民卫生出版社1998年版,第110页;(唐)王焘:《外台秘要》卷37《痈疽发背证候等论并法五十四首》,清文渊阁四库全书本;(宋)太平惠民和剂局编,陈庆平、陈冰鸥校注:《太平惠民和剂局方》卷8《治疮肿伤折》,中国中医药出版社1996年版,第189页。

香、甘草、木香、沉香、连翘、射干、升麻、木通、桑寄生、独活各三分,丁香半两,大便秘者加大黄三分。李氏所以用大黄者,盖恐虚人、老人不宜服,故临时加减耳。又一方:青木香三分,桑寄生二分,沉香、木通、生黄芪、大黄各一两,酒浸煨,麝香二钱,乳香、藿香、川升麻、连翘各半两,鸡舌香三分。此方与《三因》、李氏方同,但多加鸡舌香、藿香耳。

　　上述五种"五香连翘汤"的配方皆包括域外进口的乳香、丁香、沉香、木香四种香药,但在用量上有所差别,《千金要方》和《外台秘要》在用量上相同,而《太平惠民和剂局方》中所录入的三种方子,在用量上各不相同。从用量上看,五副方子中香药的用量皆占到药材总量的三分之一以上。与前代相比,香药已不再是稀有的备急药材,且广泛应用于医药领域,达到了与传统中药文化完美自然融合的境地。

　　随着历代医家对香药特性认识的逐渐深入,各类以单一香药名称命名的药方开始出现,如"丁香附子散"、"荜澄茄丸"、"乳香散"、"乳香丸"、"龙脑润肌散"、"理中加丁香汤"、"木香调气散"等。① 这些以不同香药命名的药方,除"理中加丁香汤"外,其他6种皆制成丸、散,既不易挥发,又方便服

---

　　① （金）刘完素:《宣明方论》卷12《补养门》、卷15《杂病门》,清文渊阁四库全书本;（元）朱震亨:《丹溪先生心法》卷3《漏疮二十七》、卷3《呕吐二十九》、卷3《咳逆三十一》,明弘治刻本。丁香附子散:治脾胃虚弱、胸膈痞结、吐逆不止。附子一两,每丁香四十九个,生姜半斤,取自然汁半碗;荜澄茄丸:治中焦痞塞气逆上攻、心腹疼痛、吐逆下痢,美饮食。荜澄茄半两,良姜二两,神曲炒、青皮去白、官桂、去皮各一两,阿魏半两,醋豝裹煨熟。右为末,醋豝糊为丸,如桐子大,每服二十丸,生姜汤下,不计时候;乳香散:治一切瘰疬疮新久远近不已者。乳香一钱,砒霜一钱,礵砂一钱半,红娘子一十四个去翅足、黄丹半钱。右为末,糯米粥和,作饼子,如折三钱厚,小铜钱里卷。大破疮上白豝糊,如不破者炙柴烓,大者不过一月其瘰疬核自下,后敛疮生肌药,黄蘖不以多少,为细末,豝胡涂患处甚妙;乳香丸:治冷漏。乳香二钱半,牡砺粉一钱二分半。右为末,雪糕糊丸,麻子大,每服三十丸,姜汤空心;龙脑润肌散:治杖疮热毒疼痛。黄丹一两、蜜陀僧半两、轻粉一钱半、麝香半两、龙脑一字。右为细末,掺药在疮上用青白子涂之,内留一眼子;理中加丁香汤:治中脘停寒喜辛物入口即吐。人参、白术、甘草炙、干姜炮各一钱,丁香十粒。右咀生姜十片,水煎服,或加枳实半钱亦可。不效,或以二陈汤,加丁香十粒,并须冷服,盖冷遇冷则相入庶不吐不出;木香调气散:白蔻仁、丁香、檀香、木香各二两,藿香、甘草炙各八两,砂仁四两。右为末,每服二钱,入盐少许,沸汤点服。

用,且易于携带。从其治疗疾病类型来看,这些药方针对的皆为脾胃虚寒、消化不良、呕吐下痢、心腹疼痛、疮疡肿毒等常见病症,并非罕见的疑难杂症,足见其在日常生活中应用之普遍。从史料来源看,"丁香附子散"、"荜澄茄丸"、"乳香散"、"龙脑润肌散"四种药方皆出自金人刘完素所撰《宣明方论》,深处中国西北内陆的医家对使用乳香、丁香、荜拨、龙脑等香药入药的熟悉,无疑说明了宋元时期通过海路输入的香药已在中国内陆地区广泛应用。

关于香药的治病功效,史籍中有诸多记载,但多分布零散,唯朱震亨的《局方发挥》进行了一定的总结,"观治气一门,有曰治一切气,冷气、滞气、逆气、上气,用安息香丸、丁沉丸、大沉香丸、苏子丸、匀气散、如神丸、集香丸、白沉香丸、煨姜丸、盐煎散、七气汤丸、痛温白丸、生姜汤。其治呕吐膈噎也,用五膈丸、五膈宽中散、膈气散、酒症丸、草豆蔻丸、撞气丸、人参丁香散。其治吞酸也,用丁沉煎丸,小理中丸。"①从朱震亨的总结可见,以沉香、丁香、豆蔻为主要原料所制成的各类丸药,对于调理中气、呕吐膈噎具有显著疗效,且因不同病因所起的同一症状,所用药品也有所差别。

香药不仅可治疗日常生活中的常见病症,且对各类罕见病症具有奇效。据《夷坚志》丁志卷13记载:"临安民,因病伤寒而舌出过寸,无能治者。但以笔管通粥饮入口,每日坐于门。某道人见之,咨嗟曰:'吾能疗此,顷刻间事耳,奈药材不可得何?'民家人闻而请曰:'苟有钱可得,当竭力访之。'不肯告而去。明日,又言之,会中贵人罢直归,下马观病者,道人适至,其言如初。中贵固问所须,乃梅花片脑也。笑曰:'此不难致。'即遣仆驰取以付之。道人屑为末,掺舌上,随手而缩。凡用二钱,病立愈。"②又据《太平广记》卷220记载:"近代曹州观察判官申光逊言,本家桂林。有官人孙仲敖,寓居于桂,交广人也。申往谒之,延于卧内,冠簪相见曰:'非慵于巾栉也,盖患脑痛尔。'即命醇酒升余,以辛辣物洎胡椒、干姜等屑仅半杯,以温酒调。又于枕函中取一黑漆桶,如今之笙项,安于鼻窍,吸之至尽,方就枕。有汗出表,其疾立愈。"③从上

① （元）朱震亨:《局方发挥》,中华书局1985年版,第6页。
② （宋）洪迈:《夷坚志·丁志》卷13,"临安民"条。
③ （宋）李昉等编:《太平广记》卷220《医三·申光逊》,上海古籍出版社1995年版,第1820页。

述两例可见,片脑末和胡椒酒的制作皆十分简便快捷,但在治疗疾病方面却起到了立竿见影的效果,这也从侧面解释了片脑、胡椒等香药广受医家欢迎的原因。

除各类医书外,日用类书亦是宋元时期香药医方的又一重要来源。如《寿亲养老新书》中的"食治老人五劳七伤虚损法煮羊头方"、"食治老人脾胃气弱、食饮不下、虚劣羸瘦及气力衰微行不得鲫鱼鲙方",①《饮膳正要》中补益,止烦渴,治脚膝疼痛的"鹿头汤",补中益气的"团鱼汤",治风痹不仁、脚气的"熊汤",治黄疸、止渴、安胎的"鲤鱼汤",②《居家必用事类全集》中解醒宽中化痰的"醉乡宝屑"方、主治心腹疼痛的"化铁丹"方,③等等。

---

①　食治老人五劳七伤虚损法煮羊头方:白羊头蹄一副,须用草火烧令黄色,刮去灰尘,胡椒五钱,豉半斤,干姜五钱,葱白切半升,荜茇五钱。右件药先以水煮头蹄半熟,内药更煮令烂,去骨。空腹适性食之,日食一具,满七具即止。禁生冷、醋滑、五辛、陈臭猪、鸡等七日。(自(宋)陈直:《寿亲养老新书》之《食治养老益气方》,明胡文焕刻本。)食治老人脾胃气弱、食饮不下、虚劣羸瘦及气力衰微行不得,鲫鱼鲙方:鲫鱼肉半斤,细作鲙。右投豉汁煮令熟,下胡椒、时萝并姜、橘皮等末及五味,空腹食常服尤佳。(自:(宋)陈直:《寿亲养老新书》之《食治老人脾胃气弱方》,明胡文焕刻本。)

②　(元)忽思慧撰,黄斌校注:《饮膳正要》卷1《聚珍异馔》,中国书店1993年版,第9、13、14页。鹿头汤:补益,止烦渴,治脚膝疼痛。鹿头蹄一付,退洗净,卸作块。右件用哈昔泥豆子大研如泥,与鹿头蹄肉同拌匀,用回回小油四两同炒,入滚水熬令软,下胡椒三钱,哈昔泥二钱,荜拨一钱,牛奶子一盏,生姜汁一合,盐少许,调和。一法用鹿尾取汁,入姜末、盐,同调和;团鱼汤:主伤中,益气,补不足。羊肉一脚子卸成事件,草果五个。右件熬成汤滤净,团鱼五六个,煮熟去皮骨切作块,用面二两作面丝,生姜汁一合,胡椒一两,同炒,葱盐醋调和;熊汤:治风痹不仁、脚气。熊肉二脚子煮熟切块,草果三个。右件用胡椒三钱,哈昔泥一钱,姜黄二钱,缩砂二钱,咱夫兰一钱,葱盐酱一同调和;鲤鱼汤:治黄疸,止渴,安胎。有宿瘕者,不可食之。大新鲤鱼十头,去鳞肚,洗净,小椒末五钱。右件用芫荽末五钱,葱二两,切,酒少许,盐一同淹(腌),拌清汁内,下鱼,次下胡椒末五钱,生姜末三钱,荜拨末三钱,盐醋调和。

③　醉乡宝屑,解醒宽中化痰方:陈皮四两,缩沙仁四两,红豆一两六钱,粉草二两四钱,生姜、丁香一钱剉,葛根三两,已上并咬咀,白豆蔻仁一两剉,盐一两,巴豆十四粒不去皮壳用钱丝穿,右件用水二碗煮,耗干为度,去巴豆,晒干,细嚼,白汤下。(自:(元)佚名:《居家必用事类全集》巳集《法制香药》,明刻本。)化铁丹:治远年近日沉积及内伤冷物心腹疼痛。胡椒四十八粒,乌梅八个不去核、青皮不去穰、陈皮不去白各半两,巴豆十六个不去皮油。右为细末,醋糊为丸如绿豆大,每服五七丸,生姜汤下。(自:(元)佚名:《居家必用事类全集》壬集《卫生》,明刻本。)

上述 8 副方子,除"醉乡宝屑"方和"化铁丹"方外,其他 6 副皆为食疗方,食疗法的运用寓疗病于饮食之中,既能医病,又可滋补身体,且免除了服用汤药之苦,可谓一举多得。但是从这些方子的具体调配或烹制过程来看,其制作流程较为复杂,特别是食疗配方的主料如羊头、鹿头、熊肉和鱼类的价格较高,在当时是普通平民所无力消费的。加之记载食疗配方最为丰富的《饮膳正要》为元代御医忽思慧撰写的营养学专著,其适应人群为皇帝及其子女、妃嫔等皇室成员,《居家必用事类全集》中介绍的亦是历代名贤的居家日用事宜,而非普通寻常百姓。因此,宋元时期,香药用于食疗仅限于皇宫贵族、达官显宦,并未在广大民众中普及开来。

明清时期,香药的输入数量较之前代有了大幅增长,随着输入量的大增,除龙涎香、奇楠香、片脑等名贵香药外,乳香、丁香、没药、胡椒等香药从最初的奢侈品逐步转变成普通百姓能够消费得起的药材。与此同时,医家对香药特性及其药用功能的认识更为深入,医者们在继承前代医药知识的基础上又有诸多新的发现,并编撰了一批如《普济方》、《本草纲目》、《赤水玄珠》、《景岳全书》等内容丰富的医学经典著作。例如,李时珍的《本草纲目》卷 32《果部》,将《唐本草》、《海药本草》、《本草衍义》中关于胡椒的药用功效整理汇总后,提出了自己的看法。《唐本草》云:胡椒可"下气温中去痰,除脏腑中风冷",五代李珣曰"去胃口虚冷气,宿食不消,霍乱气逆,心腹卒痛,冷气上冲",北宋寇宗奭曰"去胃寒吐水,大肠寒滑",《大明一统志》载"调五脏,壮肾气,治冷痢,杀一切鱼肉、鳖、蕈毒",李时珍补充曰"暖肠胃,除寒湿,反胃虚胀,冷积阴毒,牙齿浮热作痛","胡椒大辛热,纯阳之物,肠胃寒湿者宜之。热病人食之,动火伤气,阴受其害。时珍自少嗜之,岁岁病目,而不疑及也。后渐知其弊,遂痛绝之,目病亦止。才食一二粒,即便昏涩。此乃昔人所未试者。盖辛走气,热助火,此物气味俱厚故也。病咽喉口齿者,亦宜忌之。近医每以绿豆同用,治病有效。盖豆寒椒热,阴阳配合得宜,且以豆制椒毒也"。[①] 在书写体例上,明清医书较之前代更为规范、系

① （明）李时珍:《本草纲目》卷 32《果部·胡椒》,人民卫生出版社 1978 年版,第 1858—1859 页。

统。例如李时珍的《本草纲目》，将每种药材的特点分为释名、集解（即生物学特性）、主治、发明、附方五个方面逐一详细介绍，简单明了、方便实用。从明清史籍来看，香药在中国的应用有了质的飞跃，记载香药使用情况的书籍不仅包括医书、日用类书，还包括文人笔记、地方志、游记等各类图书。

总体上看，明清时期香药在医药领域的运用，相较于前代更为广泛，不仅出现了许多新的药方，且香药入药的类型更为多元，各类香药酒和香药食疗方纷纷涌现，甚至出现了使用香药治疗牲畜疾病的情况。

明代的医书和日用类书中，出现了许多使用香药入药的新药方，而这些方子是在前代的史籍中所未曾出现的。在此仅列举常用的几例：

治翻胃方：以生姜六两，用箸头钻孔，入丁香、胡椒各四十九粒，薄纸一重裹之。以班猫十四个，巴豆去壳十四粒，围其外，又纸三重裹之，用水浸湿，慢火煨香熟，取出去猫豆，将姜绞取汁，以丸。①

保神丸：木香、胡椒各一钱，全蝎七个，巴豆十粒，去壳心皮，研去油。右为末，巴豆霜入内令匀，汤化蒸饼，丸如麻子大，朱砂为衣，每服五七丸。心膈痛，柿蒂、灯心汤下；腹痛，柿蒂、煨姜汤下；血痛，炒姜、醋汤下；肺气甚者，以白矾、蛤粉各二钱，黄丹一钱同研，煎桑白皮、糯米饮下；大便闭，蜜汤调槟榔末一钱下；气噎，木香下；宿食不消，茶汤下。②

胡椒理中丸：治肺胃虚寒咳嗽喘呕痰水。胡椒、甘草、款花、荜拨、良姜、细辛、陈皮、干姜各四两，白术五两，为末，蜜丸梧子大，每三十九至五十九，温水或酒任下。③

冷香汤：夏秋伏暑引饮，过食生冷，遂成霍乱。良姜、附子、甘草、檀香各一钱，干姜炒一钱，草果一钱半，丁香三分，分二服，水煎，连瓶沉井

---

① （明）刘基：《多能鄙事》卷6《百药类·经效方》，明嘉靖四十二年范惟一刻本。
② （明）戴元礼：《政治要诀类方》卷4《保神丸》，中华书局1985年版，第73页。
③ （明）孙一奎撰，叶川、建一校注：《赤水玄珠》卷2《寒门》，中国中医药出版社1996年版，第33页。

内,待冷服。①

安息香丸:治湿温伤寒,四五日后,汗出,肢体冷。安息香一钱,五灵脂二两半,麻黄去根节半两,附子尖七个,巴豆去皮醋煮半两。右四味捣为末,研巴豆为膏入众药,丸如弹子大,每服一丸,麸炭上烧存性,生姜汤化下。②

乳香止痛散:治一切疮肿疼痛不止。乳香、没药各一钱,丁香五分,粟壳、白芷、陈皮、炙甘草,水煎服。③

上述 6 例药方主治的皆为生活中常见的反胃、腹痛、气噎、咳嗽、痰多、霍乱、伤寒、疮肿等病症,且每种药方所需药材获取方便,价格不高,如巴豆、甘草、柿蒂、良姜、粟壳、陈皮等药材日常生活中随处可见,胡椒、丁香、檀香、乳香、没药等香药因进口量的大增,价格下跌很多。从调制方法上看,上述 6 副药方的调配过程皆较为简单,普通百姓在家中即可轻易做到。因此应用程度极高,深受普通百姓欢迎。

诸多香药除作为百姓居家必备良药外,还时常是远行者旅途生病效验之药。正如成书于道光八年(1828 年)的晋商必备手册《交易须知》所言,"为商之人,出外居于他乡,一时受风寒微病,予知又药方数样,所治之病开后,此方系效验之药,不可当作闲谈。"④该手册中记录有使用香药医病的便捷之方数条,如治胃口疼方,"七个胡椒三个枣,五个杏仁一处捣,滚热烧酒送入胃,九重心疼即时好";治牛皮癣方,"斑毛(蝥)、冰片,用陈醋调抹,治牛皮癣一片,用斑毛三个,两片五个,冰片不拘数";玉容散,"绿豆粉、白芷、白及(芨)、白敛(蔹)、白附、僵蚕、花粉、甘松、三柰、茅香,以上各五分,防风

---

① (明)孙一奎撰,叶川、建一校注:《赤水玄珠》卷 16《霍乱门》,中国中医药出版社 1996 年版,第 299 页。

② (明)朱橚:《普济方》卷 132《伤寒门》,清文渊阁四库全书本。

③ (明)孙一奎撰,叶川、建一校注:《赤水玄珠》卷 29《五法痈疽通治方》,中国中医药出版社 1996 年版,第 509 页。

④ 山西省晋商文化基金会编:《交易须知》卷 4《杂项药方》,中华书局、三晋出版社2013 年版,第 371 页。

三个，云零三个，寔粉二两，冰片一个，共研细末。此药久搽面上，能消点气、润肌肤、悦颜色，光洁如玉，面如凝脂"；立马回疗丹方，"轻粉、蟾酥酒化、白丁香、碙砂各一钱，乳香六分，雄黄、朱砂、麝香各三钱，蜈蚣一条，金顶砒五分。共为细末，面糊搓如麦子大。凡遇疗疮以针挑破，用一粒插入孔内，外以膏盖之，追出脓血疗根为效"。① 从上述几例可见，该手册中所记药方不仅包括治疗胃痛、皮癣、疗疮等旅途常遇疾病的方子，甚至还有滋润肌肤的玉容散，可见香药在医药领域的应用几乎到了无所不包的地步。

明清时人除将各类香药与本土药材相和或单独使用，制成汤剂、丸散用于治病疗疾外，还经常调配各类香药酒，用来医病及调理身体。如片脑酒可通九窍，除恶气，治心胸；白豆蔻仁酒可除冷气，和脾胃，消谷食；缩砂仁酒可下气，消食，暖胃，温脾；木香酒可消梦魇，去疲劳；苏合香丸酒可调五藏，却诸疾。每种香药酒的制作方法基本相同，即先将香药切片或磨碎置于瓮中，后注以沸腊酒，蒙上瓮口，数日即可饮用。此外，还有一些配方复杂，制作流程精细的酒方，最为著名的当属宋代贾似道发明，在宫廷及大臣中备受追捧的"长春酒"，其配方至明清时期依然备受推崇。明代著名饮食类著作《竹屿山房杂部》的卷1《养生部一·酒制》及卷15《尊生部三·酒部》曾两次提到该酒的制作方法及药用功效，即"当归、川芎、黄芪蜜炙、白芍药、甘草炙、五味子、白术、人参、橘红、熟地黄、青皮、肉桂去粗皮、半夏、槟榔、木瓜、白茯苓、缩沙、薏苡仁炒、藿香去梗、麦蘖炒、沉香、桑白皮蜜炙、石斛去根、白豆蔻仁、杜仲炒、木香、丁香、草果仁、神曲炒、厚朴、姜制炒、南星、苍术制、枇杷叶去毛炙，右件各制了净秤三钱，等分作二十包，每用一包以生绢袋盛，浸于一斗酒内，春七日，夏三日，秋五日，冬十日，每日清晨一杯，午一杯，其有功效，除湿实脾、去痰饮、行滞气、滋血脉、壮筋骨、宽中快膈、进饮食"。此酒方虽药用功效颇多，但所需药材共34种，其中香药4种，而且包括人参、沉香这类贵重药材，加之制作流程要求

---

① 山西省晋商文化基金会编：《交易须知》卷4《杂项药方》，中华书局、三晋出版社2013年版，第375、378—379、397页。

严格，又需每日皆饮功效才能显著，对于普通百姓来说，难以消费得起。因此，此酒虽声名远播，但其饮用人群仅限于具有相当经济实力的社会上层。

明清时期，食疗法在宋元的基础上进一步推广，时人在大量刊刻宋元时期饮食保健类书籍的同时，又研制出了许多新的配方。《寿亲养老新书》、《饮膳正要》、《居家必用事类全集》等记录有食疗方的日用类书籍在明清时期多次刊刻印行。"食治老人冷气心痛、发动时遇冷风即痛荜芨粥方"、"治产后白痢鲫鱼鲙方"、"治妇人血气癖积脏腑，疼痛泄泻羊肉馎饦子方"①等食疗方子颇受时人欢迎。食疗之法之所以在明清时期广受欢迎，一是由于这类方子寓疗病于饮食之中，免除了服用汤药之苦，二是由于商品经济的发展，人们经济生活水平有了较大提高，食疗之方所需原料简单易购，且不算昂贵，是普通平民的消费水平所能达到的。

此外，胡椒等香药还是治疗畜类疾病的重要药材之一，《多能鄙事》、《便民图纂》、《农政全书》等书皆有记载。其中最为常见的是治马错水方："凡错水缘驰骤，喘息未定，即与水饮，须臾两耳并鼻息皆冷或流冷涕，即此证也。先以乱发烧熏两鼻，后用川乌、草乌、白芷、胡椒、猪牙、皂角各等分，麝香少许，为细末，用竹筒盛一字吹鼻中，立效。"②除胡椒外，川乌、草乌、白芷、猪牙、皂角、麝香皆为本土药材，且前5种药材价格便宜，有的甚至从田边地头即可轻易获取，只有用量最少的麝香价格较为昂贵。胡椒与这些造价不高的药材搭配起来用于治疗马中常见疾病，很大程度上显示了其在日

---

① （明）刘宇：《安老怀幼书》卷1《夏时摄养第十》、卷3《产后诸病》、卷3《血气诸方》，明弘治十一年刻本。食治老人冷气心痛、发动时遇冷风即痛荜芨粥方：荜芨末一合，胡椒末一分，青粱米四合淘。右以煮作粥，下二味调之，空心食，常服尤效；鲫鱼鲙：治产后白痢。鲫鱼一斤治如食法，莳萝、陈橘皮汤浸白焙，芜荑、干姜炮、胡椒各一钱为末。右取鲫鱼作鲙投豉汁中，入盐、药末搅调，空腹食之；羊肉馎饦子：治妇人血气癖积脏腑，疼痛泄泻。小麦馎四两，肉豆蔻去骨为末，毕拨为末，胡椒为末，蜀椒去目，并闭口炒出汁各一钱末。右五味拌匀，以水和作基子，用精羊肉四两细切炒令干，下水五升，入葱、薤白各五茎，细切，依常法煮肉以盐醋和，候熟滤去肉，将汁煮棋子，空腹食之。

② （明）邝璠著，石声汉、康成懿校注：《便民图纂》卷14《牧养类》，农业出版社1959年版，第210页。

常生活中应用之普遍。

综上可见,香药自传入中国开始,其药用价值不断得以拓展,使用人群由社会上层逐渐扩大至普通平民。汉唐时期,医家对诸多香药特性及药用功效的认识较为局限,且因进口数量较少,其使用人群多局限于皇宫贵族、达官显宦。宋元时期,由于海外贸易的繁荣发展,香药通过海路大量输入中国。与此同时,阿拉伯医学知识也随之传入,传统中医从以汤药为主的单一剂型转变为丸散、膏酊、汤药等多元剂型,普通民众也开始使用香药治病疗疾。明清以来,由于香药输入途径的多元化及民间海外贸易的兴起,进口香药在医疗领域的运用几乎与本土药材相比肩,各类添加香药的医方层出不穷、数不胜数,尤以原料简单、调制快捷的医方为多,此外香药酒、食疗方也深受时人欢迎,甚至牲畜遇病也开始使用香药治疗。

第四节 香药与日常饮食

香药自汉代传入中国以来,其在饮食领域的运用很长一段时期内未能得到有效彰显。明中叶以后,胡椒、苏木、丁香、檀香、豆蔻等香药作为调味品迅速充斥日常饮食,尤以胡椒应用最为广泛。其不仅是烹饪食物的重要作料,而且经常用于腌制肉脯、果干,调制美酒、汤水,其身影几乎遍布日常饮食的各个领域。

香药传入中国之初,因输入数量有限,加之能够用于饮食的香药品种不多,故至明以前,史籍中关于香药用于饮食的记载较少。在汉唐人的意识中,香药主要作为宗教祭祀的香品和治病疗疾的药材使用,其作为饮食调味品的记录少之又少。翻检唐代的史籍,我们发现香药作为饮食调味品的记录仅《酉阳杂俎》中的一条,"胡椒,出摩伽陀国,呼为昧履支。……今人作胡盘肉食皆用之"。[①] "皆"字的使用看似道出了胡椒在饮食中的普遍应

---

① (唐)段成式撰,方南生点校:《酉阳杂俎》卷18《木篇》,中华书局1981年版,第179页。

用,然添加了稀世"胡盘肉食"之限定,其使用范围骤然大幅缩小。宋元时期,胡椒、苏木等香药用于饮食的记载逐渐增多,《饮膳正要》及《居家必用事类全集》中关于胡椒作为饮食调味品的记载分别多达三四十条,但从饮食配方来看,使用香药作为调味品的食材主要为鹿、牛、羊、鸡等肉类及各种鱼类,而鱼、肉等荤食在当时是普通平民所无力消费的。因此,其使用人群主要局限于皇宫贵族及达官显宦之家。

明中叶以后,在香药进口数量猛增及时人饮食消费观念陡转因素的双重作用下,香药作为饮食调味品的独特魅力得到大范围、全方位的彰显,其身影几乎遍及日常饮食的各个领域,烹调、腌制需香药,海鲜、肉食加香药,物料调配添香药,甚至有些素食的制作也要加入香药,曾经贵为奢侈品的香药俨然变成了大众生活必需品。

烹制荤食。胡椒能"杀一切鱼、肉、鳖、蕈毒",因此明人在烹饪这类食物时,必添加之。《竹屿山房杂部》记载的制作鱼、虾、蟹、贝等各类海鲜及鸡、鸭、牛、羊等肉类食物的烹调方法中,胡椒皆是重要作料。兹随机选取几份菜谱列举如下:①

烹蚶:先作沸汤,入酱、油、胡椒调和,涤蚶,投下,不停手调旋之,可拆遂起,则肉鲜满,和宜潭笋。

江河池湖所产青鱼、鲢鱼蒸二制:一用全鱼,刀寸界之,内外泡酱、缩砂仁、胡椒、花椒、葱皆遍甑蒸熟,宜去骨存肉,苴压为糕。一用酱、胡椒、花椒、缩砂仁、葱沃全鱼,以新瓦砾藉锅置鱼于上,浇以油,常注以酒,俟熟,俱宜蒜醋。

辣炒鸡:用鸡研为轩,投熟锅中,炒改色,水烹熟,以酱、胡椒、花椒、葱白调和,全体烹熟调和亦宜。

牛饼子:用肥者碎切机(音几)上,报斫细为醢,和胡椒、花椒、酱,泡白酒,成丸饼,沸汤中烹熟,浮先起,以胡椒、花椒、酱、油、醋、葱调汁,

---

① (明)宋诩:《竹屿山房杂部》卷4《养生部四·虫属制》、卷4《养生部四·鳞属制》、卷3《养生部三·禽属制》、卷3《养生部三·兽属制》,景印文渊阁四库全书(第八一七册),台湾商务印书馆,1986年版,第178—179、170、163、150页。

浇淪之。

从烹调方法看,四道菜的制作过程十分简单,皆具家常菜之特性;从添加的作料看,胡椒与油、盐、酱、醋、葱的身份并列,成为厨房必备;从菜色种类看,胡椒广泛应用于海鲜、淡水鱼、家禽、家畜的烹饪,其使用地域从沿海至内地。综合上述信息可见,跨海来华的胡椒已成为中国人日常烹调荤食的不可或缺之物。

烹调素食。胡椒味辛辣,在一些素食的制作中常常使用。如《遵生八笺》和《野蕢品》中都提到的芙蓉花的制作,"芙蓉花,采花去心蒂,滚汤泡一二次,同豆腐,少加胡椒,红白可爱"。① 蔬菜的经典做法"油酱炒三十五制",胡椒为其必备调料。例如:"天花菜,先熬油熟,加水同入芼之,用酱、醋;有先熬油,加酱、醋、水再熬,始入之。皆以葱白、胡椒、花椒、松仁油或杏仁油少许调和,俱可,和诸鲜菜视所宜。"山药、茭白、芦笋、萝卜、冬瓜、丝瓜等皆仿此法。② 相对于前代来说,胡椒在饮食领域的应用已不再局限于荤食,山药、萝卜、丝瓜等常见蔬菜在烹制时已开始添加胡椒,这点足以显示,胡椒已从富裕阶层走入寻常百姓之家。

腌制食物。为延长食物的保存时间,并使其味道更为多元,明人开始使用胡椒、豆蔻等香药腌制食物。如著名的"法制鲫鱼","用鱼治洁,布浥令干,每斤红曲坋一两炒,盐二两,胡椒、川椒、地椒、莳萝坋各一钱,和匀,实鱼腹令满,余者一重鱼,一重料物,置于新瓶内泥封之。十二月造,正月十五后取出,番转以腊酒渍满,至三四月熟,留数年不馁。"③此外,豆蔻等香药还可用于蔬菜的腌制,如"折蒳,一用芥菜穰心洗,日晒干,入器,熬香油、醋、酱、缩砂仁、红豆蔻、莳萝末浇菜上摇一番,倾汁入锅,再熬,再倾二三次,半日已熟"④。

① （明)高濂:《遵生八笺》卷12《饮馔服食笺中》,巴蜀书社1988年版,第715页。
② （明)宋诩:《竹屿山房杂部》卷5《养生部五·菜果制》,景印文渊阁四库全书(第八一七册),台湾商务印书馆1986年版,第183页。
③ （明)宋诩:《竹屿山房杂部》卷4《养生部四·鳞属制》,景印文渊阁四库全书(第八一七册),台湾商务印书馆1986年版,第171页。
④ （明)宋诩:《竹屿山房杂部》卷5《养生部五·菜果制》,景印文渊阁四库全书(第八一七册),台湾商务印书馆1986年版,第181页。

无论是腌制鲫鱼，还是芥菜，其制作方法皆较为简单，且原料容易获取，普通家庭很容易便能做到。

制作果脯。明中叶以后，由于饮食消费奢侈风尚的盛行，带动了饮食精致化的消费需求，各类果品开始被加入不同香药，制作成风味独特的果脯。如"芭蕉脯，蕉根有两种，一种粘者为糯蕉，可食。取作手大片，灰汁煮令熟，去灰汁，又以清水煮，易水令灰味尽，取压干，乃以盐、酱、芜荑、椒、干姜、熟油、胡椒等杂物研，淹一两宿出，焙干，略捣令软，食之全类肥肉之味"①；"衣梅，用赤砂糖一斤为率，釜中再熬，乘热和，新薄荷叶丝八两、鲜姜丝四两，日中暴干，置臼中捣和丸之。有脱杨梅肉杂于内，今加白豆蔻一两，白檀香二两末，片脑一钱，坋白砂糖为珍。糖再熬，后仿此。"②芭蕉、梅子等水果加入胡椒、豆蔻、白檀等香药制作成果脯，不仅间接延长了水果的保存期限，而且很大程度上丰富了时人的饮食。

调配物料。胡椒、白檀等香药不仅可以在烹饪、腌制食物时，作为单味作料加入食物中，还可与茴香、干姜等多味作料一起调配成方便快捷的调料包。最为常用的有以下四种：③

素食中物料法：莳萝、茴香、川椒、胡椒、干姜（泡）、甘草、马芹、杏仁各等分，加榧子肉一倍共为末，水浸，蒸饼为丸如弹子大，用时汤化开。

省力物料法：马芹、胡椒、茴香、干姜（泡）、官桂、花椒各等分为末，滴水为丸，如弹子大，每用调和捻破，即入锅内，出外尤便。

一了百当：甜酱一斤半，腊糟一斤，麻油七两，盐十两，川椒、马芹、茴香、胡椒、杏仁、良姜、官桂等分为末，先以油就锅内熬香，将

① （明）刘宇：《安老怀幼书》卷2，四库全书存目全书（子部·医家类），齐鲁书社1995年版，第78页。

② （明）宋诩：《竹屿山房杂部》卷2《养生部二·糖剂制》，景印文渊阁四库全书（第八一七册），台湾商务印书馆1986年版，第145页。

③ （明）邝璠著，石声汉、康成懿校注：《便民图纂》卷15《制造类上》，农业出版社1959年版，第236页。

料末同糟酱炒熟入器收贮，遇修馔随意挑用，料足味全，甚便行厨。

　　大料物法：官桂、良姜、荜拨、草豆蔻、陈皮、缩砂仁、八角、茴香各一两，川椒二两，杏仁五两，甘草一两半，白檀香半两，共为末用，如带出路，以水浸蒸饼，丸如弹子大，用时旋以汤化开。

　　上述四种物料皆可称之为"省力物料"，它们不仅是居家烹饪的好帮手用，而且方便携带，适合外出使用，且保存期限较长，类似于我们今天厨房常用的"十三香"和方便面中的"调味包"。这些便捷物料的使用，大大简化了做菜的程序，其味道不但丝毫未减，反而由于多味物料的混合而更加美味，故大受时人欢迎。

　　酿制美酒。早在东晋张华的《博物志》中已有"胡椒酒方"的记载，①至宋元时期更是出现了木香酒、片脑酒、白豆蔻酒、苏合香丸酒等种类丰富的香药酒，然而这些香药酒虽用酒命名，却以治病疗疾及调理身体为主要目的，并非日常的饮用酒。明代以后，利用木香、沉香、檀香、丁香、胡椒等香药酿造美酒、制作酒曲的方子逐渐增多。如时人常饮的"羊羔酒"②、"蜜酒"③、"鸡鸣酒"④皆加入木香、胡椒、片脑、丁香等不同香药酿制而成，且

　　① （晋）张华：《博物志》之《博物志逸文》，中华书局1985年版，第74页。
　　② （明）宋诩：《竹屿山房杂部》卷6《养生部六·杂造制》，景印文渊阁四库全书（第八一七册），台湾商务印书馆1986年版，第198页。羊羔酒：每白糯米一石，炊作白酒浆，至时以肥羊肉七斤切块，杏仁煮去皮尖苦味一斤，同水煮糜烂，留汁共六七斗，加木香末一两，俟寒倾入浆中，冬酿十日，酒熟取之。
　　③ （明）刘基：《多能鄙事》卷1《饮食类·造酒法》，明嘉靖四十二年范惟一刻本。蜜酒方：蜜二斤半，以水一斗，慢火熬百沸，鸡羽掠去沫，再熬再掠，沫尽为度。桂心、胡椒、良姜、红豆、缩砂仁各等分为细末，先于器内下药末八钱，次下干面末四两，后下蜜水，用油纸封箬叶七重蜜固。冬二七日，春秋十日，夏七日熟。又方：蜜四斤，水九升，同煮，掠去浮沫，夏候冷冬微温，入曲末四两，酵一两，脑子一豆大，纸七重掩之，以大针刺十孔。日去纸一重，至七日酒成，用木阁起，勿令近地气，冬月以微火温之，勿令冻。
　　④ （明）刘基：《多能鄙事》卷1《饮食类·造酒法》，明嘉靖四十二年范惟一刻本。鸡鸣酒方：先将糯米三升淘净，用水六升，同下锅煮成稠粥，夏摊冷，春秋温，冬微热。用细曲半斤，酵二两，麦蘖一抄，捣细，用饧饴三两，同下，在粥内拌匀。冬五日，春秋三日，夏二日成酒，或加桂心、胡椒、良姜、细辛、甘草、川芎、丁香同酵曲一处和粥亦可。

"蜜酒"一种的酿制即有三种不同的方子。除酿造美酒外，胡椒、木香、丁香、沉香、檀香、豆蔻等香药还是制作酒曲不可或缺的原料，如著名的"大禧白酒曲方"①在以面粉、糯米粉、甜瓜为主料的基础上，加入木香、沉香、檀香、丁香、甘草、砂仁、藿香、槐花、白芷、零苓香、白术一两、白莲花等多味物料，共同酿制而成；"朱翼中瑶泉曲"②则以白面、糯米粉为主料，加人参、官桂、茯苓、豆蔻、白术、胡椒、白芷、川芎、丁香、桂花、南星、槟榔、防风、附子一同酿造。明代常见的一些酿酒法及酒曲方，有些在宋元史籍中已经出现，如载于《多能鄙事》卷1《饮食类·造酒法》和《竹屿山房杂部》卷15《尊生部三·酒部》的"鸡鸣酒方"在元代《居家必用事类全集》巳集《曲酒类》中已经出现，明清盛行的"瑶泉曲方"最早见于宋代朱翼中的《北山酒经》。然而，这些酒方在宋元时期应用较为有限，真正受到重视则是明中叶以后的事。明中叶以后，奢靡之风盛行，人们对饮食也愈来愈讲究，宋元、明初时所撰的大量日用类书纷纷重新刊刻出版，书中所载的诸多食谱、酒方才开始真正得以普及。

调制汤水。明清时期饮用香药汤水的风气十分盛行，日用类书中出现了诸多调制香药汤水的配方，如《竹屿山房杂部》全书共二十二卷中就有两卷单独介绍各类汤、水，且其中所记载的大部分汤水配方都需加入豆蔻、丁香、沉香、檀香、片脑等不同香药。时人经常饮用的汤水有：水晶糖霜和片脑

---

① （明）宋诩：《竹屿山房杂部》卷16《尊生部四·曲部》，景印文渊阁四库全书（第八一七册），台湾商务印书馆1986年版，第303页。大禧白酒曲方：木香、沉香各一两半，檀香、丁香、甘草、砂仁、藿香各五两，槐花、白芷、零苓香各二两半，白术一两，白莲花一百朵取须用，甜瓜五十个捣自然汁，右为细末，用麹六十斤，糯米粉四十斤，和匀瓜汁拌成饼为度，先称面粉拌匀，次入药末，再又拌其药末，逐旋撒入，令匀后作二起，以瓜汁拌和得所搓令无块，却下厢踏只可七八分厚，每隔须用白曲糁得厚勿令粘，切作七八寸阔大，用纸逐片包挂当风处四十日，出晒三两日收，每米一斗官称用曲十两，下水八升，瓜用粗布滤去渣，并瓜子莲须研碎下料。

② （清）杨万树：《六必酒经》卷1《曲论》，清道光二年四知家塾刻本。朱翼中瑶泉曲：白面六十斤，糯米粉四十斤，加人参、官桂、茯苓、豆蔻、白术、胡椒、白芷、川芎各一两，丁香、桂花、南星、槟榔、防风、附子各五钱，共为细末，与粉面和匀，再入杏仁三斤，去皮尖，捣糊，和井花水拌粉，踏实切块，用桑叶包裹盛于纸袋中，实时系挂无日当风处，两月出袋。

一同熬制的"无尘汤"①;白砂糖、藿香、甘松、生姜、麝香、白檀一同加水调制的"香糖渴水"②;黄梅、甘草、檀香、姜丝、青椒共同酿造的"黄梅汤"③,等等。这些汤水不仅味道甜美可口,而且片脑、檀香、甘草等有益于身体健康药材的加入,使其又具保健功效。此外,沉香熟水、丁香熟水、豆蔻熟水、檀香汤、胡椒汤等以各类香药命名的汤水亦十分常见,他们多出现在《居家必用事类全集》《遵生八笺》《竹屿山房杂部》等日用类书的饮食或养生条目下,足见时人已不再将这些汤水视为药物,而多将其作为保健的日常饮品。加之其制作方法简单快捷,通常只需将香药投入沸汤中,入瓶密闭,随时取用,时人多饮之。

制作香茶。明清时期由于人们对饮食追求的日益精致化,因此对茶叶的制作颇为讲究,每种茶叶是否加入香药,加入何种香药都有严格规定。如"藏茶宜蒻叶,而畏香药,喜温燥,而忌冷湿"④,此段文字虽是介绍茶的特性,但茶畏香药的描述,已间接说明了香药在百姓日常生活中应用之频繁。藏茶虽畏香药,制作或冲泡时严禁加入,但其却是制作龙麝香茶、香茶饼子不可或缺的原料,著名的"经进龙麝香茶"即以白檀末、白豆蔻、沉香、片脑等配料,加入上等茶叶烘焙而成;⑤利于保存且方便携带的"香茶饼子",亦

① （明）高濂:《遵生八笺》卷11《饮馔服食笺上》,巴蜀书社1988年版,第663页。无尘汤:水晶糖霜二两,梅花片脑二分。右将糖霜乳细罗过,入脑子,再研匀,每用一钱沸汤点服,不可多,多则令人厌也。

② （明）宋诩:《竹屿山房杂部》卷2《养生部二·汤水制》,景印文渊阁四库全书（第八一七册）,台湾商务印书馆1986年版,第147页。香糖渴水:白砂糖一斤、水一盏半、藿香叶半钱、甘松一块、生姜十大片同煎,以熟为度,滤洁,入麝香如绿豆一块、白檀香末半两,瓷器盛,冰水中沉,用之。

③ （明）高濂:《遵生八笺》卷11《饮馔服食笺上》,巴蜀书社1988年版,第660页。黄梅汤:肥大黄梅蒸熟去核净肉一斤,炒盐三钱,干姜末一钱半,干紫苏二两,甘草、檀香末随意,拌匀置磁器中晒之,收贮,加糖点服,夏月调水更妙。

④ （明）高濂:《遵生八笺》卷11《饮馔服食笺上》,巴蜀书社1988年版,第650页。

⑤ （明）周嘉胄:《香乘》卷20《香属》,清文渊阁四库全书本。经进龙麝香茶:白豆蔻一两去皮,白檀末七钱,百药煎五钱,寒水石五钱薄荷汁制,麝香四分,沉香三钱,片脑二钱,甘草末三钱,上等高茶一勘。右为极细末,用净糯米半升煮粥,以密布绞取汁置净盆内,放冷,和剂不可稀软,以硬为度,于石板上杵一二时辰,如粘黏用小油二两煎沸,入白檀香三五片脱印时以小竹刀刮背上,令平。

是白豆蔻仁、荜澄茄、沉香、片脑、白檀等多味香药，加入孩儿茶中制作而成。① 从制作方法上看，"经进龙麝香茶"和"香茶饼子"的制作流程颇为复杂，且对每种香药的数量及炮制都有严格要求。然而，并不是所有香茶的制作工艺都如此复杂，如"脑子茶"的制作，只需将"好茶研细，薄纸包，梅花片脑一钱许，于茶末内埋之，经宿汤点"②即可；"法制芽茶"只需"芽茶二两一钱作母，豆蔻一钱，麝香一分，片脑一分半，檀香一钱细末，入甘草内缠之"③便可。从上述各类加入香药的茶品配方及制作流程可见，既有焙制精良的龙麝香茶，亦有方便快捷的脑子茶，足见香药在制茶领域应用之广。

总体来看，上文所述香药在烹调菜肴、腌制食物、制作果脯、调配物料、酿造美酒、制作香茶等方面应用的记载，主要来源于明代的日用类书，清代史料仅一则。这一现象并非笔者刻意为之，而是在翻检史籍、运用史料过程中发现的一个有趣现象。

自明中叶开始社会上盛行的使用香药作为调配物料的饮食风尚，至明末受到了士大夫阶层的挑战，追求"真"、"鲜"的新饮食旨趣开始萌生。晚明江南士人张岱在《老饕集》序文中曾言："余大父与武林涵所包先生、贞父黄先生为饮食社，讲求正味，著《饕史》四卷，然多取《遵生八笺》，犹不失椒姜葱渫，用大官炮法，余多不喜，因为搜辑订正之。……遂取其书而铨次之，

---

① （明）宋诩：《竹屿山房杂部》卷22《尊生部十·茶部》，景印文渊阁四库全书（第八一七册），台湾商务印书馆1986年版，第327—328页。制孩儿香茶法：孩儿茶一斤研极细罗过，用白豆蔻仁四钱研为细末，粉草炙一二钱碾为细末，荜澄茄一二钱研细末，川百药煎半两为末。将已上四件和匀磁器收贮，勿沾味，沉香半两劈成一二定子，插入鹅梨内，用纸裹了水湿过灰火内煨梨熟为度，取出沉香晒干为细末，同一二钱和之前剂，将梨汁制麝香，用梅花片脑一二钱，米脑亦可用制过寒水石同研和拌入料，寒水石半斤于炭火内煅红，先将薄荷叶四两水浸得透铺在纸上，将煅过寒水石放在叶上裹了放冷，取出秤五钱与脑子同研，余者待后次用之，叶弃去不用，死脑子法也，不死则脑子气味去矣。麝香二钱拣去毛令净研开，用元制沉香梨汁和为泥，泥在磁盏内或银器内上用纸糊口，用针透十数孔，慢火焙干研为末，再施盏内焙热合和前药其香满室，此其法也。右将洁净糯米一升煮极烂，稠粥擂细，冷定用绢绞，取浓汁和剂，须要硬，于净捣帛石上搋三五千下，愈多愈好，故名千搋膏。却用白檀煎油抹印，印成小饼于透风处悬吊一二日刷光，磁器内收。

② （明）宋诩：《竹屿山房杂部》卷22《尊生部十·茶部》，景印文渊阁四库全书（第八一七册），台湾商务印书馆1986年版，第328页。

③ （明）高濂：《遵生八笺》卷13《饮馔服食笺下》，巴蜀书社1988年版，第754页。

割归于正,味取其鲜,一切娇柔泡炙之制不存焉。"①然而,张岱追求食物本真味道的饮食思想仅代表了部分江南士大夫的追求,主张添加香药的食谱依然风行于世。这一现象不仅可从明清鼎革之际海外贸易中胡椒、檀香、丁香等常用饮食调味品的大量进口中得到佐证,亦可从文化心态学的角度进行分析,当使用香药作为饮食调味品的饮食习惯风行于平民阶层时,为了区分身份认同,士大夫阶层便开始积极构建、塑造新的鉴赏品味。

　　明末开始萌生的追求"本味"的新饮食旨趣至清代日趋成熟,并逐步取代明中叶以来盛行的添加香药的大官烹饪之法。《闲情偶寄》《食宪鸿秘》《养小录》《醒园录》等书中关于饮食内容的书写,无不透露出作者对"鲜"的强调,"本味"成为士大夫阶层追求味觉感官的最高境界。从食谱具体内容来看,"清代单纯以饮膳为内容的食谱或食单,在种类和数量上皆远远超过明代,可以说达到了有史以来的高峰"②,然而添加香药的食谱则比明代减少很多。尤其自清中叶开始,饮膳类书籍更强调食物的"鲜",而非"甘",更注重食材的挑选及准备,而对于作料的使用则关注较少,当时流行颇广的成书于乾隆年间的《随园食单》和《调鼎集》中的大量食谱明显体现了这一特点。《随园食单》中所列食谱大多为作者袁枚在外学习后的亲自试验,这一点在该书序文中明确提到:"余雅慕此旨,每食于某氏而饱,必使家厨往彼灶觚,执弟子之礼。四十年来,颇集众美。有学就者,有十分中得六七者,有仅得二三者,亦有竟失传者。余都问其方略,集而存之。虽不甚省记,亦载某家某味,以志景行。自觉好学之心,理宜如是。虽死法不足以限生厨师,名手作书,亦多出入,未可专求之于故纸;然能率由旧章,终无大谬。临时治具,亦易指名。"③由此可见该书中所记食谱的可操作性较高,加之这些食谱多为作者在外品尝到美味佳肴后,令家厨前往拜师学习而得,也更能反映时人真正的饮食情况。然而,就是这样一本极具实践性的饮食书

---

① 张岱:《琅嬛文集》卷1《序·老饕餮集序》,浙江古籍出版社2013年版,第9页。

② 巫仁恕:《品味奢华——晚明的消费社会与士大夫》,中华书局2008年版,第226页。

③ (清)袁枚著,陈伟明编著:《随园食单》,中华书局2010年版,序,第2页。

籍中，明确记载使用胡椒的食谱仅"羊头"和"羊肚羹"两条。① 据推测最早由乾隆年间江南盐商董岳荐所撰辑的厨师实践经验的集大成之作《调鼎集》一书中，仅鹿肉一种菜的烹饪中添加了香药，且做法介绍颇为简单，即"关东鹿肉蒸熟片用，又加丁香、大料烧用"②，其他涉及香药的八条记录皆出现在卷1的调料类中，其中五辣醋、诸物鲜汁的调制使用了胡椒，五香醋、五辣姜、老汁、卤锅老汁和调和作料使用了丁香，另有一条专门介绍了胡椒，即"胡椒入盐并葱叶同研，辣而易细，味且佳"③，作者虽将胡椒与花椒、椒盐、大椒三种椒类并行列出，但在具体的烹调过程中却很少加入这些作料，这一点与清代文人士大夫所强调的食物的"鲜"不谋而合，而加入过多的作料在他们看来显然是破坏了这种"鲜美"。

———————————

① （清）袁枚著，陈伟明编著：《随园食单》之《杂牲单》，中华书局2010年版，第102、104页。羊头：羊头毛要去净，如去不净，用火烧之。洗净切开，煮烂去骨。其口内老皮，俱要去净。将眼睛切成二块，去黑皮，眼珠不用，切成碎丁。取老肥母鸡汤煮之，加香蕈、笋丁，甜酒四两，秋油一杯。如吃辣，用小胡椒十二颗，葱花十二段；如吃酸用好米醋一杯。羊肚羹：将羊肚洗净，煮烂切丝，用本汤煨之。加胡椒、醋俱可。北人炒法，南人不能如其脆。钱玙沙方伯家，锅烧羊肉极佳，将求其法。

② （清）佚名编，邢渤涛注释：《调鼎集》卷6《鹿肉》，中国商业出版社1986年版，第463页。

③ （清）佚名编，邢渤涛注释：《调鼎集》卷7《椒》，中国商业出版社1986年版，第51页。

结　语

　　全面并尽可能准确地展现明清香药贸易的历史,揭示其对中国社会经济的影响,对于这一前人较少涉猎的课题,显得基础而又必要。香药作为一个兼具本草、经济、海洋等多重因素交织的概念,准确阐释其内涵、理清其种类、明确其产地,成为勾画其贸易航线,构建其贸易网络需要首先解决的问题;而考察清楚各类常用香药的功用,亦是研究香药对中国社会影响的基础。

　　香药主产于南亚、东南亚和阿拉伯半岛地区,且不同种类香药的产地亦有所差别。与此同时,不同时期香药的产地亦非一成不变,随着交流的日频和贸易的日增,在自然条件允许的情况下,诸多香药的种植区域不断流转,种植面积不断扩大。由汉唐至明清,中国社会消费的香药大致经历了从印度、阿拉伯地区到东南亚的地区转移。香药产地的变化与扩大,不仅体现了需求增长所引起的物种传播,而且潜藏着海洋贸易的流动痕迹,以及由此引发的文明互动与融合。因此,弄清不同时期、不同种类香药产地的变化,是探讨海洋贸易与明清中国社会重要而又基础性的一环。

　　自汉代开始,香药已通过海路输入中国,然而在这一时期香药贸易的范围主要集中在印度和中南半岛地区,且西北陆地贸易长期占据主导地位,唐中叶以后,海洋贸易地位日益凸显,并最终取代陆上贸易,成为香药输入的主要甚至是几乎唯一的途径。宋元时期,中国与阿拉伯间的贸易交流迅速发展起来,大量阿拉伯香药及医学知识传入中国,不仅引发了宋元士人崇香、尚香、爱香、用香风气的盛行,而且带动了传统中医从以汤药为主的单一剂型向丸散、膏酊、汤药多元剂型的转化。然而，由于香药进口数量有限，加之价格昂贵，其使用人群仍局限于社会上层，并未真正进入寻常百姓之家。明清时期，统治者虽多次颁布禁海令，然而香药贸易的数量与种类与前代相比皆有增无减，尤其是明中叶以后，民间海外贸易一步步成长起来，以闽南海商为代表的中国海商很长一段时期内执亚洲海域贸易之牛耳，运载香药的中国商船络绎不绝。受到利润驱使的葡萄牙、荷兰殖民者，刚刚来到亚洲不久亦积极加入到贩运东南亚香药赴中国贸易的行列。从总体上看，明清时期香药贸易的种类与宋元相比发生了较大变化，胡椒、苏木、豆蔻等日用型香药取代沉香、乳香、檀香等芳香型香药成为输入的重点，而这一变化无疑推动了香药从奢侈品到日用品的身份转变。

明清时期，域外香药主要通过朝贡贸易、郑和下西洋、民间贸易及西人中转四种途径输入中国，这四种途径在不同时期，既有交叉，亦有分离，且彼此之间潜藏着千丝万缕的联系。由于海禁政策的推行，从表面上看官方海外贸易和民间海外贸易长期呈对立态势，但揭开历史的表象之后，我们发现，受到朝廷支持的官方朝贡贸易并未将民间海外贸易排挤出历史舞台，相反由朝贡贸易和郑和下西洋所引发的明人对香药消费需求的大增，很大程度上为民间香药贸易的发展提供了广阔市场。宣德以后，郑和下西洋活动戛然而止，朝贡贸易亦日趋衰落，然而香药的输入在此期间并未出现停滞，明中叶以后，私人海外贸易逐渐兴起，加之葡萄牙、荷兰、英国等西方国家的涉足，输入中国的香药贸易网络日益复杂多元，且每一阶段呈现出不同特征。自隆庆开海至明代终结，出洋贩运香药的中国商船多从福建沿海的漳、泉两地出发，远涉东西洋各国，中国海商在亚洲海域的香药贸易中长期占据优势。同时，葡萄牙以澳门为基地构建的香药贸易网络，以及荷兰人以大员商馆为据点的香药销售，皆呈现繁荣之状。入清以后，粤海商势力逐渐崛起，与闽海商呈平分秋色之势，闽、粤沿海港口共同构建起连接南洋的香药贸易网。自清中叶开始，面对西方国家的激烈竞争，中国海商在东亚海域的香药贸易网络日渐收缩，英国东印度公司控制下的港脚贸易迅速崛起，商品贸易种类也由传统的香药、丝绸和瓷器为主导，转变成鸦片、棉花和茶叶为主体，香药贸易日趋衰落。

　　大量的域外香药源源不断地输入中国,成为海洋贸易的标志性产品。作为明清时期中国进口最大宗商品的香药对中国经济产生了多重影响,其进口不仅减缓了政府的财政压力,充实了中央和地方的税收来源,而且带动了沿海经济的发展,促进了民间经济文化交流。明代以前,作为舶来品的香药虽颇受欢迎,但因输入量少,价格昂贵,长期以来只能作为奢侈品被社会上层所独享。明初,伴随着朝贡贸易的兴盛及郑和下西洋的进行,大量的胡椒、苏木等香药跨海输入中国,并导致明朝府库中的胡椒、苏木过剩,明廷采用奖励和折俸的办法将囤积在府库中的胡椒、苏木分散至众多家庭,其不仅很大程度上缓解了明廷的财政压力,延缓了钞法败坏的危机,而且由此引发了胡椒、苏木消费热潮。面对供不应求的消费市场,商人们纷纷犯险涉海,远赴东南亚各国购买香药。民间海外贸易的发展不仅运回了大批香药,且催生了一批走私贸易港的兴起,加强了中国与世界、沿海与内地的经济联系与互动,促进了亚洲区间商品贸易链的形成与完善。进入 16 世纪以后,西方人也开始参与到这项获利丰厚的贸易之中。多途径且源源不断的输入,不仅保证了香药在中国市场的供需稳定,且使这一舶来品真正进入寻常百姓之家。可以说,东南亚与中国间的香药贸易和香药消费在中国的盛行是相互影响,相互促进的。

　　明清时期,中国进口的香药主要有芳香型、药用型和日用型三类,然而每一类型之间并无绝对界限,诸多香药具有双重,甚至多重功用,且每种香药的功用,并非在传入之初即被时人所了解,而是经历了一个漫长的不断探索与发现的过程。总体来看,中国人对香药特性的认识及对香药功用的发掘,主要通过域外传入和本土探究两种途径。作为舶来品的香药在进入中国市场后,跳脱出其原有的身份限制,成为财富的象征,且兼具一般等价物的职能。香药在中国社会的大受欢迎,加速了其在宗教祭祀、熏衣化妆、医疗保健、日常饮食领域的广泛应用。自明代开始,烧香祈福、祭祀、辟邪已在中国大地成为习惯。添加香药的熏衣化妆品成为社会各阶层追捧的流行时尚。医药学家在继承前代成果的基础上,进一步开发了香药的药性,并研制出许多新的配方,使其医疗功效得以充分发挥。自明中期开始,香药作为调味品开始被社会各阶层大量使用,其身影遍布荤素食物烹调、腌制、酿酒等日常饮食诸领域，曾经贵为奢侈品的胡椒成为与油、盐、酱、醋、葱并列的厨房必需品。东南亚香药跨越海洋出现在中国的祭台、闺阁、药房和餐桌上，不仅很大程度上改变了时人的宗教祭祀观念，进一步强化了女性的审美意识，有效提高了百姓的健康水平，极大丰富了民众的饮食文化，展现了域外商品融入中国的历史进程，而且可作为海洋文明影响陆地生活的有力论证，为海洋史学研究开启了一个新的视角。

参考文献

一、史　　料

（汉）班固：《汉书》，中华书局 1962 年版。

（汉）华佗：《华氏中藏经》，中华书局 1985 年版。

（汉）许慎撰，（宋）徐铉校定：《说文解字：附检字》，中华书局 1963 年版。

（晋）陈寿撰，（南朝宋）裴松之注，吴金华点校：《三国志》，岳麓书社 2002 年版。

（晋）佛陀跋陀罗、法显：《摩诃僧祇律》，大正新修大藏经本。

（晋）葛洪：《葛洪肘后备急方》，商务印书馆 1955 年版。

（晋）佚名：《九真中经》，明正统道藏本。

（晋）张华：《博物志》，中华书局 1985 年版。

（南北朝）弗若多罗共罗什：《十诵律》，大正新修大藏经本。

（南北朝）任昉：《述异记》，明汉魏丛书本。

（梁）沈约：《宋书》，中华书局 1974 年版。

（梁）萧子显：《南齐书》，中华书局 1972 年版。

（隋）释智颛：《法华玄义》，大正新修大藏经本。

（唐）杜佑：《通典》，中华书局 1984 年版。

（唐）杜甫撰，鲁訔编次，蔡梦弼会笺：《杜工部草堂诗笺》，商务印书馆 1936 年版。

（唐）段成式撰，方南生点校：《酉阳杂俎》，中华书局 1981 年版。

（唐）樊绰撰，向达校注：《蛮书校注》，中华书局 1962 年版。

（唐）韩愈：《韩昌黎全集》，中国书店 1935 年版。

（唐）骆宾王：《骆丞集》，中华书局 1985 年版。

（唐）释道世：《法苑珠林》，四部丛刊景明万历本。

（唐）释义净：《浴佛功德经》，大正新修大藏经本。

（唐）苏鹗：《杜阳杂编》，中华书局 1985 年版。

（唐）苏敬等撰，尚志钧辑校：《唐·新修本草（辑复本）》，安徽科学技术出版社 1981 年版。

241

（唐）孙思邈著，李景荣等校释：《千金要方校释》，人民卫生出版社 1998 年版。

（唐）王焘：《外台秘要》，人民卫生出版社 1955 年版。

（唐）魏征、令狐德棻：《隋书》，中华书局 1973 年版。

（唐）姚思廉：《梁书》，中华书局 1973 年版。

（唐）张鼎增补，郑金生、张同君译注：《食疗本草译注》，上海古籍出版社 2007 年版。

（唐）张鷟：《朝野佥载》，中华书局 1985 年版。

（五代）李珣著，尚志钧辑校：《海药本草》，人民卫生出版社 1997 年版。

（宋）毕仲衍撰，马玉臣辑校：《〈中书备对〉辑佚校注》，河南大学出版社 2007 年版。

（宋）陈敬：《陈氏香谱》，清文渊阁四库全书本。

（宋）陈元靓编：《岁时广记》，中华书局 1985 年版。

（宋）陈直：《寿亲养老新书》明胡文焕刻本。

（宋）陈自明编：《外科精要》，人民卫生出版社 1982 年版。

（宋）范晔：《后汉书》，中华书局 1965 年版。

（宋）范镇撰，汝沛点校：《东斋纪事》，中华书局 1980 年版。

（宋）洪迈撰，何卓点校：《夷坚志》，中华书局 1981 年版。

（宋）洪刍：《香谱》，中华书局 1985 年版。

（宋）寇宗奭：《本草衍义》，中华书局 1985 年版。

（宋）李昉：《太平广记》，上海古籍出版社 1995 年版。

（宋）李昉等：《太平御览》，中华书局 1998 年版。

（宋）李焘：《续资治通鉴长编》，中华书局 1980 年版。

（宋）陆游撰，李剑雄、刘德权点校：《老学庵游记》，中华书局 1979 年版。

（宋）罗浚：《（宝庆）四明志》，清刻宋元四明六志本。

（宋）彭乘：《墨客挥犀》，中华书局 1991 年版。

（宋）陶谷：《清异录》，上海古籍出版社 2012 年版。

（宋）唐慎微著，郭君双、金秀梅、赵益梅校注：《证类本草》，中国医药科技出版社 2011 年版。

（宋）太平惠民和剂局编，陈庆平、陈冰鸥校注：《太平惠民和剂局方》，中国中医药出版社 1996 年版。

（宋）王溥：《唐会要》，中华书局 1955 年版。

（宋）王钦若：《册府元龟》，中华书局 1980 年版。

（宋）叶绍翁撰，沈锡麟、冯惠民点校：《四朝闻见录》，中华书局 1989 年版。

（宋）张君房纂辑，蒋力生校注：《云笈七签》，华夏出版社 1996 年版。

（宋）张世南撰，张茂鹏点校：《游宦纪闻》，中华书局 1981 年版。

（宋）赵汝适著，杨博文校：《诸蕃志校释》，中华书局 2000 年版。

（宋）周去非著，杨武泉校注：《岭外代答校注》，中华书局 1999 年版。

（元）陈大震、吕桂孙：《（大德）南海志》，元大德刻本。

（元）忽思慧著，刘玉书点校：《饮膳正要》，人民卫生出版社 1986 年版。

（元）李杲编辑，（明）李时珍参订，（明）姚可成补辑，郑金生等点校：《食物本草》，中国医药科技出版社 1990 年版。

（元）罗天益：《卫生宝鉴》，人民卫生出版社 1963 年版。

（元）贾铭撰，陶文台注释：《饮食须知》，中国商业出版社 1985 年版。

（元）倪瓒撰，邱庞同编：《云林堂饮食制度集》，中国商业出版社 1984 年版。

（元）脱脱：《宋史》，中华书局 1977 年版。

（元）汪大渊著，苏继庼校释：《岛夷志略校释》，中华书局 1981 年版。

（元）王好古撰，崔扫麈、尤荣辑点校：《汤液本草》，人民卫生出版社 1987 年版。

（元）吴澄：《吴文正公集》，明成化刻本。

（元）许国祯：《御药院方》，日本宽正精思堂刻本。

（元）佚名：《居家必用事类全集》，明刻本。

（元）朱震亨：《丹溪先生心法》，明弘治刻本。

（元）朱震亨：《局方发挥》，中华书局 1985 年版。

（元）周达观著，夏鼐校注：《真腊风土记校注》，中华书局 1981 年版。

宋岘考释：《回回药方考释》，中华书局 2000 年版。

《明实录》

（明）陈子龙等辑：《明经世文编》，中华书局 1962 年版。

（明）戴元礼：《政治要诀类方》，中华书局 1985 年版。

（明）董宿辑录，（明）方贤续补，可嘉校注：《奇效良方》，中国中医药出版社 1995 年版。

（明）费信：《星槎胜览》，中华书局 1991 年版。

（明）高濂：《遵生八笺》，巴蜀书社 1988 年版。

（明）巩珍著，向达校注：《西洋番国志》，中华书局 2000 年版。

（明）韩奕撰，邱庞注释：《易牙遗意》，中国商业出版社 1984 年版。

（明）何乔远：《镜山全集》，日本内阁文库藏明崇祯刊本。

（明）何乔远：《闽书》，福建人民出版社 1994 年版。

（明）何乔远撰，张德信、商传、王熹点校：《名山藏》，福建人民出版社 2010 年版。

（明）黄淮、杨士奇：《历代名臣奏议》，台湾学生书局 1985 年版。

（明）黄省曾著，谢方校注：《西洋朝贡典录校注》，中华书局 2000 年版。

（明）黄榆：《双槐岁钞》，中华书局 1999 年版。

（明）邝璠著，石声汉、康成懿校注：《便民图纂》，农业出版社 1959 年版。

（明）兰陵笑笑生著，王汝梅校点：《金瓶梅》，齐鲁书社 1987 年版。

（明）李时珍：《本草纲目》，人民卫生出版社 1979 年版。

（明）李中梓，邹高祈点校：《医宗必读》，人民卫生出版社 1996 年版。

（明）梁兆阳：《（崇祯）海澄县志》，明崇祯六年刻本。

（明）林希元：《林次崖文集》，清乾隆十八年陈胪声诒燕堂刻本。

（明）刘伯缙：《（万历）杭州府志》，明万历刻本。

（明）刘基：《多能鄙事》，明嘉靖四十二年范惟一刻本。

（明）刘宇：《安老怀幼书》，齐鲁书社 1995 年版。

（明）龙遵叙：《饮食绅言》，中国商业出版社 1989 年版。

（明）陆荣：《菽园杂记》，中华书局 1985 年版。

（明）罗青霄：《漳州府志》，厦门大学出版社 2010 年版。

（明）马欢著，万明校注：《明抄本〈瀛涯胜览〉校注》，海洋出版社 2005 年版。

（明）丘浚著，蓝田玉等校点：《大学衍义补》，中州古籍出版社 1995 年版。

（明）申时行：《（万历）大明会典》，商务印书馆 1936 年版。

（明）宋诩：《竹屿山房杂部》，台湾商务印书馆 1986 年版。

（明）孙一奎撰，凌天翼点校：《赤水玄珠》，人民卫生出版社 1936 年版。

（明）王诰修，刘雨纂：《（正德）江宁县志》，书目文献出版社 1988 年版。

（明）王肯堂：《证治准绳》，清文渊阁四库全书本。

（明）王圻：《续文献通考》，现代出版社 1986 年版。

（明）王世贞：《皇明异典述》，全国文献缩微复制中 2004 年版。

（明）谢肇淛：《五杂俎》，上海书店出版社 2009 年版。

（明）徐溥等撰，李东阳等修：《（正德）明会典》，上海古籍出版社 2003 年版。

（明）徐光启著，陈焕良、罗文华校注：《农政全书》，岳麓书社 2002 年版。

（明）徐学聚：《国朝典汇》，明天启四年徐与参刻本。

（明）严从简著，余思黎点校：《殊域周咨录》，中华书局 2009 年版。

（明）颜俊彦著，中国政法大学法律古籍整理研究所整理标点：《盟水斋存牍》，中国政法大学出版社 2002 年版。

（明）杨慎著，（明）曹竑编：《升庵外集》，中国商业出版社 1989 年版。

（明）佚名：《万法归宗》，明刻本。

（明）佚名：《江浙行省兴复海道漕运记》，清借月山房汇钞本。

（明）余继登撰，顾思点校：《典故纪闻》，中华书局 1981 年版。

（明）张岱撰，马兴荣点校：《陶庵梦忆》，上海古籍出版社 1982 年版。

（明）张燮著，谢方点校：《东西洋考》，中华书局 2000 年版。

（明）郑若曾撰，邓钟辑：《筹海重编》，齐鲁书社 1996 年版。

（明）周嘉胄：《香乘》，文渊阁四库全书本。

（明）朱棣：《普济方》，清文渊阁四库全书本。

（明）朱纨：《甓余杂集》，齐鲁书社 1997 年版。

安海史料编辑委员会校注：《安平志.校注本》，中国文联出版社 2000 年版。

向达校注：《两种海道针经》，中华书局 2000 年版。

《清实录》

《钦定大清会典事例》，清光绪石印本。

《历代宝案》：台湾大学 1972 年版。

《明清史料》：中央研究院历史语言研究所 1999 年版。

（清）顾禄：《清嘉录》，中国商业出版社 1989 年版。

（清）顾炎武：《天下郡国利病书》，上海古籍出版社 1995 年版。

（清）顾炎武著，黄汝成集释：《日知录集释》，岳麓书社 1994 年版。

（清）顾仲撰，邱庞同注释：《养小录》，中国商业出版社 1984 年版。

（清）郭志邃：《痧胀玉衡书》，清康熙刻本。

（清）怀荫布：《（乾隆）泉州府志》，清光绪八年补刻本。

（清）李化楠、侯汉初：《醒园录》，中国商业出版社 1984 年版。

（清）李渔：《闲情偶寄》，上海古籍出版社 2000 年版。

（清）梁绍壬撰，庄葳点校：《两般秋雨盦随笔》，上海古籍出版社 1982 年版。

（清）梁廷枏：《粤海关志》，成文出版社 1968 年版。

（清）梁廷枏著，骆驿、刘骁校点：《海国四说》，中华书局 1993 年版。

（清）罗愫修，杭世骏撰：《（乾隆）乌程县志》，成文出版社有限公司 1983 年版。

（清）阮元：《（道光）广东通志》，清道光二年刻本。

（清）田明曜：《（光绪）香山县志》，清光绪五年刻本。

（清）王之春：《国朝柔远记》，台湾华文书局 1968 年版。

（清）吴历：《墨井集》，清宣统元年刻本。

（清）吴翌凤：《镫窗丛录》，涵芬楼秘籍本。

（清）吴仪洛著，窦钦鸿、曲京峰点校：《本草从新》，人民卫生出版社 1990 年版。

（清）徐松辑：《宋会要辑稿》，中华书局 1957 年版。

（清）佚名编，邢渤涛注释：《调鼎集》，中国商业出版社 1986 年版。

（清）袁枚：《随园食单》，中华书局 2010 年版。

（清）张璐著，赵小青、裴晓峰校注：《本经逢原》，中国中医药出版社 1996 年版。

（清）张廷玉等：《明史》，中华书局 1974 年版。

（清）张九钺：《紫岘山人全集》，清咸丰元年张氏赐锦楼刻本。

（清）赵学敏辑：《本草纲目拾遗》，人民卫生出版社 1963 年版。

（清）周凯：《（道光）厦门志》，清道光十九年刊本。

（清）朱彝尊撰，邱庞同注释：《食宪鸿秘》，中国商业出版社 1985 年版。

山西省晋商文化基金会编：《杂项药方》，中华书局、三晋出版社年版 2013 年版。

罗士筠修，陈汉章等撰：《（民国）象山县志》，成文出版社有限公司 1974 年版。

金成修，陈畲等撰：《（民国）新昌县志》，成文出版社有限公司 1970 年版。

栾贵明辑：《四库辑本别集拾遗》，中华书局 1983 年版。

郑振铎辑：《玄览堂丛书》，广陵书社 2010 年版。

罗云山编：《广东文献》，江苏广陵古籍刻印社 1994 年版。

陈邦贤辑录：《二十六史医学史料汇编》，中医研究院中医史文献研究所 1982 年版。

中外关系史学会、复旦大学历史系编：《中外关系史译丛（第四辑）》上海译文出版社 1988 年版。

［澳门］文化杂志编：《十六和十七世纪伊比利亚文学视野里的中国景观》，大象出版

社 2003 年版。

　　刘佩、周华斌等编：《二十四史中的海洋资料》，海洋出版社 1995 年版。

　　金国平编：《西方澳门史料选萃（15—16 世纪）》，广东人民出版社 2005 年版。

　　沈云龙主编：《近代中国史料丛刊三编（第三十九辑）》，文海出版社 1989 年版。

　　江树生译注：《热兰遮城日志（第一册）》，台南市政府发行 1999 年版。

　　江树生译注：《热兰遮城日志（第二册）》，台南市政府发行 2002 年版。

　　江树生译注：《热兰遮城日志（第三册）》，台南市政府发行 2003 年版。

　　江树生译注：《热兰遮城日志（第四册）》，台南市政府发行 2011 年版。

　　［英］C.R.博舍克编注：《十六世纪中国南部行纪》，何高济译，中华书局 1990 年版。

　　［瑞典］彼得·奥斯贝克：《中国和东印度群岛旅行记》，倪文君译，广西师范大学出版社 2006 年版。

　　崔溥：《漂海录——中国行记》，葛家振点校，社会科学文献出版社 1992 年版。

　　［葡］多默·皮列士：《东方志——从红海到中国》，何高济译，中国人民大学出版社 2012 年版。

　　［德］克里斯托费尔·弗里克、克里斯托费尔·施魏策尔：《热带猎奇——十七世纪东印度航海记》，姚楠、钱江译，海洋出版社 1986 年版。

　　［美］马士：《东印度公司对华贸易编年史（1635—1834 年）》，区宗华译，中山大学出版社 1991 年版。

　　［阿拉伯］苏莱曼：《苏莱曼东游记》，刘半农、刘小蕙译，中华书局 1937 年版。

　　［摩洛哥］伊本·白图泰：《伊本·白图泰游记》，马金鹏译，宁夏人民出版社 2000 年版。

　　［日］真人开元：《唐大和上东征传》，汪向荣校注，中华书局 2000 年版。

　　［日］永积洋子编译：《唐船输出入品数量一览（1637—1833）》，东京创文社 1987 年版。

二、研究论著

（一）专著

　　曹永和：《中国海洋史论集》，联经出版事业公司 1997 年版。

　　晁中辰：《明代海禁与海外贸易》，人民出版社 2005 年版。

　　陈邦贤：《中国医学史》，团结出版社 2011 年版。

　　陈宝良：《明代社会生活史》，中国社会科学出版社 2004 年版。

　　陈春声、陈东有主编：《杨国桢教授治史五十年纪念文集》，江西教育出版社 2009 年版。

　　陈高华、吴泰：《宋元时期的海外贸易》，天津人民出版社 1981 年版。

　　陈国栋：《东亚海域一千年：历史上的海洋中国与对外贸易》，山东画报出版社 2006 年版。

陈佳荣等编:《古代南海地名汇编》,中华书局 1986 年版。

陈尚胜:《闭关与开放:中国封建晚期对外关系研究》,山东人民出版社 1993 年版。

方豪:《中西交通史》,上海人民出版社 2008 年版。

冯承钧:《中国南洋交通史》,商务印书馆 1937 年版。

冯立军:《古代中国与东南亚中医药交流研究》,云南出版集团有限责任公司 2010 年版。

傅京亮:《中国香文化》,齐鲁书社 2008 年版。

国家中医药管理局《中华本草》编委会:《中华本草》,科学技术出版社 1998 年版。

何淑宜:《香火:江南士人与元明时期祭祖传统的建构》,稻香出版社 2009 年版。

黄弼臣:《南洋的香料》,海外文库出版社 1958 年版。

黄纯艳:《宋代海外贸易》,社会科学出版社 2003 年版。

黄素封编著:《南洋热带医药史话》,商务印书馆 1936 年版。

黄枝连:《亚洲的华夏秩序——中国与亚洲国家关系形态论》,中国人民大学出版社 1992 年版。

季羡林:《糖史》,江西教育出版社 2009 年版。

李剑农:《宋元明经济史稿》,三联书店 1957 年版。

李金明:《明代海外贸易史》,中国社会科学出版社 1988 年版。

李金明、廖大珂:《中国古代海外贸易史》,广西人民出版社 1995 年版。

李隆生:《清代的国际贸易》,台北秀威武咨询科技股份有限公司 2010 年版。

李庆新:《明代海外贸易制度》,社会科学文献出版社 2007 年版。

梁其姿:《施善与教化:明清的慈善组织》,联经出版事业公司 1997 年版。

林立群主编:《跨越海洋——"海上丝绸之路与世界文明进程"国际学术论坛文选(2011·中国·宁波)》,浙江大学出版社 2012 年版。

林仁川:《明末清初私人海上贸易》,华东师范大学出版社 1987 年版。

林天蔚:《宋代香药贸易史稿》,中国学社 1960 年版。

刘静敏:《宋代〈香谱〉之研究》,文史哲出版社 2007 年版。

刘石吉:《明清时代江南市镇研究》,中国社会科学出版社 1987 年版。

刘迎胜:《丝绸之路》,江苏人民出版社 2014 年。

马伯英:《中国医学文化史》,上海人民出版社 2010 年版。

梅家岭编:《文化启蒙与知识生产——跨领域的视野》,台湾麦田出版社 2006 年版。

孟辉:《画堂香事》,江苏人民出版社 2006 年版。

南京郑和研究会编:《郑和研究论文集》第一辑(1986—1990),大连海运学院出版社 1993 年版。

邱炫煜:《明帝国与南海诸番国关系的演变》,兰台出版社 1995 年版。

全汉昇:《中国经济史论丛》,香港中文大学新亚书院 1972 年版。

史兰华等编:《中国传统医学史》,科学出版社 1992 年版。

任宜敏:《中国佛教史·明代卷》,人民出版社 2009 年版。

孙机:《中国古代物质文化》，中华书局 2014 年版。

汤开建:《澳门开埠初期史研究》，中华书局 1999 年版。

唐廷猷:《中国药业史》，中国医药科技出版社 2007 年版。

田汝康:《17—19 世纪中叶中国帆船在东南亚洲》，上海人民出版社 1957 版。

万明:《中国融入世界的步履——明与清前期海外政策比较研究》，社会科学文献出版社 2000 年版。

万明:《明代中外关系史论稿》，中国社会科学出版社 2011 年版。

王赓武:《南海贸易与南洋华人》，香港中华书局 1988 年版。

王日根:《明清海疆政策与中国社会发展》，福建人民出版社 2006 年版。

吴关琦等编著:《东南亚农业地理》，商务印书馆 1993 年版。

巫仁恕:《品味奢华——晚明的消费社会与士大夫》，中华书局 2008 年版。

谢必震:《明清中琉航海贸易研究》，海洋出版社 2004 年版。

邢义田:《立体的历史:从图像看古代中国与域外文化》，生活·读书·新知三联书店 2014 年版。

徐萨斯:《历史上的澳门》，黄鸿钊、李保平译，澳门基金会 2000 年。

许云樵:《北大年史》，新加坡南洋编译所 1946 年版。

许云樵辑注:《徐衷南方草物状辑注》，新加坡东南亚研究所 1970 年版。

杨国桢:《闽在海中:追寻福建海洋发展史》，江西高校出版社 1998 年版。

杨国桢:《瀛海方程:中国海洋发展理论和历史文化》，海洋出版社 2008 年版。

杨国桢、陈支平:《明史新编》，人民出版社 1993 年版。

喻常森:《元代海外贸易》，西北大学出版社 1994 年版。

余欣:《中古异相:写本时代的学术、信仰与社会》，上海古籍出版社 2011 年版。

余新忠:《清代江南的瘟疫与社会——一项医疗社会史的研究》，中国人民大学出版社 2003 年版。

余英时:《汉代贸易与扩张》，邬文玲等译，上海古籍出版社 2005 年版。

张春树、骆雪伦:《明清时代之社会经济巨变与新文化:李渔时代的社会文化及其"现代性"》，王湘云译，上海古籍出版社 2008 年版。

张国刚、吴莉苇:《中西文化关系史》，高等教育出版社 2006 年版。

张天泽:《中葡早期通商史》，姚楠、钱江译，中华书局香港分局 1988 年版。

张维华:《明代海外贸易史简论》，上海人民出版社 1956 年版。

张维华:《明清之际中西关系简史》，齐鲁书社 1987 年版。

张星烺编著:《中西交通史料汇编》第六册，中华书局 1979 年版。

张增信:《明季东南中国的海上活动》，台北中国学术著作奖助委员会 1988 年版。

郑永常:《来自海洋的挑战:明代海贸政策演变研究》，稻乡出版社 2004 年版。

周景濂:《中葡外交史》，商务印书馆 1991 年版。

朱杰勤:《中外关系史论文集》，河南人民出版社 1984 年版。

中国海洋发展史论文集编辑委员会主编:《中国海洋发展史论文集》第一辑，台北

"中央研究院"三民主义研究所 1984 年版。

中国海洋发展史论文集编辑委员会主编:《中国海洋发展史论文集》第二辑,台北"中央研究院"三民主义研究所 1986 年版。

张炎宪主编:《中国海洋发展史论文集》第三辑,台北"中央研究院"中山人文社会科学研究所 1990 年版。

吴健雄主编:《中国海洋发展史论文集》第四辑,台北"中央研究院"三民主义研究所 1994 年版。

张炎宪主编:《中国海洋发展史论文集》第六辑,台北"中央研究院"中山人文社会科学研究所 1997 年版。

中国海洋发展史论文集编辑委员会主编:《中国海洋发展史论文集》第七辑,台北"中央研究院"人文社会科学研究所 1999 年版。

朱德兰主编:《中国海洋发展史论文集》第八辑,台北"中央研究院"中山人文社会科学研究所 2003 年版。

刘序枫主编:《中国海洋发展史论文集》第九辑,台北"中央研究院"三民主义研究所 2005 年版。

汤熙勇主编:《中国海洋发展史论文集》第十辑,台北"中央研究院"人文社会科学研究中心 2008 年版。

[澳]安东尼·瑞德:《东南亚的贸易时代:1450—1680 年》第一卷(季风吹拂下的土地),吴小安、孙来臣译,商务印书馆 2010 年版。

[澳]安东尼·瑞德:《东南亚的贸易时代:1450—1680 年》第二卷(扩张与危机),孙来臣、李塔娜、吴小安译,商务印书馆 2010 年版。

[澳]杰克·特纳:《香料传奇:一部由诱惑衍生的历史》,周子平译,生活·读书·新知三联书店 2007 年版。

[法]布罗代尔:《15 至 18 世纪的物质文明、经济和资本主义》,顾良、施康强译,三联书店 1993 年版。

[法]马利奈:《柬埔寨的胡椒栽培》,吴恭恒译,广东人民出版社 1958 年版。

[法]裴化行:《天主教 16 世纪在华传教志》,萧濬华译,商务印书馆 1936 年版。

[法]谢和耐:《中国社会史》,耿昇译,江苏人民出版社 1995 年版。

[荷]包乐史:《中荷交往史(1601—1999)》,庄国土、程绍刚译,阿姆斯特丹路口店出版社 1989 年版。

[荷]包乐史:《〈荷使初访中国记〉研究》,庄国土译,厦门大学出版社 1989 年版。

[加]卜正民:《塞尔登先生的中国地图:香料贸易、佚失海图与南中国海》,黄中宪译,联经出版事业股份有限公司 2015 年版。

[美]艾尔弗雷德·W.克罗斯比:《哥伦布大交换——1492 年以后的生物影响和文化冲击》,郑明萱译,中国环境科学出版社 2010 年版。

[美]卡迪:《东南亚历史发展》,姚楠译,上海译文出版社 1988 年版。

[美]马汉:《海权对历史的影响(1660—1783)》,安常容等译,解放军出版社 1998

年版。

[美]彭慕兰、史蒂夫·托皮克:《贸易打造的世界》,黄中宪译,陕西师范大学出版社2008年版。

[美]彭慕兰:《大分流:欧洲、中国及现代世界经济的发展》,史建云译,江苏人民出版社2010年版。

[美]斯塔夫里阿诺斯:《全球通史:1500年以前的世界》,吴象婴、梁赤民译,上海社会科学院出版社1988年版。

[美]西敏司:《甜与权力——糖在近代历史上的地位》,王超、朱健刚译,商务印书馆2010年版。

[美]谢弗:《唐代的外来文明》,吴玉贵译,中国社会科学出版社1995年版。

[日]滨下武志:《近代中国的国际契机:朝贡贸易体系与近代亚洲经济圈》,朱荫贵、欧阳菲译,中国社会科学出版社1999年版。

[日]桑原骘藏:《唐宋贸易港研究》,杨链译,商务印书馆1935年版。

[日]桑原骘藏:《阿拉伯海上交通史》,冯攸译,台湾商务印书馆1985年版。

[日]藤田丰八:《中国南海古代交通丛考》,何健民译,商务印书馆1936年版。

[日]松浦章:《清代帆船与中日文化交流》,张新艺译,上海科学技术文献出版社2012年版。

[新西兰]尼古拉斯·塔林主编:《剑桥东南亚史》,贺圣达等译,云南人民出版社2003年版。

[英]D.G.E.霍尔:《东南亚史》,中山大学东南亚历史研究所译,商务印书馆1982年版。

[英]柯律格:《长物:早期现代中国的物质文化与社会状况》,高昕丹译,生活·读书·新知三联书店2015年版。

[英]吉尔斯·弥尔顿:《豆蔻的故事:香料如何改变世界历史》,王国璋译,台北究竟出版社股份有限公司2001年版。

[英]杰克·古迪:《烹饪、菜肴与阶级》,王荣欣、沈南山译,浙江大学出版社2010年版。

[英]王斯福:《帝国的隐喻:中国民间宗教》,赵旭东译,江苏人民出版社2008年版。

[英]窝雷斯:《马来群岛游记》,吕金录译,商务印书馆1922年版。

[日]山田宪太郎:《东亚香料史研究》,中央公论美术社1976年版。

[日]山田宪太郎:《香料の道:鼻と舌西东》,中央公论美术社1977年版。

[日]山田宪太郎:《香料博物事典》京都同朋舍1979年版。

[日]森正夫等编:《明清时代史の基本问题》,汲古书院1997年版。

Anthony Reid, David Bulbeck, Lay Cheng Tan, Yiqi Wu, *Southeast Asian Exports since the 14th Century Cloves*, *Pepper*, *Coffee and Sugar*, Institute of Southeast Asian, 1998.

Boxer, Charles R. "A Note on the interaction in Macao and Peking (16th – 18th Centuries)," in John Z. Bowers and Elizabeth F. Purcell, eds., *Medicine and Society in China*, New

York：Josiah Macy，Jr.Foundation，1976.

C.G.F.Simkin，*The Traditional Trade of Asia*，*London*，Oxford University Press，1968.

Cochran Sherman，*Chinese Medicine Men：Consumer Culture in China and Southeast Asia*，Harvard University Press，2006.

Dr. Th. Pigeaud，J*ava in the Fourteenth Century*，*Vol. II*，The Hague－Mart inns，Nijhoff，1960.

Leonard Blusse，*Strange company：Chinese settlers*，*Mestizo women*，*and the Dutch in VOC Batavia*，Dordrecht－Holland；Riverton－U.S.A.：Foris Publications，1986.

Linda L.Barnes，*Needles*，*Herbs*，*Gods and Ghosts：China*，*Healing*，*and the West to* 1848［*M*］.*Cambridge*，Harvard University Press，2007.

O.W.Wolters，*Early Indonesian Commerce：A Study of the Origins of Srivijaya*，Ithaca，New York，Cornell University Press，1967.

Philip D.Curtin，*Cross－cultural Trade in World History*，Cambridge University Press，1984.

Schonebaun，Andrew D.*Fictional Medicine：Diseases*，*Doctors and the Curative Properties of Chinese Fiction*，Ph.D.Dissertation，Columbia University，2004.

Thomas O.Hollmann，*Artsand Traditions of the Table：Perspectives on Culinary History*，ColumbiaUniversity Press，2013.

Trocki，Carl A.，*Boundaries and Transgressions：Chinese Enterprise in Eighteenth－and Nineteenth－Century Southeast Asia*，In Aihaw Ong and Donald M.Nonini，eds.Ungrounded Empires：The Cultural Politics of Modern Chinese Transnationalism，New York：Routledge，1997.

Wills，John E.Jr.Pepper，*Guns and Parley：The Dutch East India Company and China*，1662－1681，Cambridge，Mass.：Harvard University Press，1974.

Yue，Isaac and Tang，Siufu eds，*Scribes of Gastronomy：Representations of Food and Drink in Imperial Chinese Literature*，HongKong University Press，2013.

（二）论文

白寿彝：《宋时伊斯兰教徒底香料贸易》，《禹贡》1937 年第 4 期。

包来军：《明朝香料朝贡贸易与西欧香料战争贸易比较》，《兰台世界》2013 年第 2 期。

蔡东宏：《世界胡椒产销历史与现状》，《世界热带农业信息》1999 年第 9 期。

蔡禹龙：《清代江南香市简论——以杭州西湖香市为中心》，《历史教学》2010 年第 20 期。

常建华：《明代日常生活史研究的回顾与展望》，《史学集刊》2014 年第 5 期。

钞晓鸿：《明清人的"奢靡"观念及其演变——基于地方志的考察》，2002 年第 4 期。

陈宝良：《雅俗兼备：明代士大夫的生活观念》，《社会科学辑刊》2013 年第 2 期。

陈宝强：《宋朝香药贸易中的乳香》，暨南大学硕士学位论文 2000 年。

陈冠岑：《香烟妙赏：图像中的明人用香生活》，逢甲大学 2012 年硕士学位论文。

陈佳荣：《〈明末疆里及漳泉航海通交图〉编绘时间、特色及海外交通地名略析》，《海交史研究》2011年第2期。

陈明：《吐鲁番汉文医学文书中的外来因素》，《新史学》2003年第4期。

陈明：《"商胡辄自夸"：中古胡商的药材贸易与作伪》，《历史研究》2007年第4期。

陈明：《汉唐时期于阗的对外医药交流》，《历史研究》2008年第4期。

陈明：《"法出波斯"："三勒浆"源流考》，《历史研究》2012年第1期。

陈擎光：《宋代的合香与香具》，《故宫文物月刊》1994年第4期。

陈尚胜：《明代市舶司制度与海外贸易》，《中国社会经济史研究》1987年第1期。

陈尚胜：《论明朝月港开放的局限性》，《海交史研究》1996年第1期。

陈希育：《清代中国与东南亚的帆船贸易》，《南洋问题研究》1990年第4期。

陈湘萍：《〈本草图经〉中有关医药交流的史料》，《中国科技史料》1994年第3期。

陈学文：《明代一部商贾之教程、行旅之指南——陶承庆〈新刻京本华夷风物商程一览〉评述》，《中国社会经济史研究》1996年第1期。

陈学文：《明清江南的香市》，《历史月刊》1999年第1期。

戴一峰：《饮食文化与海外市场：清代中国与南洋的海参贸易》，《中国经济史研究》2003年第1期。

冯立军：《古代东南亚各民族医药卫生习俗述略》，《世界民族》2004年第6期。

冯立军：《浅谈明清时期中国与琉球中医药交流》，《历史档案》2007年第1期。

冯立军，夏福顺：《略述清代以前中国与柬埔寨的香药贸易》，《南洋问题研究》2011年第2期。

龚缨晏：《国外新近发现的一幅明代航海图》，《历史研究》2012年第3期。

郭育生、刘义杰：《〈东西洋航海图〉成图时间初探》，《海交史研究》2011年第2期。

韩振华：《公元前二世纪至公元一世纪间中国与印度东南亚的海上交通——汉书地理志粤地条末段考释》，《厦门大学学报（社会科学版）》，1957年第2期。

［日］和田久德：《〈宋代香药贸易史稿〉评述》，朱竹友译，《大陆杂志》1962年第11期。

胡沧泽：《宋代福建海外贸易的兴起及其对社会生活的影响》，《中国社会经济史研究》1995年第1期。

黄启臣：《清代前期海外贸易的发展》，《历史研究》1986年第4期。

黄瑞珍：《香料与明代社会生活》，福建师范大学2012年硕士学位论文。

金素安、郭忻：《〈海药本草〉蜜香、木香、沉香之考辩》，《上海中医药杂志》2011年第2期。

靳萱等：《浅析〈海药本草〉记载的七味回族常用药物》，《宁夏医科大学学报》2011年第8期。

李斌：《明代中国与东南亚的香料贸易》，暨南大学1998年硕士学位论文。

李德霞：《十七世纪上半叶荷兰东印度公司在台湾经营的三角贸易》，《福建论坛（人文社会科学版）》2006年第5期。

李飞：《龙涎香与葡人居澳之关系考略》，《海交史研究》2007年第2期。

李金明:《明初中国与东南亚的海上贸易》,《南洋问题研究》1991 年第 2 期。

李少华:《阿拉伯香药的输入史及其对中医药的影响》,北京中医药大学 2005 年硕士学位论文。

李玉昆:《宋元时期泉州的香料贸易》,《海交史研究》1998 年第 1 期。

李日强:《胡椒贸易与明代日常生活》,《云南社会科学》2010 年第 1 期。

梁其姿:《明代社会中的医药》,蒋竹山译,载《法国汉学》第 6 辑,中华书局 2002 年版。

林枫:《明代中后期的市舶税》,《中国社会经济史研究》2001 年第 2 期。

林仁川:《清初台湾郑氏政权与英国东印度公司的贸易》,《中国社会经济史研究》1998 年第 1 期。

林日杖:《大黄与明清中外关系》,福建师范大学 2011 年博士学位论文。

刘冬雪:《宋代海外贸易对中医药发展的影响——以香药方的研究为中心》,上海师范大学 2011 年硕士学位论文。

刘勇:《中国茶叶与近代荷兰饮茶习俗》,《历史研究》2013 年第 1 期。

刘志琴:《明代饮食思想与文化思潮》,《史学集刊》1999 年第 4 期。

孟彭兴:《论两宋进口香药对宋人社会生活的影响》,《史林》1997 年第 1 期。

聂德宁:《明末清初的民间海外贸易结构》,《南洋问题研究》1991 年第 1 期。

聂德宁:《元代泉州港海外贸易商品初探》,《南洋问题研究》2000 年第 3 期。

彭波、陈争平、熊金武:《论宋代香料的货币性质》,《中国社会经济史研究》2014 年第 2 期。

钱江:《波斯人、阿拉伯商贾、室利佛逝帝国与印度尼西亚 Belitung 海底沉船:对唐代海外贸易的观察和讨论》,《国家航海》2011 年第 1 期。

钱江:《一幅新近发现的明朝中叶彩绘航海图》,《海交史研究》2011 年第 1 期。

钱江、陈佳荣:《牛津藏〈明代东西洋航海图〉姐妹作——耶鲁藏〈清代东南洋航海图〉推介》,《海交史研究》2013 年第 2 期。

邱仲麟:《明代的药材流通与药品价格》,《中国社会历史评论》(第九卷)2008 年。

泉州湾宋代海船发掘报告编写组:《泉州湾宋代海船发掘简报》,《文物》1975 年 10 期。

宋岘:《论大食国药名——无名异》,《中华医史杂志》,1994 年第 3 期。

宋岘:《〈本草纲目〉与伊斯兰(回回)医药的关系》,《西北民族研究》1998 年第 2 期。

任国英:《18 世纪以来东南亚的中医药业与社会——以马来西亚、新加坡地区为主的考察》,厦门大学 2007 年博士学位论文。

孙磊等:《乳香基原的本草学、植物学和成分分析研究》,《中国中药杂志》2011 年第 2 期。

田汝康:《郑和海外航行与胡椒运销》,《上海大学学报(社会科学版)》1985 年第 2 期。

田汝英:《葡萄牙与 16 世纪的亚欧香料贸易》,《首都师范大学学报(社会科学版)》

2013 年第 1 期。

万明:《郑和与满剌加——一个世界文明互动中心的和平崛起》,《中国文化研究》2005 年第 1 期。

万明:《郑和下西洋终止相关史实考辨》,《暨南学报(哲学社会科学版)》2005 年第 6 期。

万明:《明代初年中国与东亚关系新审视》,《学术月刊》2009 年第 8 期。

万明:《明代青花瓷的展开:以时空为观点》,《历史研究》2012 年第 5 期。

万明:《晚明海洋意识的重构——"东矿西珍"与白银货币化研究》,《中国高校社会科学》2013 年第 4 期。

汪秋安:《中国古近代香料史初探》,《香料香精化妆品》1999 年第 2 期。

王春瑜:《"海"上生明月?——明朝文人下"海"一瞥》,《北京日报》1993 年 9 月 29 日。

王鸿泰:《明清感官世界的开发与欲望的商品化》,《明代研究》(第 18 期)2012 年。

王慧芳:《古代用香料药物预防疾病的方法》,《江苏中医药杂志》1982 年第 1 期。

王琳、李成文:《宋代香文化对中医学的影响》,《中华中医药杂志》2010 年第 11 期。

王琎:《香料之论略》,《科学》1919 年第 4 卷第 10 期。

王铭铭:《说香史》,《西北民族研究》2005 年第 1 期。

王亚芬:《元〈御院药方〉中有关香药的临床应用》,《中国中药杂志》1995 年 3 期。

温翠芳:《唐代的外来香药研究》,陕西师范大学 2006 年博士学位论文。

温翠芳:《汉唐时代印度香药入华史研究》,《全球史评论》2010 年第 00 期。

温翠芳:《中古时代丝绸之路上的香药贸易中介商研究》,《唐史论丛》(第 12 辑)2010 年。

温翠芳:《汉唐时代南海诸国香药入华史》,《贵州社会科学》2013 年第 3 期。

邬华松、杨建峰、林丽云:《中国胡椒研究综述》,《中国农业科学》2009 年第 7 期。

吴鸿洲:《泉州出土宋海船所载香料药物考》,《浙江中医学院学报》1981 年第 3 期。

吴建勤、胡安徽:《唐至清代政府药材需求初探》,《农业考古》2013 年第 3 期。

吴娟娟:《香料与唐代社会生活》,安徽大学 2010 年硕士学位论文。

吴世彬:《沉香文化的发展及其现代应用》,佛光大学生命学研究所 2007 年硕士学位论文。

吴义雄:《鸦片战争前粤海关税费问题与战后海关税则谈判》,《历史研究》2005 年第 1 期。

夏时华:《宋代香药现象考察》,江西师范大学 2003 年硕士学位论文。

夏时华:《宋代上层社会生活中的香药消费》,《云南社会科学》2010 年第 5 期。

夏时华:《宋代平民社会生活中的香药消费述论》,《江西社会科学》2010 年第 12 期。

夏时华:《宋代香药走私贸易》,《云南社会科学》2011 年第 6 期。

夏时华:《宋代香药业经济研究》,陕西师范大学 2012 年博士学位论文。

许三春:《"日常生活史视野下中国的生命与健康"国际学术研讨会纪要》,《中华医史杂志》2012 年第 5 期。

[日]岩生成一:《论安汶岛初期的华人街》,《南洋问题资料译丛》1963 年第 1 期。

于景让:《说沉香》,《大陆杂志》1976 年第 1 期。

严小青:《中国传统食香文化之探析》,《中国调味品》2009 年第 11 期。

严小清、惠富平:《宋明以来宫廷与民间制香业的发展》,《中国农史》2008 年第 4 期。

严小青、张涛:《中国道教香文化》,《宗教学研究》2011 年第 2 期。

严小青、张涛:《郑和与明代西洋地区对中国的香料朝贡贸易》,《中国经济史研究》2012 年第 2 期。

杨国桢:《十六世纪东南中国与东亚贸易网络》,《江海学刊》2002 年第 4 期。

叶文程:《宋元时期泉州港与阿拉伯的友好交往——从"香料之路"上新发现的海船谈起》,《厦门大学学报(哲学社会科学版)》1978 年第 1 期。

余思伟:《清代前期广州与东南亚的贸易关系》,《中山大学学报(哲学社会科学版)》1983 年第 2 期。

张维屏:《满室生香:东南亚输入之香品与明代士人的生活文化》,《政大史粹》2003 年 7 月第五期。

张锡纶:《十五六七世纪间中国在印度支那及南洋群岛的贸易》,《食货半月刊》1935 年第 2 卷第 7 期。

张亚丽:《历史时期豆蔻的使用与分布》,暨南大学 2010 年硕士学位论文。

赵春晨、陈享冬:《论清代广州十三行商馆区的兴起》,《清史研究》2011 年第 3 期。

赵淑敏:《宋代香药考》,《中医研究》1999 年第 6 期。

郑甫弘:《明末清初输入中国的南洋物质文化及对中国社会与经济的影响》,《南洋问题研究》,1995 年第 1 期。

庄为玑、庄景辉:《泉州宋船香料与蒲家香业》,《厦门大学学报(哲学社会科学版)》1978 年第 Z1 期。

后　记

　　本书是在我博士学位论文基础上修改而成的，现在得以出版，特别要感谢长期以来支持我的老师、朋友和家人。

　　在书稿付梓之际，首先要感谢杨国桢教授和王日根教授。本书从选题、资料搜集到定稿，两位老师都倾注了大量心血。六年的研究生学习和生活，王日根教授给了我莫大的鼓励和帮助。王老师的博学多思，指导我潜心研究学术；他的睿智谦和，引领我合理规划人生；他的鼓励和鞭策，促使我不断进步。如果说王老师的教导如丝丝春雨，润物无声，那么杨国桢教授的传道、授业、解惑则如久旱甘霖，畅快淋漓。书稿写作过程中，杨老师悉心提点，以他严谨的治学精神、敏锐的学术洞察力和无限的学术热忱引领着我。平日的学习和生活，杨老师对我更是关爱有加，想方设法给予我们这些后辈以大力支持和无私帮助。师恩难忘，无以言表。

　　感谢刁培俊老师、钞晓鸿老师、林枫老师多年来对我学习、生活的关心与帮助。感谢李忠明教授、李晓岑教授、张军教授、孙继强副教授在工作上给予的提点与鼓励。

　　感谢好友徐鑫、王昌、王文拓、王凤仙、杨换宇、仝相卿、师嘉林、刘璐璐、吴艺为书稿的写作提出的宝贵建议，以及诸多资料和技术上的支持。感谢人民出版社赵圣涛先生为本书的出版多费辛劳。

　　最后，要感谢我深爱的家人，二十多年来，他们一直无怨无悔的支持我，鼓励我，包容我，正是他们源源不断地无私的爱给了我前进的动力。

涂丹谨记

2016 年 1 月